中等职业教育课程改革国家规划新教材
全国中等职业教育教材审定委员会审定

（修订版）

电子技术基础与技能

第 4 版

主　编　胡　峥
副主编　时　珍　李　川
参　编　胡振华　许志国　许一帆

机械工业出版社

本书是在中等职业教育课程改革国家规划新教材《电子技术基础与技能》第3版基础上，根据教育部发布的《中等职业学校电子技术基础与技能教学大纲》，同时参考电类专业相关职业资格标准修订而成的。本书基本涵盖了目前电子技术基础课程的主要内容，并且在编写过程中从国情出发，兼顾不同地区、不同学校的办学条件，贯彻"宽、浅、用、新"的教材编写原则。本书将理论课、实验课和实训课融为一体，充分体现教、学、做一体化的教改思路，主要内容包括绪论、二极管及其应用、晶体管及放大电路基础、常用放大器、正弦波振荡电路、数字电路基础、组合逻辑电路、触发器、时序逻辑电路、脉冲波形的产生与变换、A-D转换与D-A转换。本书配有大量习题，独立成册，附夹于书中。

为便于教学，本书配套有习题册、电子教案、助教课件、教学视频等教学资源，同时提供动画、操作视频的二维码，读者可在线扫码观看。选择本书作为教材的教师可登录www.cmpedu.com网站，注册并免费下载教学资源。

本书可作为中等职业学校电子与信息大类专业教材，也可作为电工、电子专用设备装调工、家用电子产品维修工等工种的岗位培训教材。

图书在版编目（CIP）数据

电子技术基础与技能/胡峥主编. —4版. —北京：机械工业出版社，2023.11（2025.6重印）
中等职业教育课程改革国家规划新教材：修订版
ISBN 978-7-111-74141-1

Ⅰ.①电⋯ Ⅱ.①胡⋯ Ⅲ.①电子技术-中等专业学校-教材 Ⅳ.①TN

中国国家版本馆 CIP 数据核字（2023）第 203348 号

机械工业出版社（北京市百万庄大街22号 邮政编码100037）
策划编辑：赵红梅 责任编辑：赵红梅 王宗锋
责任校对：薄萌钰 韩雪清 封面设计：马精明
责任印制：郜 敏
三河市宏达印刷有限公司印刷
2025年6月第4版第4次印刷
184mm×260mm・18.25印张・449千字
标准书号：ISBN 978-7-111-74141-1
定价：49.80元

电话服务 网络服务
客服电话：010-88361066 机 工 官 网：www.cmpbook.com
　　　　　010-88379833 机 工 官 博：weibo.com/cmp1952
　　　　　010-68326294 金 书 网：www.golden-book.com
封底无防伪标均为盗版 机工教育服务网：www.cmpedu.com

前 言

本书是在《电子技术基础与技能》第 3 版的基础上，同时参考电工、电子专用设备装调工和家用电子产品维修工等工种的职业资格标准修订而成的。

本书自第 1 版出版以来，在使用过程中广受好评，为中等职业学校教学方法的改革起到了良好的推动作用。为贯彻党的二十大精神，落实立德树人根本任务，应对电子技术的高速发展，及时将产业发展的新技术、新工艺、新材料、新规范纳入教材，以便更好地服务于教学实际，在第 3 版的基础上进行了本次修订。

本次修订注重体现以下特色：

1. 服务产业，聚焦发展

坚持以实际岗位理论知识与技能需求为导向，体现新技术、新工艺、新材料、新规范，将职业资格标准融入其中，促进学生知识与技能全面发展。

2. 栏目丰富，模式新颖

本书将"活动"贯穿于教学的始终，通过"课堂实验""想一想""案例解析""技能训练"等实践栏目来培养学生的技能，同时通过项目训练培养学生的观察、写作和思考能力。

3. 思政融入，德技并修

本书在保留第 3 版特色的基础上，增加课程思政内容，融入社会主义核心价值观、文化自信、工匠精神等，潜移默化地对学生的思想意识、行为举止进行引导。

4. 资源多样，助教促学

本书配套立体化教学资源，其中，动画、视频等多媒体资源以二维码形式链接于各章内容中，还配套了助教课件、电子教案、模拟试卷等数字化资源，同时随书附夹习题册，方便学生巩固所学知识。

书中"*"号为选学内容，可根据教学需要进行选学。

本书由武汉市仪表电子学校胡峥任主编，武汉市仪表电子学校时珍、李川任副主编，武汉软件工程职业学院胡振华、武汉莱斯特电子科技有限公司许志国、武汉市仪表电子学校许一帆参与编写。本书在修订前进行了广泛的调研，听取了多所职业院校教师和学生的意见和建议，在编写过程中得到了相关学校和同仁的大力支持和帮助，在此表示衷心的感谢！

由于编者水平有限，书中不妥之处在所难免，恳请广大读者批评指正。

编 者

二维码索引

页码	名称	二维码	页码	名称	二维码
14	二极管的测量方法		96	RC正弦波振荡电路	
20	桥式整流电路工作原理		114	脉冲与数字信号	
31	LM317稳压电路工作原理		117	数制与码制	
56	多级放大电路		118	进制转换	
62	分压式放大电路		119	基本逻辑门的测试	
69	集成运算放大器		128	逻辑函数的化简	
71	反馈的基本概念及判断方法		143	优先编码器的功能验证	
78	同、反相比例运算电路		143	优先编码器的功能应用	
82	低频功率放大电路		152	译码显示电路的制作与测试	

（续）

页码	名　　称	二维码	页码	名　　称	二维码
161	RS 按键消抖电路		179	典型时序逻辑电路的仿真	
167	JK 触发器的制作与测试		197	555 断线报警器的制作与调试	
171	D 触发器的制作与测试		202	A-D 转换器的典型应用	

目 录

前言
二维码索引

上篇 模拟电子技术

绪论 ………………………………………… 2
  0.1 电子技术的发展 …………………… 2
  0.2 电子技术基础与技能课程的研究对象及
     任务 ………………………………… 3
  0.3 日常生活中涉及典型电子技术电路
     举例 ………………………………… 3
  0.4 "电子技术基础与技能"课程的学习
     方法 ………………………………… 4
第1章 二极管及其应用 ………………… 5
  1.1 二极管的特性、结构与分类 ……… 5
    1.1.1 二极管的结构及符号 ………… 7
    1.1.2 二极管的伏安特性 …………… 9
    1.1.3 二极管的主要参数 …………… 10
    1.1.4 其他特殊二极管 ……………… 11
  技能训练1-1 二极管的识别及检测 …… 14
  1.2 整流电路及应用 …………………… 16
    1.2.1 整流电路的作用及工作原理 … 16
    1.2.2 半波整流电路及元器件选用 … 17
    1.2.3 桥式整流电路及元器件选用 … 19
  1.3 滤波电路类型及应用 ……………… 21
    1.3.1 电容滤波电路及输出电压的
       估算 …………………………… 21
    1.3.2 电感滤波电路 ………………… 23
    1.3.3 复式滤波电路 ………………… 23
  技能训练1-2 制作桥式整流滤波电路 … 24
  *1.4 直流稳压电源 …………………… 28
  *项目训练 三端稳压电源的组装与调试 … 30
  本章小结 ………………………………… 34
第2章 晶体管及放大电路基础 ………… 35
  2.1 晶体管及应用 ……………………… 35
    2.1.1 晶体管的结构及符号 ………… 35
    2.1.2 晶体管的电流放大作用 ……… 37
    2.1.3 晶体管的伏安特性曲线 ……… 38

    2.1.4 晶体管的主要参数 …………… 39
    2.1.5 晶体管的测试 ………………… 40
  技能训练2-1 晶体管的识别与检测 …… 42
  2.2 放大电路的构成 …………………… 43
    2.2.1 放大电路的基本知识 ………… 43
    2.2.2 单管共发射极放大电路 ……… 46
    *2.2.3 放大电路三种组态的特点 …… 48
  2.3 放大电路的分析 …………………… 50
    2.3.1 画直流通路和交流通路 ……… 50
    2.3.2 静态工作点的近似计算 ……… 51
  2.4 放大器静态工作点的稳定 ………… 51
    2.4.1 温度对静态工作点的影响 …… 51
    2.4.2 分压式偏置放大电路 ………… 52
  技能训练2-2 调试分压式偏置放大电路的
           静态工作点 ……………… 53
  *2.5 多级放大电路 …………………… 56
    2.5.1 多级放大电路的组成 ………… 56
    2.5.2 多级放大电路的简单分析 …… 56
  2.6 场效应晶体管放大器 ……………… 57
    2.6.1 场效应晶体管的结构及符号 … 58
    2.6.2 场效应晶体管的特性曲线 …… 58
    2.6.3 场效应晶体管的电压放大作用 … 59
  *2.7 晶闸管及其应用电路 …………… 60
    2.7.1 一般晶闸管及应用 …………… 60
    2.7.2 特殊晶闸管及应用 …………… 61
  项目训练 分压式放大电路的安装与调试 … 62
  *拓展项目训练 家用调光灯电路制作 … 65
  本章小结 ………………………………… 68
第3章 常用放大器 ……………………… 69
  3.1 集成运算放大器 …………………… 69
    3.1.1 集成运放的理想化及基本电路 … 69
    3.1.2 集成运放的主要参数 ………… 71
    3.1.3 反馈的基本概念及判断方法 … 71

  3.1.4 负反馈的四种组态及其判别 ……… 74
  3.1.5 集成运算放大器的应用 ……………… 76
 技能训练 3-1 集成运放的识别与检测 ……… 79
 3.2 低频功率放大器 …………………………… 82
  3.2.1 功率放大器的特点及主要研究
     对象 …………………………………… 82
  3.2.2 功率放大器的分类 …………………… 83
  3.2.3 OCL 电路 ……………………………… 84
  3.2.4 OTL 电路 ……………………………… 85
  3.2.5 集成功率放大器及其应用 …………… 86
 技能训练 3-2 音频 OTL 功率放大器装接与
       参数测试 ……………………… 87
 *3.3 谐振放大器 ………………………………… 89
  3.3.1 谐振放大器的工作原理 ……………… 89
  3.3.2 谐振放大器的主要参数 ……………… 89
  3.3.3 谐振放大器的应用 …………………… 90
 本章小结 ………………………………………… 91
***第 4 章 正弦波振荡电路** ……………………… 93
 4.1 振荡电路的组成 …………………………… 93
  4.1.1 振荡电路的组成框图及类型 ………… 94
  4.1.2 自激振荡的条件 ……………………… 95
 4.2 常用振荡器 ………………………………… 96
  4.2.1 RC 桥式振荡电路 …………………… 96
  4.2.2 LC 振荡电路 ………………………… 97
  4.2.3 石英晶体振荡电路 …………………… 100
 项目训练 制作 RC 正弦波振荡电路并测量
      相关电量参数和波形 …………… 102
 本章小结 ………………………………………… 106
模电综合训练 迎宾器的安装与调试 … 107

下篇 数字电子技术

第 5 章 数字电路基础 ……………………… 114
 5.1 脉冲与数字信号 …………………………… 114
  5.1.1 脉冲的常见波形 ……………………… 115
  5.1.2 数字信号的表示方法 ………………… 115
  5.1.3 数字信号的应用 ……………………… 115
 5.2 数制与码制 ………………………………… 117
  5.2.1 数制 …………………………………… 117
  5.2.2 码制 …………………………………… 118
 5.3 逻辑门电路 ………………………………… 119
  5.3.1 简单门电路 …………………………… 119
  5.3.2 集成 TTL 门电路 …………………… 123
  *5.3.3 CMOS 门电路 ……………………… 125
 5.4 基本逻辑运算 ……………………………… 126
  5.4.1 逻辑代数的基本运算及规则 ………… 127
  *5.4.2 逻辑函数的公式化简法 ……………… 128
  5.4.3 逻辑函数的表示法 …………………… 129
 技能训练 5-1 集成 TTL 逻辑门电路逻辑
       功能的测试 …………………… 130
 本章小结 ………………………………………… 134
第 6 章 组合逻辑电路 ……………………… 135
 6.1 组合逻辑电路的基本知识 ………………… 135
  6.1.1 组合逻辑电路的特点及结构 ………… 135
  6.1.2 组合逻辑电路的分析 ………………… 136
  *6.1.3 组合逻辑电路的设计 ………………… 137
 技能训练 6-1 设计半加器电路 ……………… 138
 6.2 编码器 ……………………………………… 141
  6.2.1 二进制编码器 ………………………… 141
  6.2.2 二-十进制编码器 …………………… 142
  6.2.3 优先编码器 …………………………… 143
 *6.3 数据选择器与分配器 ……………………… 144
  6.3.1 数据选择器 …………………………… 144
  6.3.2 数据分配器 …………………………… 145
 6.4 译码器 ……………………………………… 145
  6.4.1 译码器的基本功能及正确使用 …… 145
  6.4.2 常用数码显示器 ……………………… 147
 技能训练 6-2 搭接编码器测试电路 ………… 148
 技能训练 6-3 搭接显示译码器 ……………… 151
 项目训练 制作三人表决器 …………………… 154
 本章小结 ………………………………………… 157
第 7 章 触发器 ……………………………… 158
 7.1 RS 触发器 ………………………………… 158
  7.1.1 基本 RS 触发器的电路组成 ……… 159
  7.1.2 基本 RS 触发器的逻辑功能和
     电路特点 ……………………………… 159
  7.1.3 同步 RS 触发器的电路组成 ……… 161
  7.1.4 同步 RS 触发器的逻辑功能和
     电路特点 ……………………………… 162
 技能训练 7-1 74LS00 触发器的功能
       测试 …………………………… 163
 7.2 JK 触发器 ………………………………… 164

7.2.1 主从 JK 触发器的电路组成 …… 164
7.2.2 主从 JK 触发器的逻辑功能和
电路特点 …… 164
7.2.3 边沿 JK 触发器的电路组成 …… 165
7.2.4 边沿 JK 触发器的逻辑功能和
电路特点 …… 165
技能训练 7-2　74LS112 触发器的功能
测试 …… 167
7.3　D 触发器 …… 169
7.3.1　D 触发器的电路组成 …… 169
7.3.2　D 触发器的逻辑功能和电路
特点 …… 170
技能训练 7-3　制作 D 触发器定时电路 …… 171
项目训练　四人抢答器电路 …… 174
本章小结 …… 178

第 8 章　时序逻辑电路 …… 179
8.1　寄存器 …… 180
8.1.1　寄存器的功能、基本构成及常见
类型 …… 180
8.1.2　数码寄存器 …… 180
8.1.3　移位寄存器 …… 180
技能训练 8-1　74LS194 的逻辑功能测试 …… 181
8.2　计数器 …… 184
8.2.1　计数器的功能及类型 …… 184
8.2.2　异步计数器 …… 185
8.2.3　同步计数器 …… 185
项目训练　制作秒计数器 …… 186
本章小结 …… 189

第 9 章　脉冲波形的产生与变换 …… 190
9.1　555 集成定时器介绍 …… 191
9.1.1　555 集成定时器的组成 …… 191
9.1.2　555 集成定时器的基本功能 …… 192
*9.2　555 集成定时器的应用 …… 192
9.2.1　555 集成定时器组成多谐
振荡器 …… 192
9.2.2　555 集成定时器组成单稳态
触发器 …… 193
9.2.3　555 集成定时器组成施密特
触发器 …… 195
技能训练 9-1　制作 555 多谐振荡器 …… 196
本章小结 …… 198

第 10 章　A-D 转换与 D-A 转换 …… 200
10.1　A-D 转换器 …… 200
10.1.1　A-D 转换器的基本概念 …… 200
10.1.2　A-D 转换器的典型应用 …… 202
技能训练 10-1　用 ADC0804 构成 A-D
转换器 …… 203
10.2　D-A 转换器 …… 205
10.2.1　D-A 转换器的基本概念 …… 205
10.2.2　D-A 转换器的典型应用 …… 205
*拓展项目训练　DAC0832 及 μA741 组成 D-A
转换器 …… 207
本章小结 …… 209

数电综合训练　声光控制节能灯电路的
安装与调试 …… 210

参考文献 …… 216

上 篇
模拟电子技术

绪 论

0.1 电子技术的发展

电子技术是 19 世纪末、20 世纪初开始发展起来的新兴学科,在 20 世纪中期发展得最迅速,应用最广泛,成为近代科学技术发展的一个重要标志。21 世纪,在科学和技术高度发展的信息社会中,电子技术的广泛应用将使社会生产力和经济获得空前的发展。

【电子管时代】 1906 年,美国发明家德福雷斯特等发明了第一代电子器件——电子管,如图 0-1a 所示,电子管的出现被称为电子技术的开端,它推动了无线电电子学的发展。

世界上第一台电子计算机于 1946 年在美国研制成功,取名 ENIAC。这台计算机使用了 18800 个电子管,占地 170m^2,重达 30t,功率为 140kW,价值 40 多万美元,是一个昂贵耗电的"庞然大物"。由于它采用了电子线路来执行算术运算、逻辑运算和存储信息,从而大大提高了运算速度。

【晶体管时代】 正当电子管进入全盛时期,美国贝尔实验室的物理学家看到电子管在体积、功耗、寿命等方面的局限性,着手固体器件的研究。1948 年,肖克利等发明了第二代电子器件——晶体管,即半导体器件,如图 0-1b 所示。晶体管的发明将电子学推向了一个新的阶段。此后,电子学在发展过程中还取得了许多巨大的成就,如集成电路(如图 0-1c 所示)、微处理器和微型计算机等,它们都是从晶体管发展而来的。

a) 电子管　　　　　　　b) 晶体管　　　　　　　c) 集成电路

图 0-1　电子器件

【集成电路阶段】 1958 年,美国得克萨斯仪器公司宣布一种集成振荡器问世,首次把晶体管、电阻和电容等集成在一块硅片上,构成了一个基本完整的单片式功能电路。1961 年,美国仙童公司宣布制成一种集成的触发器。从此,集成电路获得了飞速的发展。数字集成电路从小规模到中规模、大规模,乃至超大规模,集成度越来越高,使过去的中小型计算机乃至大型计算机得以微型化，进入了微型计算机的时期。与此同时，模拟集成电路也获得了发展。

集成电路的发明开创了集电子器件与某些电子元器件于一体的新局面，使传统的电子器件概念发生了变化。这种新型的封装好的器件体积和功耗都很小，具有独立的电路功能，甚至具有简单的系统控制功能。单片微型集成电路也已进入生产阶段。集成电路的发明使电子学进入了微电子技术时代，是电子学发展的一次重大飞跃。

0.2 电子技术基础与技能课程的研究对象及任务

本课程是中等职业学校电类专业的一门重要的专业技术基础课。

本课程的研究对象是模拟电子电路和数字电子电路中的基本元器件、基本电路、基本分析方法。

本课程的主要任务是使电类专业学生通过本课程的学习，掌握电子技术领域中的基本理论、基本知识、基本电路和基本分析方法；掌握电类专业必备的基本技能，具备分析和解决生产生活中一般电子问题的能力，掌握一定的LED、开关电源等新技术及其最新发展概况。结合实践教学环节，培养学生树立正确的学习目的，培养扎实、认真的科学态度和理论联系实际的良好工作作风，提高解决实际问题的能力，培养学生的创新精神，提高动手能力，增强实践经验，为学习后续课程以及从事与本专业有关的工程技术工作打下一定的基础。

0.3 日常生活中涉及典型电子技术电路举例

在今后的学习中，我们将会了解电子电路在实际生活中的应用，如图0-2所示。

a) 手提式扩音机　　　　b) 直流稳压电源

图 0-2 电子电路实际应用

现代电子技术在国防、科学、工业、医学、通信（信息处理、传输和交流）及文化生活等各个领域中都起着巨大的作用。现在的世界，电子技术无处不在：收音机、彩电、音响、VCD、DVD、电子手表、微型计算机、大规模生产的工业流水线、机器人、航天飞机、宇宙探测等都离不开电子技术。可以说，人们现在生活在电子技术的世界中。图0-3所示为电子技术应用的一些领域列举。

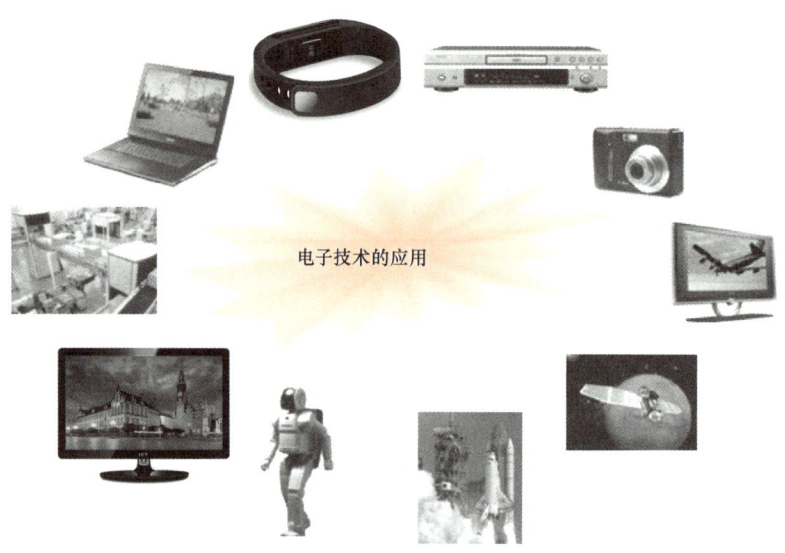

图 0-3　电子技术的应用

0.4 "电子技术基础与技能"课程的学习方法

从实践中来，到实践中去。电子技术基础与技能是一门理论与实践联系非常紧密的学科。

通过实践环节可增强对电子技术的感性认识，培养动手能力，掌握操作技能，此外还可以复习、检验理论知识学习的情况，发现理论学习中的薄弱环节。

诺贝尔奖获得者——美国医学博士斯佩里提出了"左右脑分工"理论，他用实验证明了人的左右脑具有不同功能：左脑是抽象思维的中枢，右脑是形象思维的中枢。充分利用右脑是快速学习的一个好方式，它的形象性"图形"信息输入有利于记忆。

通过动手操作的实践活动，从感性上认识电子电路；通过一个个元器件、电路的有形认识，为理论学习打下基础。动手操作过程是一个立体输入过程，使用了"全脑阅读"，即将各种元器件、电路板作为"图"，从右脑输入信息，全脑处理，大大提高了学习的速度和效率。

在学习"电子技术基础与技能"这门课程时需要一定的器材、相应的测量仪表、检修工具和元器件。测量仪表可以是万用表、示波器、直流稳压电源等，检修工具包括电烙铁、螺钉旋具等，元器件也都是一些目前主流集成电路芯片、分立元件等。

第1章　二极管及其应用

知识目标

1. 了解二极管器件的外形和电路符号
2. 通过实验或演示，了解二极管的单向导电性
3. 了解二极管的主要参数及伏安特性
4. 了解硅稳压管、发光二极管、光电二极管、变容二极管等特殊二极管的外形特征、功能和实际应用
5. 了解整流电路的作用及工作原理
6. 会估算滤波电路的输出电压
7. 能识读电容滤波、电感滤波、复式滤波电路图

能力目标

1. 会用万用表检测二极管的极性和质量优劣
2. 会用万用表测量相关电量参数
3. 通过示波器测量和观察整流滤波电路输出波形，了解其电路作用及其工作原理
4. 能识读整流电路，通过估算，会合理选用整流电路元件的参数
5. 能搭接由整流桥组成的应用电路，会使用整流桥

素质目标

1. 培养学生良好的思想政治素质，能够遵规守纪、爱岗敬业
2. 培养学生实事求是、认真负责的工作作风和安全规范、一丝不苟的做事态度
3. 培养学生的质量意识、安全意识和环保意识

1.1　二极管的特性、结构与分类

半导体器件是现代电子技术发展必不可少的重要组成部分。由于它具有体积小、重量轻、使用寿命长、输入功率小和功率转换效率高等优点而得到广泛的应用。

随着科学技术的发展，我们生活中的很多电子产品如电话、收音机、电视机、计算机、手机、MP3/MP4等，都用到了半导体器件，下面我们一起来学习常用的半导体器件中的二

极管及其应用。

【PN结】 人们按照物质导电性能，通常将各种材料分为导体、绝缘体和半导体三大类。导电性能介于导体与绝缘体之间的物质称为半导体，例如硅（Si）、锗（Ge）等都是半导体，如图1-1所示。纯净的不含任何杂质的半导体叫作本征半导体，它有两种等量的导电粒子（即载流子）：电子和空穴。本征半导体的导电能力差，为增强导电性，通常在其中掺入某种微量元素。如果在本征半导体（如硅）中掺入微量三价元素（如硼），就形成P型半导体。P型半导体中空穴占多数，称为多数载流子，电子相对少，称为少数载流子。如果在本征半导体（如硅）中掺入微量五价元素（如磷），就形成N型半导体。N型半导体中电子占多数，称为多数载流子，空穴相对少，称为少数载流子。如果通过一定的生产工艺，将一块半导体的P型区和N型区结合在一起，则在它们的交界处就形成了一个具有单向导电性的薄层，称为PN结。以PN结为管芯，在P型区和N型区的两侧接上电极引线，就制成了半导体二极管，简称二极管。

图1-1 半导体器件

利用不同的半导体材料、采用不同的工艺和几何结构，现在已研制出种类繁多、功能用途各异的二极管，可用来产生、控制、接收、变换和转换能量。二极管的频率覆盖范围可从低频、高频、微波、毫米波、红外线直至光波。

小知识

半导体太阳能电池

利用半导体材料可制成很多不同用途的电子器件，其中最具发展潜力的是太阳能电池。当半导体材料受到光照时，半导体内会产生电动势，这就是半导体材料的光生伏特效应。用半导体的这种效应，我们可把这种半导体材料制成太阳能电池，如图1-2a所示。太阳能电池的用途很广，如人造卫星装上太阳能电池后，可长期给人造卫星提供能源；现在科学家已成功研制出适合于小型汽车的太阳能电池，这种汽车不再需要其他任何燃料，没有任何环境污染，并可长期使用；部分消费类电子产品中也引入了太阳能电池，如图1-2b所示。每栋房屋也可以安装一个"小型太阳能电站"，这样，我们做饭、取暖、洗衣、看电视，就可以不再消耗别的能源了！

a) 太阳能电池

b) 太阳能电池的电子产品

图1-2 太阳能电池及其电子产品

小知识

光敏电阻器

光敏电阻器又叫光感电阻，如图 1-3 所示，它是利用半导体的光电效应制成的一种电阻值随入射光的强弱而改变的电阻器。它是一种半导体器件，两个引脚没有正负极之分，其主要特点是：光敏电阻器的阻值随着光线的强弱发生变化。入射光强，阻值减小；入射光弱，阻值增大。光敏电阻器一般用于光的测量、控制和光电转换（将光的变化转换为电的变化）。

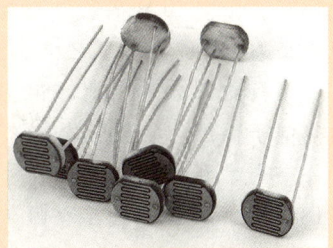

图 1-3 光敏电阻器

1.1.1 二极管的结构及符号

【二极管的结构】 二极管是由一个 PN 结构成的，从 P 区引出的电极为二极管正极（或阳极），N 区引出的电极为二极管负极（或阴极），用管壳封装起来即成二极管。根据管芯结构的不同，二极管可分为点接触型和面接触型，如图 1-4 所示。

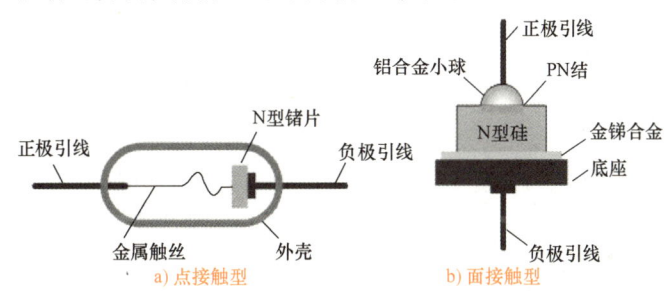

图 1-4 二极管常见结构

点接触型二极管：PN 结面积很小，极间电容很小，适用于做高频检波和脉冲数字电路里的开关元件，也可用作小电流整流。

面接触型二极管：PN 结面积大，极间电容也大，适用于较大电流的整流，而不适用于高频电路中。

【电路符号与实物图】 二极管的电路符号如图 1-5a 所示，文字符号用 VD 表示。图 1-5b 中没有银色色环的一边代表正极，有银色色环的一边代表负极。

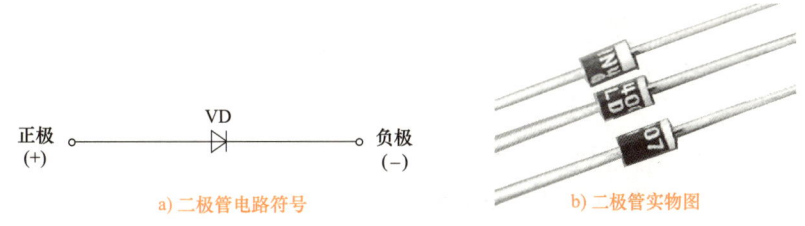

图 1-5 二极管电路符号与实物图

小知识

二极管的故事

1883年，美国科学家爱迪生（T. Edison）为寻找电灯泡最佳的灯丝材料，曾做过一项小小的实验。他在真空电灯泡内部碳丝附近安装一小截铜丝，希望铜丝能阻止碳丝蒸发。实验结果非他所想，但他发现，没有连接在电路里的铜丝，却因接收到碳丝发射的热电子而产生了微弱的电流。爱迪生并没有重视这个现象，只是把它记录在案，申报了一个未找到任何用途的专利，称之为"爱迪生效应"。

1885年，英国电气工程师弗莱明（J. Fleming）就"爱迪生效应"继续研究，他坚持认为，一定可以为热电子真空发射找到实际用途。后来经他试验发现，如果在真空灯泡里装上碳丝和铜板，分别充当阴极和阳极，灯泡里的电子就能实现单向流动。1904年，弗莱明研制出一种能够充当交流电整流和无线电检波的特殊灯泡——"热离子阀"，从而催生了世界上第一只电子管，也就是人们所说的二极管。

课堂实验1 二极管单向导电性测试

【实验目的】（1）了解二极管的导电特性。（2）会肉眼识别实物图中的二极管正负极。（3）会画电路原理图。

【实验内容】

（1）识别二极管正负极，观察二极管实物，靠近银色色环的一端为负极。

（2）按图1-6a所示连接电路，将二极管正极与电源高电位相接，二极管负极通过指示灯与电源低电位相接，即二极管两端加正向电压。观察指示灯的变化情况，将观察的现象记入表1-1。再按图1-6b接电路，即将二极管两端对调，观察并记录现象。

（3）在图1-7中填入二极管的符号，使图1-7a指示灯亮，图1-7b指示灯灭。

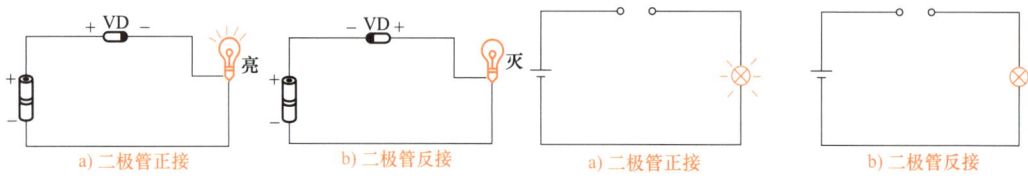

图1-6 二极管单向导电性演示图　　　　图1-7 二极管单向导电性实验图

表1-1 实验数据表

项　　目	二极管状态	指示灯的状态
加正向电压		
加反向电压		

【实验结论】二极管具有外加正向电压导通、外加反向电压截止的导电特性，即二极管具有单向导电性。

想一想

1. 通过实验结论，你能设计方案，测试二极管正负极及其好坏吗？
2. 如果把该实验电路中电池的直流电换成交流电，会出现什么现象？

小知识

二极管开关特性

利用二极管正向电阻和反向电阻相差很大的特性，可以将二极管作为电子开关器件，即所谓的开关二极管。

二极管正向导通时，其内阻很小，相当于开关接通；二极管反向截止时，它两个引脚之间的电阻很大，相当于开关断开。

图 1-8 所示为二极管开关特性记忆示意图。

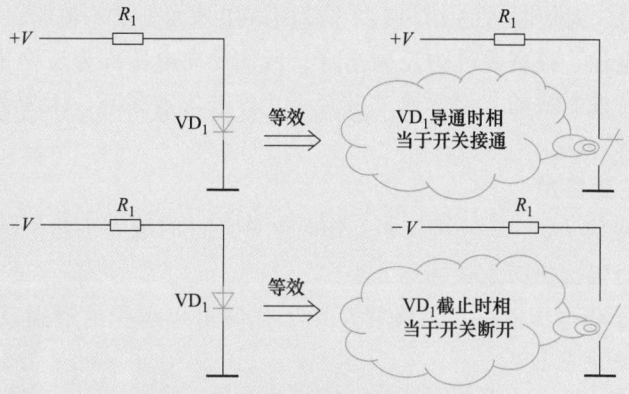

图 1-8 二极管开关特性记忆示意图

开关二极管与机械开关相比，二极管导通时的内阻并不为零，二极管截止时的电路不是开路。但是，二极管在这两种工作状态下的电阻已经相差很大，在电路中可以起到电路通与断的控制作用。

1.1.2 二极管的伏安特性

二极管的伏安特性是指加在二极管两端的电压与流过二极管的电流之间的关系，由此得到的曲线，称为二极管的伏安特性曲线，如图 1-9 所示（图中黑线为硅二极管，蓝线为锗二极管）。

【正向特性】 二极管正极接高电位，负极接低电位，称为二极管正偏。二极管加正向电压时伏安特性分为正向死区和正向导通区。

（1）正向死区：对应曲线 0A 段，此时所加正偏电压较小，流过二极管的电流很小，二极管仍处于截止状态。当加给二极管的正向电压增加到某一值时，流过二极管的电流迅速增大，这一正向电压的值称为死区电压（或门槛电压），用 U_{th} 表示。在常温下，硅管的 U_{th} 为 0.5V，锗管的 U_{th} 为 0.1V。

（2）正向导通区：对应曲线 AB 段，当加给二极管的正向电压超过死区电压后，二极管完全导通，此时二极管电流变化范围很大，电压变化范围很小，一般硅管为 0.6~0.7V，锗管为 0.2~0.3V，称为 导通电压，二极管充分导通时，可认为导通电压基本保持不变，习惯上统一取硅管的导通电压为 0.7V，锗管的导通电压为 0.3V。

【反向特性】 二极管正极接低电位，负极接高电位，称为 二极管反偏。二极管加反偏电压时，伏安特性分为 反向截止区 和 反向击穿区。

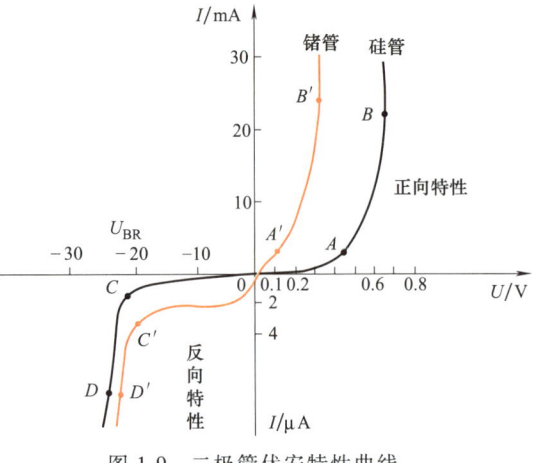

图 1-9 二极管伏安特性曲线

（1）反向截止区：对应曲线的 0C 段，二极管处于截止状态。此时反向电流很小，且基本保持不变，称为二极管的 反向饱和电流 I_R，其值随温度的升高而加大。

（2）反向击穿区：对应曲线的 CD 段，当反向电压加大到某一值时，反向电流突然增大，二极管失去单向导电性，该现象称为 反向击穿，所加反向电压称为 反向击穿电压 U_{BR}。稳压二极管就是利用该特性制成的，但普通二极管不允许进入击穿区，因为普通二极管会因反向电流过大而永久损坏。

1.1.3　二极管的主要参数

（1）最大整流电流 I_{FM}：二极管长期工作时允许通过的最大正向平均电流，使用中电流超过此值，二极管会因过热而永久损坏。

（2）最高反向工作电压 U_{RM}：二极管正常工作时可以承受的最高反向电压，一般为反向击穿电压 U_{BR} 的一半左右。

（3）反向电流 I_{RM}：二极管未被击穿时的反向电流，其值越小，则二极管的单向导电性越好。

（4）最高工作频率 f_M：保证二极管正常工作的最高频率，否则会使二极管失去单向导电性。

身边的科学

遥控电路

生活中有很多家用电器都有遥控设备，如音响、彩色电视、空调、VCD 视盘机、DVD 视盘机以及录像机等。它们的工作原理是什么呢？原来是使用了红外发光二极管和红外接收二极管。红外发光二极管是一种把电能直接转换成红外光能的发光器件，红外接收二极管又称红外光电二极管，它能很好地接收红外发光二极管发射的波长为 940nm 的红外光信号，如图 1-10 所示。它们与其他电路配合，共同构成红外遥控系统中的发射电路与接收电路。

第1章 二极管及其应用

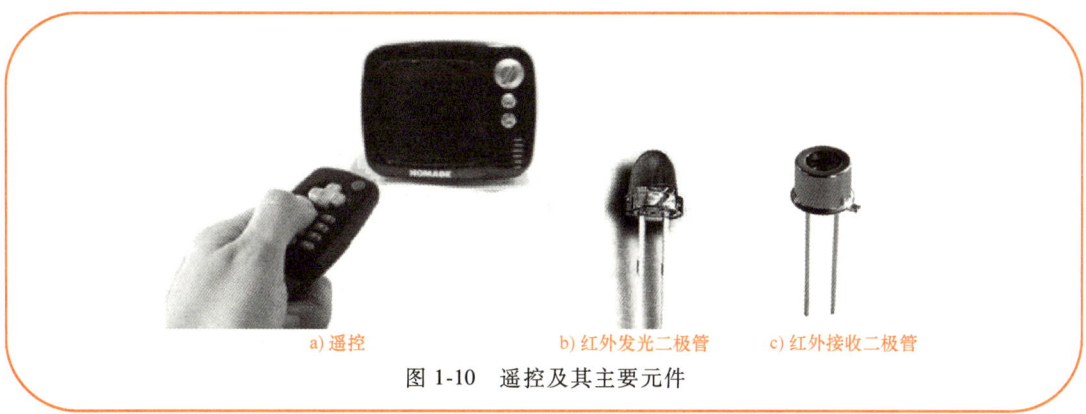

a) 遥控　　　　　b) 红外发光二极管　　　　c) 红外接收二极管

图 1-10　遥控及其主要元件

1.1.4　其他特殊二极管

下面介绍一些具有特殊功能的二极管，详见表 1-2。

表 1-2　特殊二极管

名　　称	实　物　图	电　路　符　号
稳压二极管		
变容二极管		
光电二极管		
发光二极管		

【**稳压二极管**】　稳压二极管是一种用特殊工艺制造的面接触硅材料二极管，它具有稳定电压的功能，在稳压设备和一些电子电路中经常使用，通常把这种类型的二极管称为稳压管。

常用稳压二极管的外形与普通二极管相似，有塑料外壳、金属外壳等封装形式。它在反向击穿前的导电特性与普通二极管相似，在击穿电压下，只要限制其通过的电流就可以安全工作在反向击穿状态下，其管子两端电压基本保持不变，起到稳压的作用。稳压二极管的符号、伏安特性曲线和典型电路如图 1-11 所示。

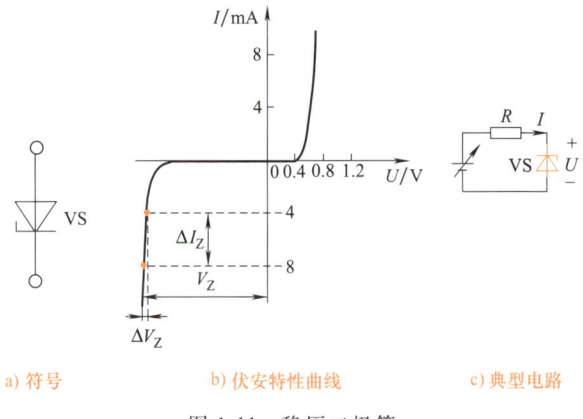

图 1-11 稳压二极管

注意

1. 稳压管的正极要接低电位，负极要接高电位，保证其工作在反向击穿区。
2. 为防止稳压管的工作电流超过其最大稳定电流 I_{ZMAX} 而引起二极管破坏性击穿，应串接一限流电阻 R。
3. 稳压管不能并联使用，以免因稳压值不同造成二极管电流不均而过载损坏。

案例解析

【例 1-1】 两个稳压管 VS_1 和 VS_2 的稳压值分别为 8.5V 和 5.5V，正向压降均为 0.5V，要得到 6V 和 14V 电压，试画出稳压电路。

【解析】 稳压管反向偏置时，稳压管两端电压为其稳压值，稳压管正向偏置时，稳压管两端电压为其正向压降值。根据分析，可画出图 1-12 所示的两个稳压电路。

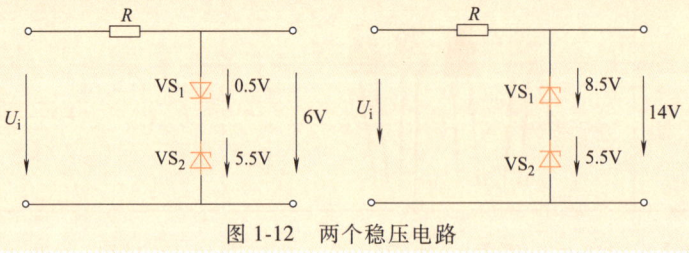

图 1-12 两个稳压电路

【变容二极管】 变容二极管是利用 PN 结的电容随外加偏压而变化这一特性制成的非线性电容元件，被广泛用于参量放大器、电子调谐及倍频器等微波电路中。

【光电二极管】 光电二极管的 PN 结工作在反向偏置状态。目前使用最多的是硅（Si）光电二极管。它常作为光电传感元件，能把接收到的光信号转变成电流。光电二极管在光线照射下，二极管的反向电流将随光照强度的改变而改变，其顶端有能射入光线的窗口，光线可通过该窗口照射到管芯上。

第1章 二极管及其应用

【**发光二极管**】 发光二极管（简称 LED）是一种光发射元件，当发光二极管的 PN 结加上正向电压时，会产生发光现象。它是一种新型冷光源，具有功耗低、体积小、使用寿命长、工作可靠等特点，目前在显示等领域应用广泛，如图 1-13 所示。

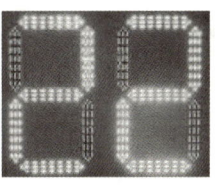

a) 交通灯　　　　　　　　b) 数字显示器　　　　　　　c) 户外显示屏

图 1-13　LED 应用举例

发光二极管的颜色主要取决于制造所用的材料。比较常见的有红色、绿色和红外光单色发光二极管，双向变色发光二极管、三色发光二极管等。发光二极管的外形有圆形、方形、三角形及组合型。常见的发光二极管是红外发光二极管，它发出的是红外光，主要用在各种红外遥控器中作为遥控发射器件。

案例解析

【**例 1-2**】 人们日常生活中使用的电热水壶、电火锅、电热毯，都属于电热产品，当用户所需要的功率小于其额定功率时，可按图 1-14 所示电路将二极管接入。该如何选择二极管？

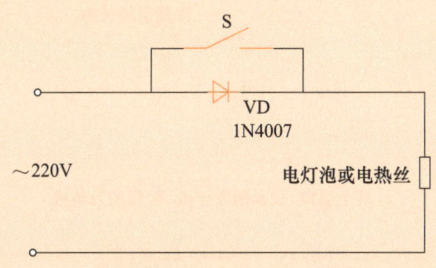

图 1-14　例 1-2 图

【**解析**】 图中的开关可以用一个常见的按键开关，将二极管并接在开关的两个接线柱上，不用考虑正负极。由于二极管的接入，输出功率变为原来的一半。

二极管型号的选用要视被控电器的功率而定：

1) 对于额定功率在 200W 以下的家用电器，如台灯、电热毯选取 1N4004 或者是 1N4007 即可，其耐压分别为 400V 和 1000V，正向电流为 1A。

2) 若是电火锅，其额定功率一般在 1000W 左右，可以选用五个 1N4007 并联使用，使电流满足要求。

技能训练 1-1　二极管的识别及检测

【训练目标】
1. 识别二极管正负引脚
2. 用万用表辅助判断二极管质量的好坏

【训练材料】
1. 二极管（2AP9、2CW104、2CZ11、1N4148、1N4007）若干
2. 万用表 1 只

二极管的测量方法

【训练内容及步骤】
1. 二极管正负极引脚外观识别方法

二极管实物上两个引脚的正、负极性是通过二极管外形标记来表示的。二极管外形标记如图 1-15 所示。

2. 二极管实物引脚识别

通过外形标记识别图 1-15 所示各二极管引脚的正、负极，将结果记入表 1-3。

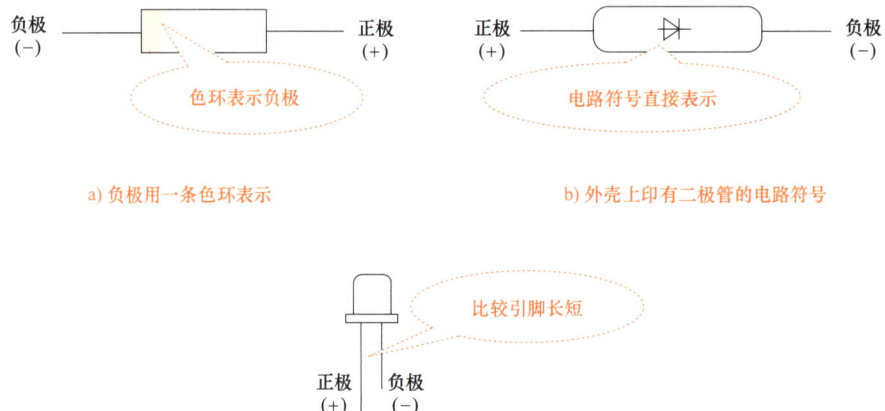

图 1-15　二极管外形标记

表 1-3　二极管识别表

型　号	外形标记及识别	型　号	外形标记及识别
2AP9		1N4148	
2CW104		1N4007	
2CZ11			

3. 二极管极性及质量好坏的判别方法

（1）将指针式万用表欧姆挡置于 R×100 或 R×1k 挡。

(2) 测任意两脚间的电阻。

(3) 交换红、黑表笔再测一次,如图 1-16 所示。

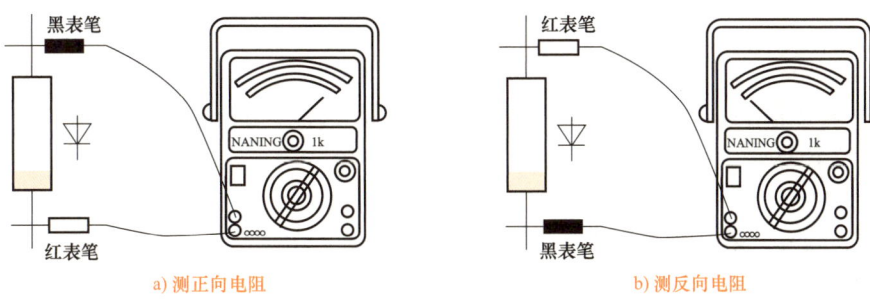

a) 测正向电阻　　　　　　　　　　b) 测反向电阻

图 1-16　二极管的测量

(4) 测量的电阻值较小时(为正向电阻),黑表笔所接的是二极管的正极,红表笔所接的是二极管的负极。

(5) 二极管质量判别见表 1-4。

表 1-4　二极管质量判别表

正向电阻	反向电阻	二极管质量
较小(几千欧以下)	较大(几百千欧以上)	好
0	0	已坏(短路)
∞	∞	已坏(开路)
正向电阻与反向电阻接近		质量不佳

想一想

为什么用数字式万用表测量二极管的正负极时,红表笔接的是正极,黑表笔接的是负极?

4. 用万用表检测二极管质量的好坏与极性

检测以下 5 只不同型号的二极管,将检测结果记入表 1-5 中。

表 1-5　二极管检测表

型号	正向电阻		反向电阻		二极管质量	
	挡位	电阻值	挡位	电阻值	好	坏
2AP9						
2CW104						
2CZ11						
1N4148						
1N4007						

【课外拓展学习】 查询相关网站，了解更多关于常用二极管的型号、参数及特性。

 小知识

二极管的代换

1. 代用管的材料、极性必须与原管一致。这主要是因为锗管与硅管的管压降不一样，如果直接代用，电路将不能正常工作。

2. 代用管的相关参数指标不得低于原管。代用整流二极管的最大整流电流和最大反向电压两项极限参数不得低于原管，否则将有可能被烧毁或被击穿。

3. 尽量采用用途相同或相近的二极管进行代用。

1.2 整流电路及应用

一般的电子产品，如手机、MP3/MP4、小型扩音器等，通常使用电池供电。但在大量电气设备中，如图 1-17 所示的日常生活用电器往往利用稳压电源将交流 220V 电压转换成直流电压来供电。

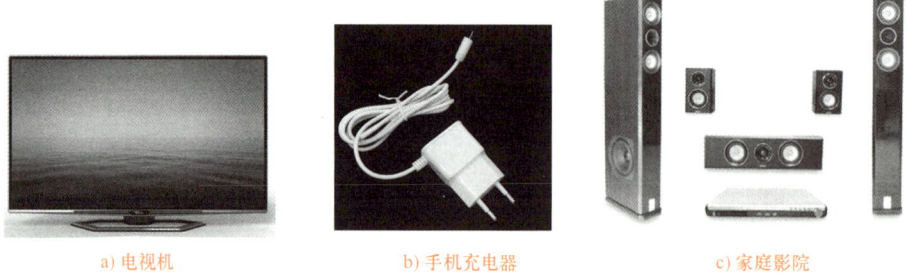

a) 电视机　　　　　　b) 手机充电器　　　　　　c) 家庭影院

图 1-17　应用整流电路的常见家用电子设备

1.2.1　整流电路的作用及工作原理

直流稳压电源一般由电源变压器、整流电路、滤波电路和稳压电路等组成，其组成框图如图 1-18 所示。

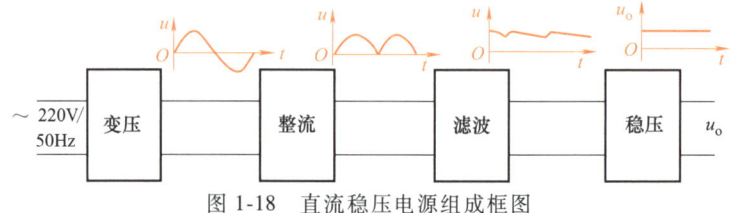

图 1-18　直流稳压电源组成框图

电源变压器：将输入的交流 220V 或 380V 电压变换为所需的低压交流电；

整流电路：将低压交流电转换成脉动直流电；

滤波电路：减小电压的脉动，使输出电压平滑；

稳压电路：能使输出的直流电压基本不受电网电压波动及负载变动的影响。

整流电路是利用二极管的单向导电性将交流电转换成脉动直流电的电路。它在直流稳压电源中是不可缺少的一部分。

常见的整流电路有半波、桥式整流电路。

1.2.2 半波整流电路及元器件选用

【半波整流电路的结构】 半波整流电路如图 1-19 所示。它是最简单的一种整流电路，通过电源变压器 T 将一次侧的单相交流电压 u_1 转换成所需要的二次电压 u_2，VD 是整流二极管器件，R_L 是负载电阻。

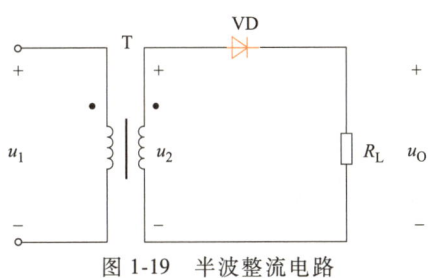

图 1-19 半波整流电路

课堂实验2 半波整流电路测试

【实验材料】 二极管（1N4001）、色环电阻（1.5kΩ）、面包板、变压器（220V/12V）、示波器、导线等。

【实验原理】 实验原理图如图 1-19 所示。

【实验内容】 按图 1-20 所示进行电路连接，在示波器上观察整流电路输出波形，记入表 1-6。

图 1-20 半波整流电路实验图

表 1-6 实验数据表

项目	输入数据	输出数据
波形（描绘）		

与同学相互讨论，说一说通过实验数据你发现了什么？

【实验结论】 整流电路可将交流电转换成为脉动直流电。

【半波整流电路的工作原理】 半波整流电路的工作原理如图 1-21a 所示。

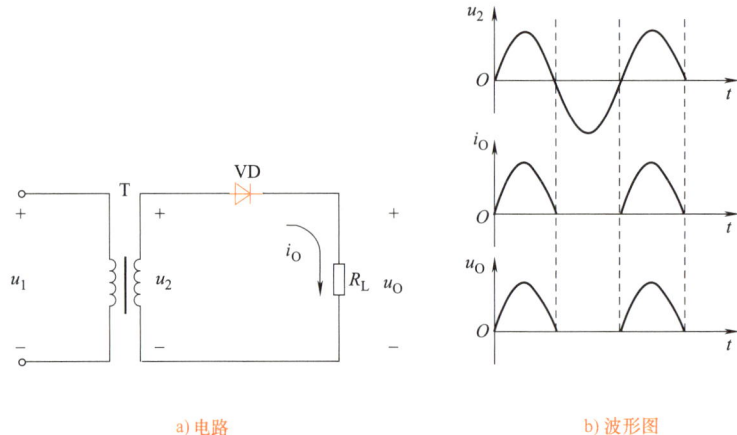

a)电路　　　　　　　　　　b)波形图

图 1-21　半波整流电路的工作原理

（1）当电压 u_2 为正半周时，二极管正向导通（理想情况下二极管的正向压降为零），负载电阻 R_L 上的电压 $u_O = u_2$，流过负载的电流 $i_O = u_O/R_L$。它们的波形如图 1-21b 所示。

（2）当电压 u_2 为负半周时，二极管反向截止，此时 $u_O = 0$，$i_O = 0$。

因此，负载电阻 R_L 上得到的是一个半波整流电压，该电压方向不变（极性不变），但大小变化，我们称之为脉动直流电压。

【半波整流电路的基本参数】

（1）整流输出电压平均值　　　　$U_{O(AV)} = 0.45 U_2$ 　　　　　　　　　　（1-1）

（2）负载的电流　　　　$I_{O(AV)} = \dfrac{U_{O(AV)}}{R_L} = 0.45 \dfrac{U_2}{R_L}$ 　　　　　　　　　　（1-2）

（3）二极管的正向电流　　　　$I_{D(AV)} = I_{O(AV)}$ 　　　　　　　　　　（1-3）

（4）二极管承受的反向峰值电压　　$U_{RM} = \sqrt{2}\, U_2$ 　　　　　　　　　　（1-4）

综上分析，半波整流电路简单易行，所用二极管数量少。半波整流电路的输出电压不到输入电压的一半，交流分量大，效率低。因此，这种电路仅适用于整流电流较小，对脉动影响要求不高的场合。

【半波整流电路二极管的选用】　当整流电路的变压器二次电压有效值和负载电阻值确定后，电路对二极管参数的要求也就确定了。一般应根据流过二极管的电流和它所承受的最大反向电压来选择二极管的型号。半波整流二极管应满足：额定电压 U_{RM} 不低于 $\sqrt{2}\, U_2$，额定电流 I_{FM} 不低于负载电流 $I_{O(AV)}$。

案例解析

【例 1-3】 在图 1-21 所示的半波整流电路中,负载电压平均值 $U_{O(AV)} = 20V$,电流平均值 $I_{O(AV)} = 8A$,试为此电路选择二极管。

【解析】 因为 $U_{O(AV)} = 0.45U_2$,所以 $U_2 = 2.22U_O \approx 44.4V$

$$I_D = I_O = 8A, \quad U_{RM} = \sqrt{2}U_2 \approx 63V$$

根据以上计算,查晶体管手册,可选用额定电流为 10A、最大反向电压为 100V 的二极管 2ZP10。

想一想

在上面例题中,如果要考虑电网电压波动±10%,你能说一说该如何选择二极管吗?

1.2.3 桥式整流电路及元器件选用

为了克服半波整流电路的缺点,在实用电路中多采用全波整流电路,最常用的全波整流电路是桥式整流电路。

【桥式整流电路的结构】 桥式整流电路如图 1-22 所示。它是由变压器 T、四个整流二极管 $VD_1 \sim VD_4$,以及负载 R_L 组成的,通常也称为整流桥。

【桥式整流电路的工作原理】 其工作原理如图 1-23 所示。

(1) 当输入信号为正半周时,VD_1、VD_3 导通,VD_2、VD_4 截止,负载上有半波输出。

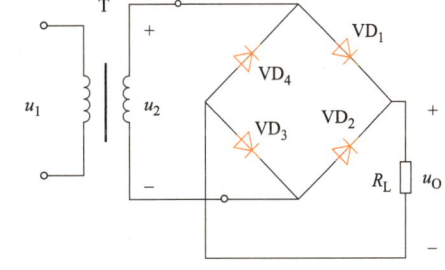

图 1-22 桥式整流电路

(2) 当输入信号为负半周时,VD_2、VD_4 导通,VD_1、VD_3 截止,负载上有半波输出。在输入信号的一个周期内,负载上得到两个半波。

【桥式整流电路的基本参数】

(1) 整流输出电压平均值 $\qquad U_{O(AV)} = 0.9U_2 \qquad$ (1-5)

(2) 负载的电流 $\qquad I_{O(AV)} = \dfrac{U_{O(AV)}}{R_L} = 0.9\dfrac{U_2}{R_L} \qquad$ (1-6)

(3) 二极管的正向电流 $\qquad I_{D(AV)} = 0.5I_{O(AV)} \qquad$ (1-7)

(4) 二极管承受的反向峰值电压 $\qquad U_{RM} = \sqrt{2}U_2 \qquad$ (1-8)

综上分析,桥式整流电路与半波整流电路相比,在相同的变压器二次电压下,对二极管的参数要求是一样的,并且还具有输出电压高、变压器利用率高、脉动小等优点,因此,得

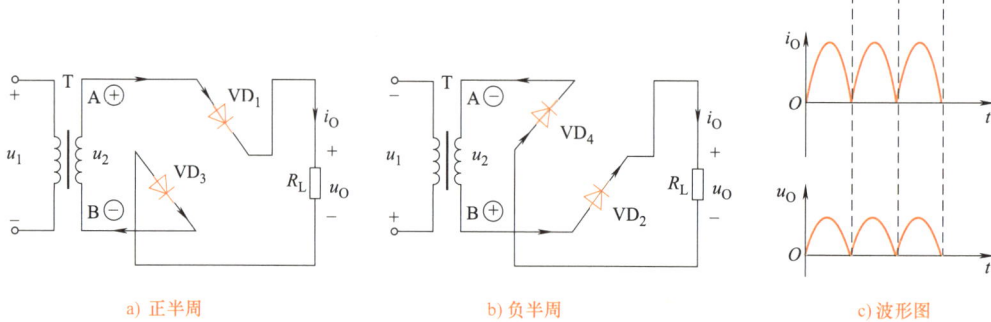

图 1-23 桥式整流电路工作原理

到相当广泛的应用。

【桥式整流电路二极管的选用】 桥式整流电路中整流二极管应满足：额定电压 U_{RM} 不低于 $\sqrt{2}U_2$，额定电流 I_{FM} 不低于负载电流 $0.5I_{O(AV)}$。

桥式整流电路工作原理

案例解析

【例 1-4】 在图 1-22 所示的桥式整流电路中，要求直流输出电压平均值 $U_{O(AV)} = 100V$，负载 $R_L = 25\Omega$，试为此电路选择二极管。

【解析】 输出电流 $\quad I_{O(AV)} = \dfrac{U_{O(AV)}}{R_L} = 0.9\dfrac{U_2}{R_L} = 4A$

变压器二次电压 $\quad U_2 = \dfrac{U_{O(AV)}}{0.9} = 111V$

流过每只二极管电流 $\quad I_{D(AV)} = 0.5I_{O(AV)} = 2A$

二极管承受最大反向电压 $\quad U_{RM} = \sqrt{2}U_2 = 157V$

根据以上计算，查晶体管手册，可选用额定电流为 2A、最大反向电压为 200V 的二极管 2CZ12C。

想一想

在连接桥式整流电路时，如果某一只二极管的极性接反会怎么样呢？

【整流桥】 将桥式整流电路的 4 只二极管制作在一起，封装成为一个器件就称为整流桥。在许多电源电路中都会使用整流桥来构成整流电路，如图 1-24 所示。

整流电路中采用整流桥后，电路的结构得到明显简化，电路中只需用一个器件，即整流桥构成整流电路，而不是多只二极管构成整流电路。因此，电路分析比较简单。

（1）整流桥的电气符号。如图 1-25 所示，图中"～"是交流电压输入引脚，每个整流桥各有两个交流电压输入引脚，这两个引脚没有极性之分。图中"+"是正极直流电压输出引脚，"-"是负极直流电压输出引脚。

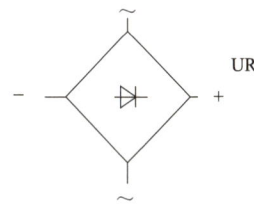

图 1-24　整流桥实物　　　　　　　　　图 1-25　整流桥电气符号

（2）整流桥的检测。整流输出端，即"+""-"两端，正向电阻为几千欧，反向电阻为数百千欧。交流输入端，即"～""～"两端，正、反向电阻均为数百千欧。

1.3　滤波电路类型及应用

在大多数电子设备中，整流电路后都需要加滤波电路，以减小整流电压的脉动程度，满足稳压电路的要求。把脉动直流电压变成波形平滑直流电压的电路，即是滤波电路。

常见的滤波电路：电容滤波电路、电感滤波电路、复式滤波电路。

1.3.1　电容滤波电路及输出电压的估算

电容滤波电路工作时，主要用到了电容器的隔直通交特性和储能特性。当单向脉动直流电压处于高峰值时电容就充电，而当电压处于低峰值时就放电，这样实现把高峰值电压存储起来到低峰值电压处再释放。滤波电路即是把高低不平的单向脉动性直流电压转换成比较平滑的直流电压。

【电容滤波电路结构】　电容滤波电路是在负载的两端并联一个电容器 C，如图 1-26 所示。

【电容滤波电路工作原理】　其工作原理如图 1-27 所示。

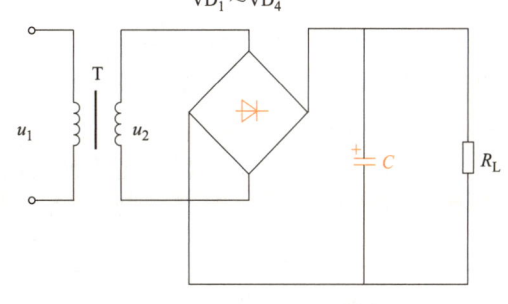

图 1-26　电容滤波电路

【输出电压的估算】

（1）桥式整流电容滤波的负载上得到的输出电压为 $U_{O(AV)} = 1.2U_2$　　　　（1-9）

（2）桥式整流电容滤波输出端空载时：$U_{O(AV)} = 1.4U_2$　　　　（1-10）

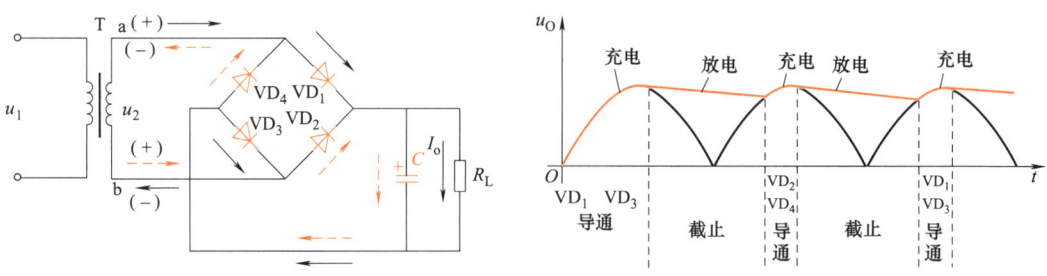

图 1-27 电容滤波电路工作原理

【电容滤波电路中元件的选用】

（1）半波整流加电容滤波器的输出直流电压约为 U_2；而桥式整流加电容滤波时，输出直流电压约为 $1.2U_2$，负载开路时，输出直流电压则为 $1.4U_2$。

（2）滤波电容选用可参考表 1-7。

表 1-7 滤波电容的选用参考表

输出电流 I_O	2A	1A	0.5~1A	0.1~0.5A	50~100mA	50mA 以下
滤波电容器的电容量 $C/\mu F$	4000	2000	1000	500	200~500	200

 注意

半波整流电路采用电容滤波时，二极管承受的反向电压将升高为 $2\sqrt{2}U_2$，选用二极管时要特别注意。

案例解析

【例 1-5】 在图 1-26 所示的单相桥式整流电容滤波电路中，负载电阻为 100Ω，输出直流电压为 20V，已知 220V 交流电源频率 $f=50Hz$，试确定电源变压器二次电压，并选择整流二极管。

【解析】（1）桥式整流加电容滤波时，输出直流电压约为 $1.2U_2$，所以电源变压器二次电压

$$U_2 = U_O/1.2 = 20/1.2 V \approx 17V$$

（2）选择整流二极管。

流经二极管的平均电流　　$I_D = 0.5I_O = 0.5 \times (20/100) A = 0.1A$

二极管承受的最大反向电压　　$U_{RM} = \sqrt{2}U_2 \approx 24V$

根据以上计算，查晶体管手册，可选用额定电流为 300mA、最大反向电压为 50V 的 2CP21A 型二极管。

1.3.2 电感滤波电路

当一些电气设备需要脉动较小、输出电流较大的直流电源时，往往采用电感滤波电路作为直流电源。电感滤波电路工作时，依据的是电感的通直阻交特性和储能特性，电感器可以把单向脉动直流电压中的交流分量阻断。

【电感滤波电路结构】　电感滤波电路是将负载与电感器串联，其电路如图 1-28 所示。

【电感滤波电路工作原理】　其工作原理如图 1-29 所示。

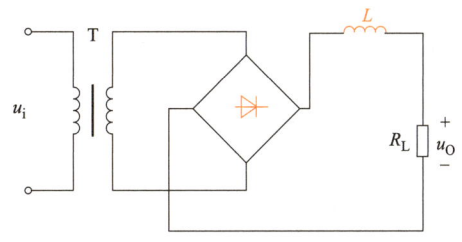

图 1-28　电感滤波电路

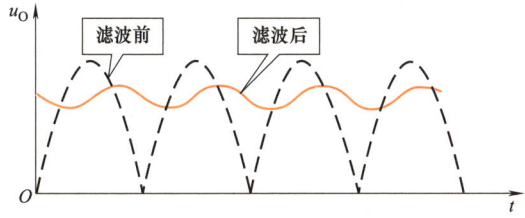

图 1-29　电感滤波电路波形图

对于直流成分，由于电感 L 的电阻一般远小于负载 R_L，所以它几乎全部落在 R_L 上；对于交流分量，由于电感 L 呈现感抗为 $X_L = 2\pi f L$，只要 L 足够大，使 $X_L \gg R_L$ 时，电感 L 对交流分量的分压结果，使交流分量几乎全部落在电感 L 上，而负载 R_L 上的交流压降很小。

电感滤波后，不但负载电流及电压的脉动减小，波形变得平滑，而且整流二极管的导通角增大。L 越大，滤波效果越好。

【输出电压的估算】　桥式整流电感滤波输出端空载时有：

$$U_{O(AV)} = 0.9 U_2 \tag{1-11}$$

1.3.3 复式滤波电路

把电容接在负载并联支路，把电感或电阻接在串联支路，可以组成复式滤波电路。复式滤波电路有 LC 滤波电路、π 型 LC 滤波电路、π 型 RC 滤波电路等，如图 1-30 所示。

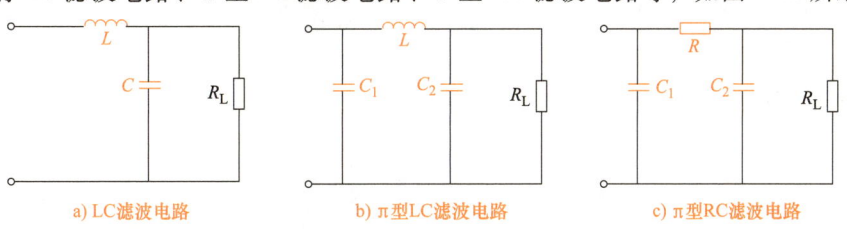

图 1-30　复式滤波电路

小知识

什么是 6S 现场管理？

6S 现场管理由日本企业的 5S 扩展而来（5S 起源于日本，是指对生产现场中的人员、机器、材料、方法等生产要素进行有效的管理），是现代工厂行之有效的现场管理理念和方法，其作用是：提高效率，保证质量，使工作环境整洁有序，预防为主，保证安全。6S 的本质是一种具有执行力的企业文化，强调纪律性的文化，不怕困难，想到做到，做到做好，作为基础性的 6S 工作落实，能为其他管理活动提供优质的管理平台。

根据企业进一步发展的需要，有的公司在原来 6S 的基础上又增加了节约及学习这两个要素，形成了"8S"，也有的企业加上习惯、服务、学习及坚持，形成了"10S"，这些所谓"8S""10S"都是在"6S"基础上衍生出来的。

各种滤波电路性能的比较详见表 1-8。

表 1-8 各种滤波电路性能的比较

项 目	电容滤波	电感滤波	LC 滤波	π 型 RC 或 LC 滤波
滤波效果	较好（小电流时）	较差（小电流时）	较好	较好
U_0/U_2	1.2	0.9	0.9	1.2
适用场合	小电流负载	大电流负载	适应性较强	小电流负载

技能训练 1-2 制作桥式整流滤波电路

【训练目标】

1. 会识别及检测色环电阻、电容、整流桥、变压器、稳压管等器件的好坏
2. 会制作整流、滤波电路
3. 会用万用表和示波器测量相关电量参数和波形

【训练材料】 实训相关材料见表 1-9。

表 1-9 材料清单表

代 号	名 称	实 物 图	规 格
$VD_1 \sim VD_4$	整流二极管		1N4007
S_1、S_2	按钮开关		自锁

（续）

代　号	名　称	实　物　图	规　格
R_L	色环电阻		1kΩ
C_1	电解电容		1000μF/25V
T	变压器		10W 二次侧 12~15V
L	连接导线		
M	插头		220V
仪器仪表	示波器		VC2020A
	万用表		MF-47

【相关原理介绍】

1. 电路作用

将交流电变为较平滑的直流电。

2. 电路原理

相关电路原理如图 1-31 所示。

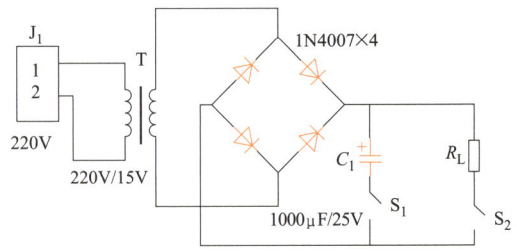

图 1-31　整流、滤波电路

【工艺要求】

（1）在印制板的排版设计中，元器件的布设是至关重要的，不仅决定了板面的整齐美观程度以及印制导线的长度和数量，对整机的性能也有一定的影响。元器件的布设应遵循以下几个原则：

1）元器件在整个板面上的排列要均匀、整齐、紧凑。单元电路之间的引线应尽可能短，引出线的数目尽可能少。

2）元器件不要占满整个板面，注意板的四周要留有一定的空间。位于印制板边缘的元器件，距离板的边缘应该大于 2mm。

3）每个元器件的引脚要单独占一个焊盘，不允许引脚相碰。

4）对于通孔安装，无论单面板还是双面板，元器件一般只能布设在板的元件面上，不能布设在焊接面上。

5）相邻的两个元器件之间，要保持一定的间距，以免元器件之间的碰接。个别密集的地方须加装套管。若相邻的元器件的电位差较高，要保持不小于 0.5mm 的安全距离。

6）元器件的布设不得立体交叉和重叠上下交叉，避免元器件外壳相碰，如图 1-32 所示。

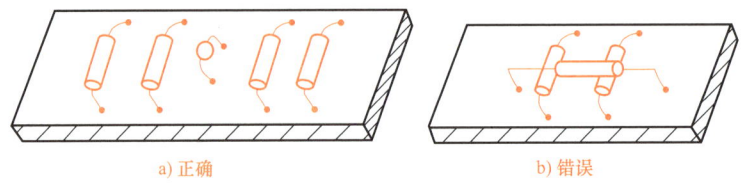

图 1-32　元件排列布设图

（2）手工焊接是焊接技术中一项最基本的操作技能，也是焊接技术的基本功，焊接技术的好坏直接影响电子产品的质量。手工焊接的具体操作步骤可分为五步，称为五步焊接法，要获得良好的焊接质量必须严格按要求进行焊接，如图 1-33 所示。

1）准备施焊，将电烙铁加热到工作温度，准备焊锡丝（常用锡铅钎料），如图 1-33a 所示。

2）加热焊件，同时加热元件引线和焊盘，均匀受热，不要施加压力或随意移动电烙铁，如图 1-33b 所示。

3）熔化焊锡丝，将其与元件焊点部位接触，送锡量要合适，如图 1-33c 所示。

4）移开焊锡丝，当焊锡丝融化后，迅速移开，如图 1-33d 所示。

5）移开电烙铁，如图 1-33e 所示。

第1章 二极管及其应用

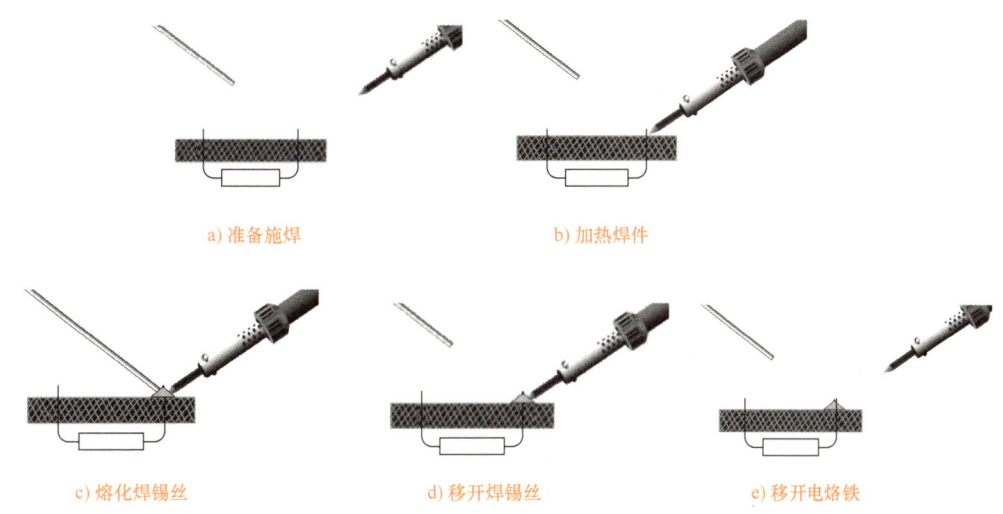

图 1-33 五步焊接法

【训练内容及步骤】

1. 电路元器件的检测

（1）色环电阻器：识读其标称阻值，并用万用表测量其实际阻值。

（2）电解电容：识别其类型与引脚的排列，并用万用表检测其质量的好坏。

（3）二极管：识别其引脚，并用万用表检测其质量的好坏。

（4）变压器：检测其质量的好坏。

2. 电路的制作与调试

（1）按电路原理图绘制布局草图，进行搭接，连线图如图 1-34 所示。

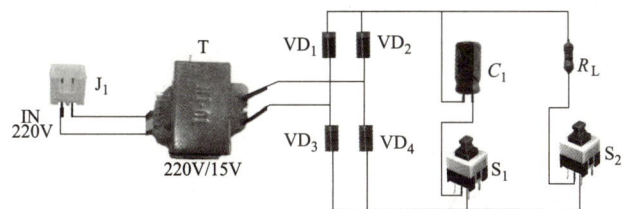

图 1-34 整流、滤波电路连线图

（2）按工艺要求对元器件引脚进行成型加工。

（3）按布局插装、排列元器件，从正面看，元器件布置如图 1-35 所示。

（4）按焊接工艺要求对元器件进行焊接。

（5）焊接各项端子。

（6）合上 S_1、S_2，用示波器双通道接变压器二次侧、电容两端、负载电阻两端、

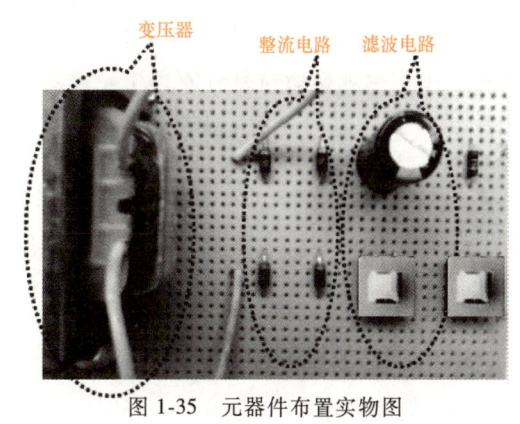

图 1-35 元器件布置实物图

整流输出端等，观察记录波形。

（7）分别断开 S_1、S_2，重复（6）的步骤操作。

【实训结果】 用万用表和示波器测量相关电量参数和波形，并记入表 1-10。

表 1-10 实验数据表

电路形式	U_2/V	U_0/V	R_L/Ω	输出 U_0/V		波形		计算 U_0/V	
			负载	有电容	无电容	U_2	U_0	负载	空载
桥式整流滤波			∞						
			1000						

*1.4 直流稳压电源

如图 1-36 所示，在日常生活中，有很多电子产品内部都有直流稳压电源，也有专门直流稳压设备。

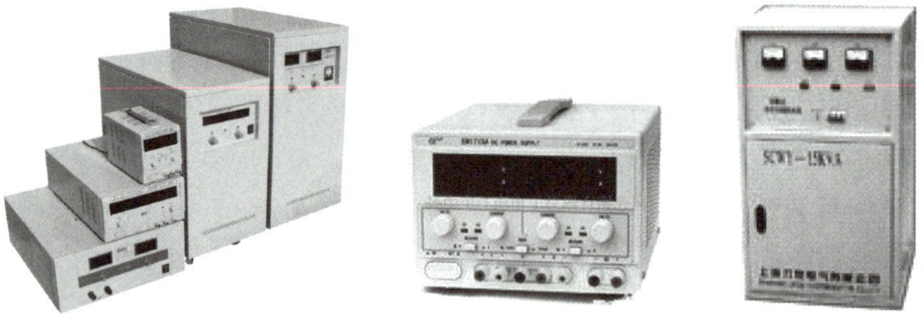

图 1-36 直流稳压电源实物

三端集成稳压电源

随着集成电路工艺的发展，稳压电源中的各环节和其他附属电路大都可以制作在同一块硅片内，形成集成稳压组件，成为集成稳压电路或集成稳压器。由于集成稳压器具有体积小、外接线路简单、使用方便、工作可靠和通用性强等优点，因此在各种电子设备中应用十分普遍，基本上取代了

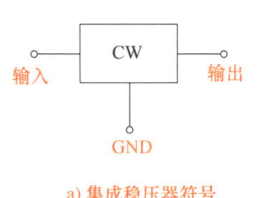
a) 集成稳压器符号

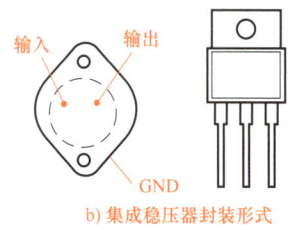
b) 集成稳压器封装形式

图 1-37 集成稳压器符号及封装形式

由分立元件构成的稳压电路。目前生产的集成稳压器根据输出电压是否可调，可分为三端固定式集成稳压器和三端可调式集成稳压器。图 1-37 所示为集成稳压器符号及封装形式。

【三端固定式集成稳压器】

（1）三端固定式集成稳压器型号。如：三端固定式集成稳压器 CW78L×× 的含义如下：

C——代表国标。

W——稳压器。

78——产品序号：78 输出正电压；79 输出负电压。

L——输出电流：

输出为小电流，代号为"L"。例如，78L××，最大输出电流为 0.1A。

输出为中电流，代号为"M"。例如，78M××，最大输出电流为 0.5A。

输出为大电流，代号为"S"。例如，78S××，最大输出电流为 2A。

无字母表示电流为 1.5A。

××——用数字表示输出电压值。例：7805 表示输出电压值为 5V；7812 表示输出电压值为 12V。

（2）三端固定式集成稳压器外形及接线图。W78××、W79×× 系列三端式集成稳压器的输出电压是固定的，在使用中不能进行调整。W78×× 系列三端式稳压器输出正极性电压，一般有 5V、6V、9V、12V、15V、18V、24V 等 7 个档次，输出电流最大可达 1.5A（加散热片），它的内部含有限电流保护、过热保护和过电压保护电路，采用了噪声低、温度漂移小的基准电压源，工作稳定可靠。79×× 系列集成稳压器是常用的 固定负输出电压 的三端集成稳压器，除输入电压和输出电压均为负值外，其他参数和特点与 78×× 系列集成稳压器相同。图 1-38 和图 1-39 所示为两种系列三端集成稳压器的外形及接线图。

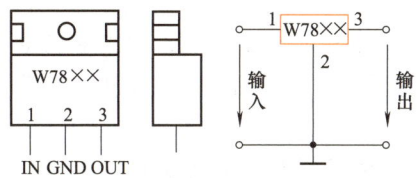

图 1-38 W78×× 系列外形及接线图

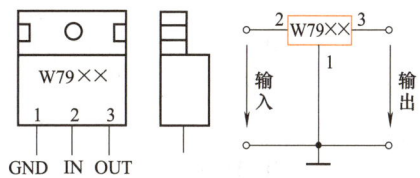

图 1-39 W79×× 系列外形及接线图

（3）三端固定式集成稳压器的基本应用

1）固定输出电压电路如图 1-40 所示。电容 C_I 的作用是防止自激振荡，而 C_O 的作用是滤除噪声干扰。

2）正、负双电压输出电路如图 1-41 所示。例如需要 $U_{O1}=15V$，$U_{O2}=-15V$，则可选用 W7815 和 W7915 三端稳压器，这时的 U_I 应为单电压输出时的两倍。

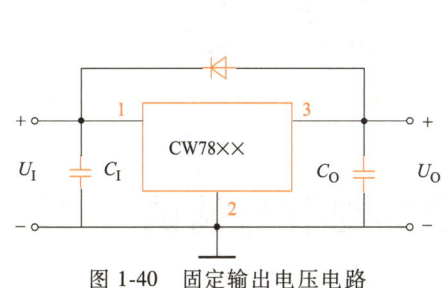

图 1-40 固定输出电压电路

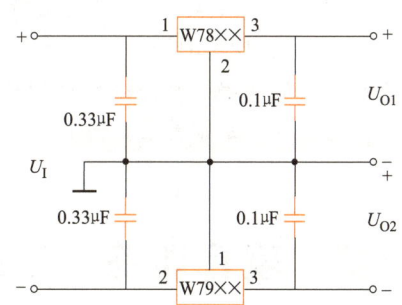

图 1-41 正、负双电压输出电路

【三端可调式集成稳压器】

（1）三端可调式集成稳压器外形及接线图。如图 1-42 所示，LM317 为三端可调负输出集成稳压器，输出电压可调范围为 1.2~37V，输出电流可达 1.5A。其 1 脚为调整端，2 脚为输出端，3 脚为输入端。

（2）三端可调式集成稳压器的基本应用。图 1-43 所示为可调输出电压电路，它克服了固定三端稳压器输出电压不可调的缺点，继承了三端固定式集成稳压器的诸多优点。

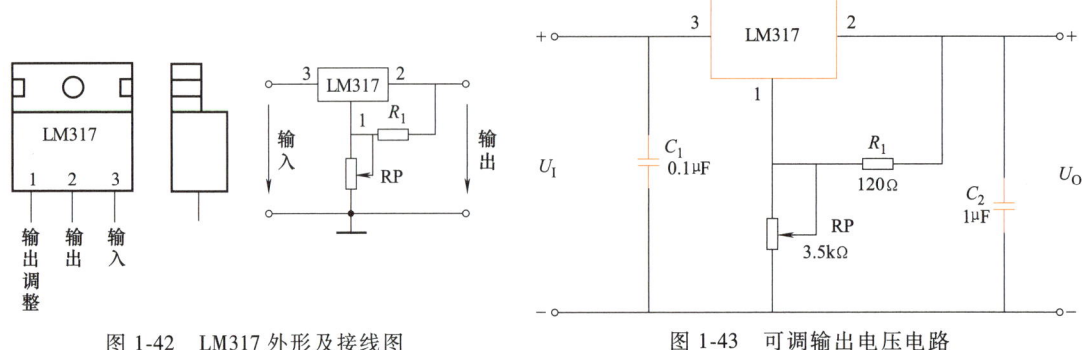

图 1-42　LM317 外形及接线图　　　　图 1-43　可调输出电压电路

小知识

6S 的内容

整理（SEIRI）：将工作场所的任何物品区分为有必要和没有必要的，除了有必要的留下来，其他的都消除掉。目的是腾出空间，空间活用，防止误用，塑造清爽的工作场所。

整顿（SEITON）：把留下来的必要用的物品依规定位置摆放，并放置整齐加以标示。目的是消除过多的积压物品，缩短寻找物品的时间，保持整齐的工作环境，使工作场所一目了然。

清扫（SEISO）：将工作场所内看得见与看不见的地方清扫干净，保持工作场所干净、亮丽的环境。目的是稳定品质，减少工业伤害。

清洁（SEIKETSU）：维持上面 3S 成果。

素养（SHITSUKE）：每位成员养成良好的习惯，并遵守规则做事，培养积极主动的精神（也称习惯性）。目的是培养有好习惯、遵守规则的员工，营造团队精神。

安全（SECURITY）——重视全员安全教育，每时每刻都有安全第一观念，防患于未然。目的是建立起安全生产的环境，所有的工作应建立在安全的前提下。

由于六个单词前面发音都是"S"，因此简称为"6S"。

*项目训练　三端稳压电源的组装与调试

【训练目标】

1. 会识别及检测色环电阻、电容、整流桥、变压器、稳压器等元器件的好坏
2. 会组装并检测三端稳压电源
3. 会用万用表和示波器测量相关电量参数和波形

【训练材料】 实训相关材料见表 1-11。

表 1-11 材料清单表

代 号	名 称	规 格	代 号	名 称	规 格
$VD_1 \sim VD_6$	整流二极管	1N4007	T	变压器	10W 二次电压 12～15V
R_1	色环电阻	1kΩ	SB	开关	自锁
R_2	色环电阻	120Ω	LED	发光二极管	红色 φ3
RP	电位器	5kΩ	IC_1	三端集成稳压器	LM317
C_1	电解电容	2200μF/25V		连接导线	PVC
C_2	涤纶电容	0.22μF	M	插头	220V
C_3	电解电容	10μF/25V	仪器仪表	示波器	VC2020A
C_4	电解电容	100μF/25V	仪器仪表	万用表	MF-47

【相关原理介绍】

将交流电变为稳定的直流电。
三端稳压电源电路原理图如图 1-44 所示。

LM317 稳压电路
工作原理

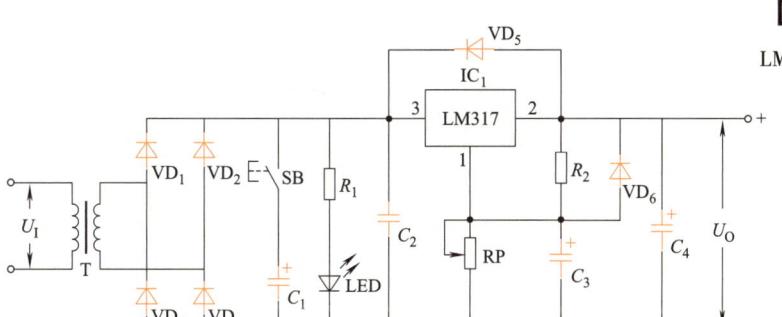

图 1-44 三端稳压电源电路原理图

【训练内容及步骤】

1. 电路元器件的检测

（1）色环电阻器：识读其标称阻值，并用万用表测量其实际阻值。

（2）电解电容：识别其类型与引脚，并用万用表检测其质量的好坏。

（3）涤纶电容：用万用表检测其质量的好坏。

（4）二极管：识别其引脚，并用万用表检测其质量的好坏。

（5）变压器：检测其质量的好坏。

（6）三端集成稳压器 LM317：引脚排列如图 1-45 所示。

图 1-45 LM317
引脚排列图

2. 电路的制作与调试

（1）按电路原理图绘制布局草图，进行搭接，连线图如图 1-46 所示。

（2）按工艺要求对元器件引脚进行成型加工。

（3）按布局插装、排列元器件。

（4）按焊接工艺要求对元器件进行焊接。

（5）焊接各项端子。

（6）调试已制作好的电路主板，达到指标要求。

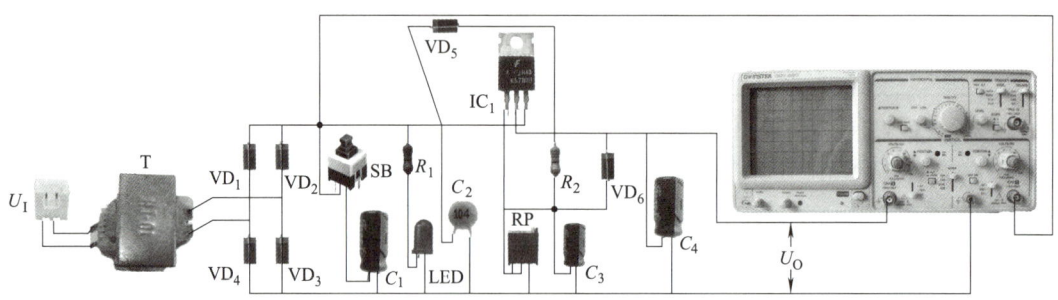

图 1-46 三端稳压电源连线图

3. 实物图

三端稳压电源实物图如图 1-47 所示。

图 1-47 三端稳压电源实物图

【实训结果】

（1）用万用表和示波器测量相关电量参数和波形，并记入表 1-12。

表 1-12 三端稳压电源测试数据表

测 试 项 目	滤波电路 U_I		电源输出电压 U_O	
	有效值	波形	有效值	波形
断开开关 SB，未接入滤波电容 C_1				
按下开关 SB，接入滤波电容 C_1				
结论				

（2）观察电位器 RP 对输出电压 U_O 的影响。

【自评互评表】 评价表见表 1-13。

第1章 二极管及其应用

表1-13 自评互评表

班级		姓名		学号		组别		
项目	考核要求		配分	评分标准			自评分	互评分
元器件的识别	按要求对所有元器件进行识别		20	元器件识别,每错一个扣2分				
元器件成型、插装与排列	1. 元器件按工艺要求成型 2. 元器件符合插装工艺要求 3. 元器件排列整齐、标记方向一致		20	1. 成型不合要求,每处扣1分 2. 插装位置、工艺不符合要求,每处扣2分 3. 排列、标记不合理,扣3分				
导线连接	1. 导线挺直、紧贴PCB 2. 板上的连接线呈直线或直角,且不能相交		10	1. 导线弯曲、拱起,每处扣2分 2. 连接线弯曲、不直,每处扣2分 3. 连接线相交,每处扣2分				
焊接质量	1. 焊点均匀、光滑、一致、无毛刺、无虚焊等现象 2. 焊点上引脚不能过长		20	1. 有搭锡、假焊、虚焊、漏焊、焊盘脱落等现象,每处扣2分 2. 出现毛刺、锡料过多或过少、焊点不光滑、引脚过长等现象,每处扣2分				
电路调试	1. 工作是否正常 2. 连线正确		20	1. 不按要求进行调试,扣1~5分 2. 调试结果不正常,扣5~20分				
安全文明操作	工作台上工具排放整齐,严格遵守安全操作规程,符合"6S"管理要求		10	违反安全操作、工作台上脏乱、不符合"6S"管理要求,酌情扣3~10分				
反思记录 (附加10分)	项目			记录				
	故障排除		3					
	你会做的		2					
	你能做的		2					
	任务创新方案		3					
合计				100+10				

你完成本次工作任务的体会(学到哪些知识、掌握哪些技能、有哪些收获):

小组对你完成此次工作任务的评价(工作、学习方面):

教师对你完成此次工作任务的评价(工作、学习方面):

知识拓展

大国制造之工匠精神

工匠精神指工匠对自己做的产品精雕细琢、精益求精，不断追求完美和极致的精神理念。工匠精神不仅是一项技能，更是一种精神品质。

我国制造业由大到强的历史性任务，呼唤更多产业工人成为创新驱动发展的骨干力量和实施制造强国战略的有生力量。为此，要激励广大青年重视技能教育，崇尚执着专注、精益求精、一丝不苟、追求卓越的工匠精神，瞄准世界科技前沿和社会主义现代化强国建设的新要求，突破技术瓶颈，对标国际一流，不断提高技术技能水平。同时，新时代的技能人才不能只满足于"熟能生巧"，还应成为新兴技术、新兴产业的推动者，不断打磨精湛技艺，提升技能本领，在创新创造中攀登技能高峰。

本章小结

1. 二极管由一个 PN 结构成，其主要特性是单向导电性，即正偏时导通，反偏时截止。二极管两端电压与通过二极管的电流之间的关系为二极管的伏安特性，它详细地描述了二极管电压与电流间的关系。

2. 特殊二极管有稳压二极管、发光二极管、光电二极管等。稳压二极管工作在二极管伏安特性曲线的反向击穿区，在工作电流允许范围内其电压是稳定的；发光二极管具有将电信号转换成光信号的作用；而光电二极管则可将光信号转换成电信号。

3. 将交流电网电压转换为稳定的直流电压，要通过整流、滤波和稳压等环节来实现。

4. 利用二极管的单向导电性可组成半波整流、桥式整流电路，实现将交流电转化为脉动直流电的功能。滤波电路的作用是使整流输出的脉动直流电变得平滑。常见的电路形式有电容滤波、电感滤波和复式滤波。

*5. 三端集成稳压器目前已广泛应用于直流稳压电路中，它具有体积小、安装方便、工作可靠等优点。它有固定输出和可调输出、正电压输出和负电压输出之分。使用时应注意稳压器的引脚排列差异。

第2章 晶体管及放大电路基础

 知识目标

1. 掌握晶体管的结构及符号,了解晶体管的电流放大特性
2. 能识读和绘制基本共射放大电路的电路图
3. 能识读分压式偏置、集电极-基极偏置电路的电路图
4. 了解放大器的直流通路和交流通路;了解小信号放大器的性能指标

 能力目标

1. 会用万用表判别晶体管的引脚和质量优劣
2. 会使用万用表调试晶体管的静态工作点
3. 会搭接分压式偏置放大器,会调整静态工作点
4. 能在实践中合理使用晶体管

 素质目标

1. 培养学生分析问题、解决问题的能力
2. 培养学生的质量意识、安全意识和环保意识
3. 培养学生能根据工作任务进行合理分工,以及互相帮助、协作完成工作任务的能力

2.1 晶体管及应用

半导体三极管也称为**晶体三极管**,简称**晶体管**,它具有电流放大作用,是构成放大电路的主要器件。因此由晶体管组成的放大电路在实际电子设备中得到广泛应用,如收音机、电视机、扩音机,如图 2-1 所示。此外在众多测量仪器及自动控制装置中也都用到了晶体管。

2.1.1 晶体管的结构及符号

【**晶体管的结构**】 晶体管由**两个 PN 结**构成。在一块半导体基片上制作两个相距很近的 PN 结,两个 PN 结把整个半导体基片分成三部分,中间部分是基

a) 收音机

b) 电视机

c) 扩音机

图 2-1 晶体管应用

区，两侧部分是发射区和集电区。根据 P 型半导体和 N 型半导体的排列方式不同，可分为 PNP 和 NPN 两种。

从三个区引出相应的电极，分别为基极 b、发射极 e 和集电极 c。发射区和基区之间的 PN 结叫发射结，集电区和基区之间的 PN 结叫集电结。如图 2-2 所示，图中箭头方向为发射结处在正向偏置时发射极电流的方向。

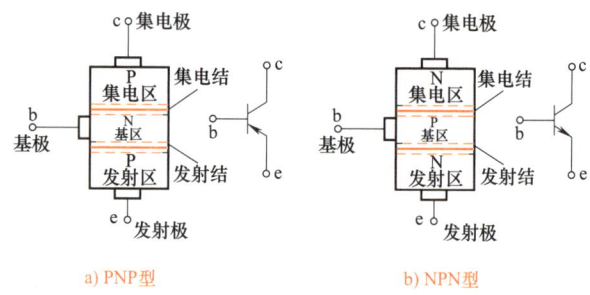

图 2-2 晶体管的结构与电路图形符号

【晶体管的符号及实物图】 晶体管的文字符号为 VT，实物图如图 2-3 所示。

a) 大功率低频晶体管　　　b) 中功率低频晶体管　　　c) 小功率高频晶体管

图 2-3 晶体管实物图

【晶体管的分类】 晶体管的种类很多，通常按以下方法进行分类：

（1）按半导体材料分，可分为硅管和锗管。硅管工作稳定性优于锗管，因此当前生产和使用常用硅管。

（2）按晶体管内部基本结构分，可分为 NPN 型和 PNP 型两类。目前我国制造的硅管多为 NPN 型（也有少量 PNP 型），锗管多为 PNP 型。

（3）按用途分，可分为普通放大管和开关管等。

（4）按功率大小分，可分为小功率管、中功率管和大功率管。

（5）按工作频率分，可分为超高频管、高频管、低频管。

身边的科学

音 乐 门 铃

音乐门铃是现代家庭用来向主人通报来客的装置，图 2-4 所示为其电路与实物图。音乐门铃采用专用音乐集成电路芯片，再配上少量的分立元件。其中晶体管 VT 在电路中起信号放大作用。

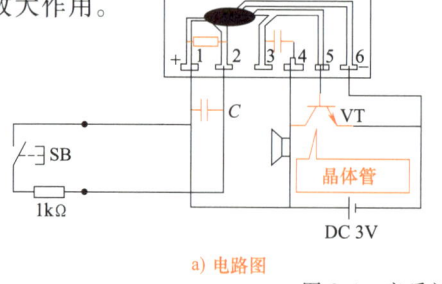 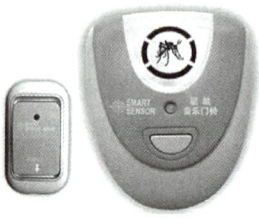

a) 电路图　　　　　　　　　　　　　　b) 实物图

图 2-4 音乐门铃

2.1.2 晶体管的电流放大作用

（1）晶体管三个电极上电流 I_B、I_C、I_E 的分配关系为：$I_E = I_B + I_C$。

（2）基极电流 I_B 变化会引起集电极电流 I_C 也跟着变化，I_C 受 I_B 控制。且 $\dfrac{I_C}{I_B}$ 几乎保持不变，为一常数，晶体管的这一特性称为<u>直流电流放大作用</u>。可用下面公式表示为

$$\bar{\beta} = \dfrac{I_C}{I_B} \tag{2-1}$$

$\bar{\beta}$ 称为共发射极直流电流放大系数。

（3）当晶体管外加交流电压时，晶体管的交流放大倍数为

$$\beta = \dfrac{\Delta I_C}{\Delta I_B} \tag{2-2}$$

一般 $\bar{\beta} \approx \beta$，估算时可通用。

【结论】　晶体管是一个电流控制器件，用一个很小的基极电流就能控制一个很大的集电极电流或发射极电流。基极电流能够控制集电极电流或发射极电流，就是电流的放大，从而实现晶体管对信号的放大作用，实现"以小控大"的作用，但并没有实现能量的放大。

【晶体管具有电流放大作用的外部条件】　若使晶体管具有电流放大作用必须具备相应的外部条件：要给晶体管加上合适的工作电压，即保证<u>发射结加正向电压，集电结加反向电压</u>。满足电流放大的外部条件时，晶体管三个电极上电位分布见表2-1。

表2-1　晶体管引脚的电位关系

NPN 型管	PNP 型管
$U_C > U_B > U_E$	$U_C < U_B < U_E$

案例解析

【例2-1】　测得某电路中正常工作的晶体管的三个电极 A、B、C 对地电位分别为 $U_1 = -9V$，$U_2 = -6V$，$U_3 = -6.3V$，试判断 A、B、C 中哪个是基极 b、发射极 e、集电极 c，并说明该管是 PNP 管还是 NPN 管。

【解析】　实际应用中我们常根据晶体管各极电位判别三个电极 e、b、c。一般如果两个电极之间的电压约为 0.3V 或者 0.7V，则这两个电极构成发射结，其中一个是基极，另一个是发射极，进而可以直接判别出集电极。在此基础上根据晶体管放大的外部条件（发射结正偏，集电结反偏），可以进一步确定基极和发射极。三个电极 A、B、C 分别是集电极 c、发射极 e、基极 b，该晶体管是 PNP 锗管。

想一想

1. 晶体管具有2个PN结，二极管具有一个PN结，能不能把两只二极管当作一个晶体管使用？为什么？

2. 如果在电路中不能满足晶体管具有电流放大作用的外部条件会出现什么情况？

2.1.3 晶体管的伏安特性曲线

前面我们学习了二极管的伏安特性曲线，同样我们也可以通过伏安特性曲线来描述晶体管各极电流与极间电压之间的关系。与二极管不同的是，晶体管的伏安特性曲线分为 输入特性曲线 和 输出特性曲线。

【晶体管输入特性曲线】 当输出电压 U_{CE} 一定时，反映输入电流 I_B 与输入电压 U_{BE} 之间关系的曲线，如图2-5所示。

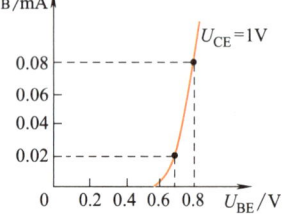

图2-5 晶体管输入特性曲线

（1）在输入回路中，由于晶体管的发射结是一个正向偏置的PN结，所以晶体管的输入特性曲线与二极管的正向特性曲线非常相似。

（2）通常把晶体管电流开始明显增加的发射结电压称为 导通电压。在室温下，硅管的导通电压约为0.6~0.7V，锗管的导通电压约为0.2~0.3V。

【晶体管输出特性曲线】 指当输入电流 I_B 一定时，反映输出电流 I_C 与输出电压 U_{CE} 之间关系的曲线。

晶体管输出特性曲线如图2-6所示，晶体管的工作区域可以分为截止区、放大区和饱和区三种情况。

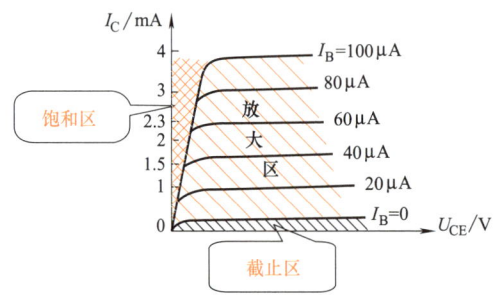

图2-6 晶体管输出特性曲线

截止区：晶体管的发射结和集电结均反偏。在此区域晶体管失去了电流放大作用，相当于一个断开的开关。

放大区：晶体管的发射结正偏，集电结反偏。在此区域晶体管集电极电流受控于基极电流，晶体管具有电流放大作用。

饱和区：晶体管的发射结和集电结均正偏。I_C 不受 I_B 的控制，晶体管失去了电流放大作用，相当于一个闭合开关。晶体管饱和时 U_{CE} 的值称为饱和压降，记作 U_{CES}，小功率硅管的 U_{CES} 约为0.3V，锗管的 U_{CES} 约为0.1V。

案例解析

【例 2-2】 测量晶体管三个电极对地电位如图 2-7 所示,试判断晶体管的工作状态。

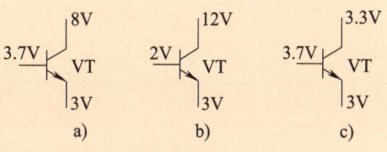

图 2-7 晶体管对地电位图

【解析】 (1) 图 2-7a 中晶体管的发射结正偏,集电结反偏,晶体管处于放大状态。

(2) 图 2-7b 中晶体管发射结和集电结均反偏,晶体管处于截止状态。

(3) 图 2-7c 中晶体管的发射结和集电结均正偏,晶体管处于饱和状态。

小知识

晶体管的开关特性

晶体管同二极管一样,也可以作为电子开关器件,构成电子开关电路。当晶体管用于开关电路中时,晶体管工作在截止区和饱和区。晶体管开关特性说明见表 2-2。

表 2-2 晶体管开关特性说明

开关状态	晶体管工作状态	内阻特性	说 明
开关接通	饱和状态	集电极与发射极之间内阻很小	晶体管基极是控制极,基极电流很大,晶体管进入饱和状态
开关断开	截止状态	集电极与发射极之间内阻很大	基极电流为零,晶体管处于截止状态

2.1.4 晶体管的主要参数

晶体管的主要参数见表 2-3。

表 2-3 晶体管的主要参数

参 数		名 称	说 明
电流放大系数	$\bar{\beta}$	直流放大系数	反映晶体管电流放大能力强弱的参数 $\bar{\beta}=\dfrac{I_C}{I_B}$
	β	交流放大系数	反映晶体管电流放大能力强弱的参数 $\beta=\dfrac{\Delta I_C}{\Delta I_B}$。当输入信号是正弦信号时,可用正弦量的瞬时值表示, $\beta=\dfrac{i_C}{i_B}$
反向饱和电流	I_{CBO}	集电极-基极反向饱和电流	晶体管发射极开路时,从集电极流到基极的电流
	I_{CEO}	集电极-发射极反向饱和电流(穿透电流)	晶体管基极开路时,集电极与发射极之间加上规定的电压,从集电极流到发射极的电流
极限参数	I_{CM}	集电极最大允许电流	如果集电极电流 I_C 超过 I_{CM},则晶体管的 β 值将下降到正常值的 2/3 以下,甚至可能烧坏
	P_{CM}	集电极最大允许耗散功率	集电极允许的最大功率。若超过此值,晶体管性能会下降或被烧坏
	$U_{(BR)CEO}$	集电极-发射极反向击穿电压	基极开路时,集电极与发射极之间所能承受的最高反向电压,若 U_{CE} 超过此值会使晶体管被击穿

2.1.5 晶体管的测试

【**晶体管引脚分布规律与识别方法**】 晶体管有三个引脚，要正确使用晶体管，必须能正确识别晶体管的三个电极。一般而言，晶体管引脚排列还是有一定规律的，表 2-4 中列举了部分常用的晶体管引脚排列。

表 2-4 晶体管引脚排列

封装形式	外形特点	引脚排列	排列特征说明
引脚呈直线排列（塑封管壳）	切口面 e b c	e b c	平面朝向自己，引脚朝下，从左到右依次为发射极 e、基极 b、集电极 c
	切角面 b c	e b c	面对切角面，引脚朝下，从左到右依次为发射极 e、基极 b、集电极 c
引脚呈直线排列（塑封管壳）	e b c	e b c	引脚排列成一条直线且距离相等，则靠近管壳红点的为发射极 e、中间为基极 b、剩下的为集电极 c
	c b e	b e	引脚排列成一条直线但距离不相等，则距离较近的两脚之中，靠近管壳的那一脚为发射极 e、中间的为基极 b、剩下的为集电极 c
	b c e	b c e	面对管子正面（型号打印面），散热片为背面，引脚朝下，从左到右依次为基极 b、集电极 c、发射极 e
引脚呈等腰三角形排列（金属管壳）	c b e 定位销	b e c 定位销	面对管底，由定位标志起，按顺时针方向，引脚依次为发射极 e、基极 b、集电极 c
	定位销	e b c 定位销	面对管底，由定位标志起，按顺时针方向，引脚依次为发射极 e、基极 b、集电极 c、接地线 d，其中 d 与金属外壳相连，在电路中接地，起屏蔽作用
	红点 e b c	e b c	有红色点的一边是集电极 c，中间是基极 b，剩下的是发射极 e
	绿 红 白 e c b	e c b	有红色标记的一边是集电极 c，白色标记是的基极 b，有绿色标记的是发射极 e
金属外壳大功率管	c b e	o e o b 安装孔 安装孔	面对管底，使引脚均位于左侧，下面的引脚是基极 b、上面的引脚是发射极 e、管壳是集电极 c，管壳上两个安装孔用来固定晶体管

第2章 晶体管及放大电路基础

【用万用表检测中、小功率晶体管】 用万用表检测中、小功率晶体管的方法及示意图见表 2-5。

表 2-5 检测中、小功率晶体管

检测目的	示 意 图	检 测 方 法
判断基极 b 及管型	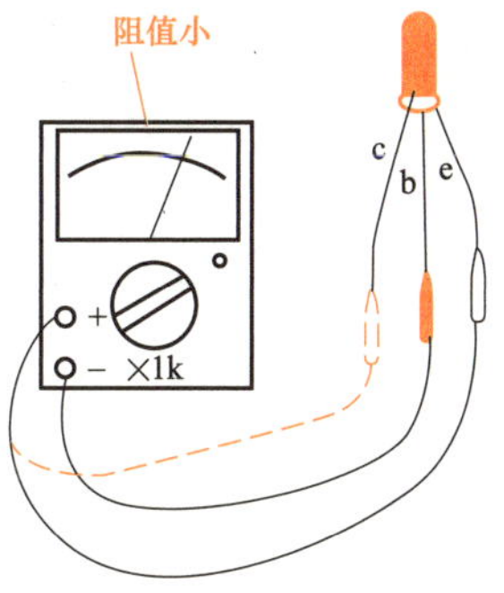 (阻值小，万用表×1k 挡示意图)	1) 将万用表置于 R×1k 挡 2) 先用黑表笔接某一引脚，红表笔分别接另外两引脚，测得两个电阻值。再将黑表笔换接另一引脚，重复以上步骤，直至测得两个电阻值（大小基本相等）都很小或都很大，这时黑表笔所接的是基极 b 3) 若测得的两个电阻值基本相等且都很小，则为 NPN 型管；若测得的两个电阻值基本相等且都很大，则为 PNP 型管
判断集电极 c、发射极 e	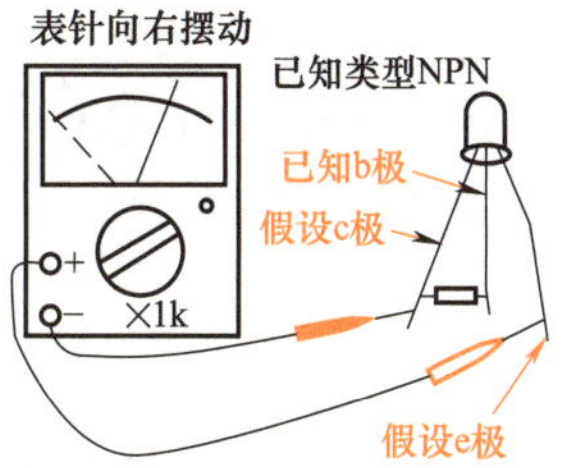 (表针向右摆动，已知类型 NPN，已知 b 极，假设 c 极，假设 e 极；100kΩ 左右，R×100，黑笔、红笔，食指触摸余下的引脚，NPN 管) 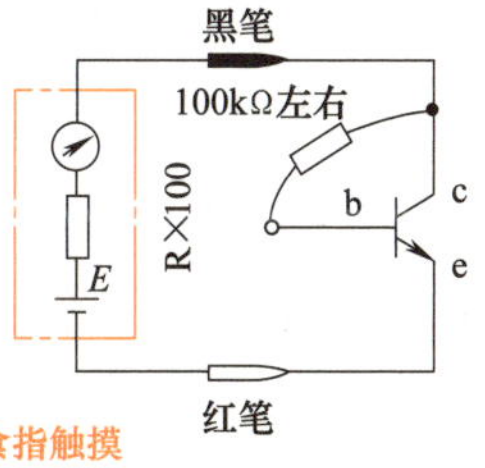 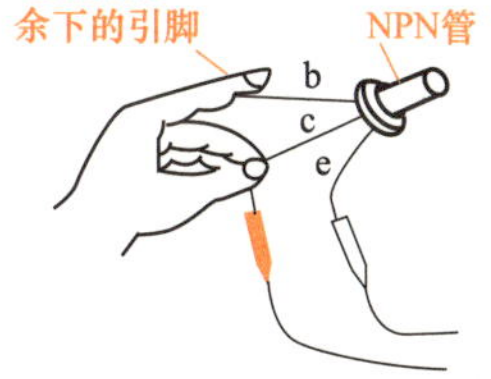	对于 NPN 型管，红、黑表笔任意接基极以外的两个引脚，然后用两个手指分别接触黑表笔和基极，图中示意为一电阻，如果此时所测阻值小，说明黑表笔接的是集电极，红表笔为发射极。对于 PNP 型管，测试方法相同。如果此时所测阻值小，说明红表笔接的是集电极，黑表笔接的是发射极
测量晶体管的放大能力	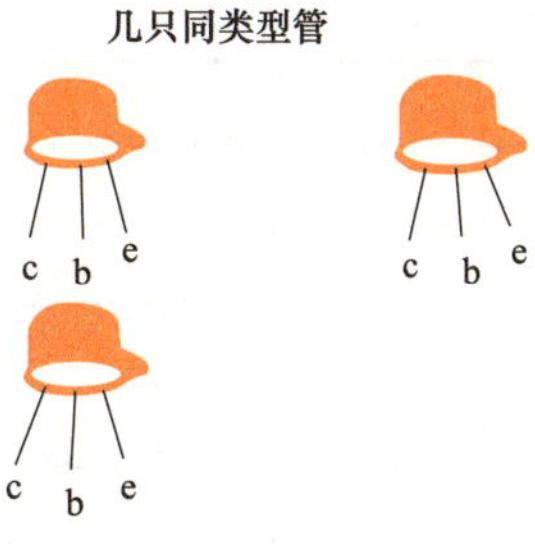 (几只同类型管，c b e)	1) 将万用表置于 R×1k 挡 2) 对于 NPN 型管：红表笔接发射极 e，黑表笔接集电极 c 3) 接入电阻 R（也可用人体电阻代替），万用表指针向右偏转，偏转的角度越大 β 值越大。若不偏转或偏转的角度很小，则管子放大能力差或已损坏

(续)

检测目的	示意图	检测方法
判断稳定性	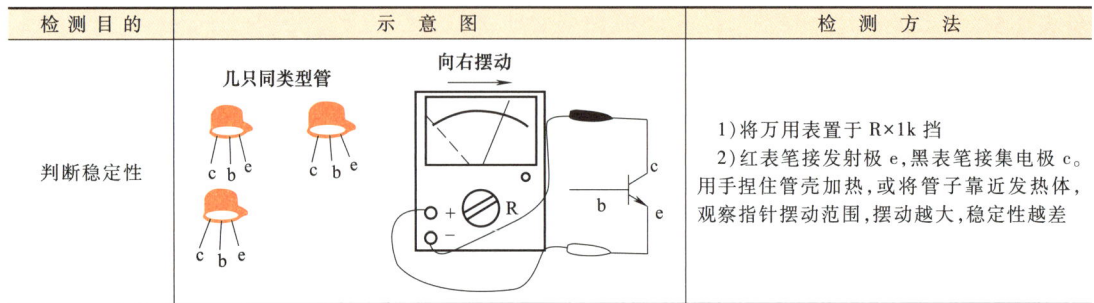	1)将万用表置于R×1k挡 2)红表笔接发射极e,黑表笔接集电极c。用手捏住管壳加热,或将管子靠近发热体,观察指针摆动范围,摆动越大,稳定性越差

【用万用表检测大功率晶体管】 用万用表检测中、小功率晶体管的方法对大功率晶体管也基本适用,但是要注意的是,由于大功率晶体管体积大,极间电阻相对较小,检测时万用表的挡位不能选用R×1k挡,而需要选用R×1挡。

想一想

1. 用万用表测试小功率晶体管时,为什么要用R×100或R×1k挡?
2. 测量晶体管的放大能力时,接入电阻R为什么也可用人体电阻代替?

技能训练2-1 晶体管的识别与检测

【训练目标】
1. 会利用晶体管引脚分布规律识别晶体管的基极、集电极、发射极
2. 会用万用表检测晶体管的三个极并判断其性能

【训练材料】
1. 晶体管若干
2. 指针式万用表及红、黑表笔各1支
3. 100kΩ电阻1只

【训练内容及步骤】

1. 晶体管实物引脚识别

将晶体管实物引脚识别记录填入表2-6中。

表2-6 晶体管实物引脚识别记录表

型 号	外 形 特 点	检 测 结 果
2SC9012		
2SC9013		
2SC8050		
2SC8550		
2SC1815		
2N5551		

（续）

型　号	外形特点	检测结果
2N5401		
3DD6		
3AD30		
3CG8		

2. 用万用表检测晶体管

将晶体管测试记录填入表 2-7 中。

表 2-7　晶体管测试记录表

型　号	管　型	引脚排列	放大能力	稳　定　性
2SC9012				
2SC8050				
2N5401				
2SA940				
3AD30				
3CG8				

3. 在上面检测的晶体管中任选出一只好管子，测量相关电阻，将测量数据填入表 2-8 中

表 2-8　晶体管测量数据表

型号	R_{be}	R_{eb}	R_{bc}	R_{cb}	R_{ce}	R_{ec}	晶体管类型

> **注意**
>
> 1. 在测试晶体管的正、反向电阻（尤其反向电阻）时，一定要避免人体电阻的介入，以免误差过大。
>
> 2. 如果弯折引脚，一定要注意弯折点与引脚根部的距离不少于 1.5mm，以免引脚根部断掉。
>
> 3. 在测晶体管两极间的电阻时，引脚要去除氧化层，防止表笔跟引脚接触不良，且清洁引脚时应在引脚根部留出一定距离（一般为 3mm 左右）。

2.2　放大电路的构成

2.2.1　放大电路的基本知识

放大电路习惯上也称<u>放大器</u>，是电子电路中应用最广泛的电路之一，收音机、电视机、扩音机都是放大电路的典型应用，图 2-8 所示为扩音机外形图。首先送话器把声音信号转换为电信号，然后经扩音机内部的放大电路对其放大后，送给扬声器，最后扬声器又把被放大的电信号还原成了声音信号。

图 2-8　扩音机外形图

【放大电路的概念】 能把外界送入的微弱电信号不失真地放大至所需数值并送给负载的电路就称为放大电路。

【放大电路的分类】

（1）按信号的大小分，可分为小信号放大器和大信号放大器。

（2）按信号的频率分，可分为直流放大器、低频放大器、中频放大器、视频放大器、高频放大器等。

（3）按放大器的构成形式分，可分为分立元件放大器和集成电路放大器。

（4）按用途分，可分为电压放大器、电流放大器和功率放大器。

本章所学的是低频小信号放大器。

【放大器的框图】 实际放大器的类型各种各样，但都可以用图 2-9a 所示的框图来表示，即放大器由信号源、放大电路、直流电源和负载四部分组成。其中信号源代表被放大的弱小电信号；负载代表实际用电设备（例如扬声器、显像管等）。

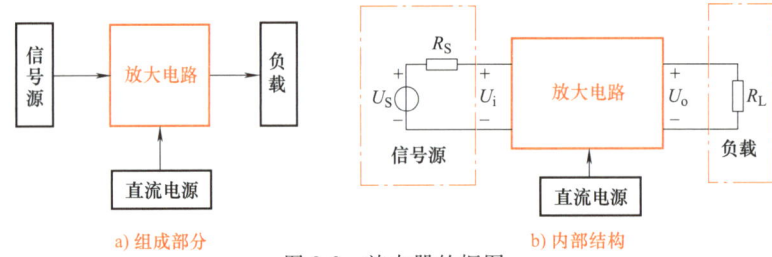

图 2-9 放大器的框图

【放大电路的主要性能指标】

（1）放大倍数：衡量放大电路放大能力的指标，用字母 A 表示。它是在输出波形不失真的情况下输出端电量与输入端电量的比值。

1）电压放大倍数 A_u：放大器的输出电压有效值 U_o 与输入电压有效值 U_i 的比值，定义式为

$$A_u = \frac{U_o}{U_i} \tag{2-3}$$

电压放大倍数在工程中常用对数形式表示，称为电压增益，常用字母 $G_u(\mathrm{dB})$ 表示，单位为分贝（dB），定义为

$$G_u = 20\lg A_u (\mathrm{dB}) \tag{2-4}$$

2）电流放大倍数 A_i：是指放大器的输出电流有效值 I_o 与输入电流有效值 I_i 的比值，定义式为

$$A_i = \frac{I_o}{I_i} \tag{2-5}$$

电流放大倍数在工程中以对数形式表示，称为电流增益，常用字母 $G_i(\mathrm{dB})$ 表示，单位为分贝（dB），定义为

$$G_i = 20\lg A_i (\mathrm{dB}) \tag{2-6}$$

3）功率放大倍数 A_P：是指放大器的输出功率 P_o 与输入功率 P_i 的比值，其中 $P_o = U_o I_o$，$P_i = U_i I_i$ 定义式为

$$A_P = \frac{P_o}{P_i} = \frac{U_o I_o}{U_i I_i} \tag{2-7}$$

功率放大倍数在工程中以对数形式表示，称为功率增益，常用字母 G_P（dB）表示，单位为分贝（dB），定义为

$$G_P = 10\lg A_P (\text{dB}) \quad (2-8)$$

（2）输入电阻 R_i：为放大器输入端（不含信号源内阻 R_S）的交流等效电阻，如图 2-10 所示。它的电阻值等于输入电压与输入电流之比，即

$$R_i = \frac{u_i}{i_i} \quad (2-9)$$

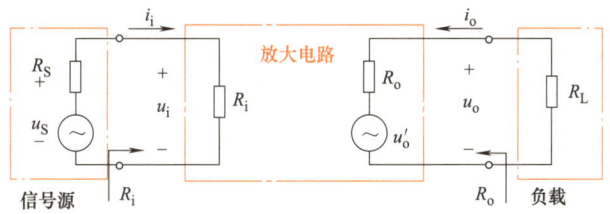

图 2-10　输入电阻 R_i 和输出电阻 R_o

一般来说，输入电阻越大越好。因为输入电阻越大，放大电路向信号源索取的电流就越小。

（3）输出电阻 R_o：放大器输出端（不含外接负载电阻 R_L）的交流等效电阻，它的电阻值等于输出电压与输出电流之比，即当 $R_L = \infty$，$u_S = 0$ 时，可得

$$R_o = \frac{u_o}{i_o} \quad (2-10)$$

一般来说，输出电阻越小越好。因为输出电阻越小，放大电路带负载能力越强，且负载变化时对放大器影响越小。

案例解析

【例 2-3】　某交流放大器的输入电压是 100mV，输入电流为 0.5mA；输出电压为 1V，输出电流为 50mA。求该放大器的电压放大倍数、电流放大倍数和功率放大倍数。如果用增益表示，它们分别为多少？

【解析】

（1）电压放大倍数　$A_u = \dfrac{u_o}{u_i} = \dfrac{1\text{V}}{0.1\text{V}} = 10$

（2）电流放大倍数　$A_i = \dfrac{i_o}{i_i} = \dfrac{50\text{mA}}{0.5\text{mA}} = 100$

（3）功率放大倍数　$A_P = |A_i A_u| = 10 \times 100 = 1000$

用增益表示则为

电压增益　$G_u(\text{dB}) = 20\lg|A_u| = 20\lg 10 = 20\text{dB}$

电流增益　$G_i(\text{dB}) = 20\lg|A_i| = 20\lg 100 = 40\text{dB}$

功率增益　$G_P(\text{dB}) = 10\lg|A_P| = 10\lg 1000 = 30\text{dB}$

注意

在用分贝计算电路放大倍数时，若出现负值，则说明该电路不是放大器而是衰减器。

1. 放大器的主要指标有哪些？
2. 已知放大电路的输入电压是 20mV，输出电压 2V，求电压放大倍数和电压增益各是多少？

2.2.2 单管共发射极放大电路

【电路的组成及各元件作用】 图 2-11 所示为一个单管共发射极（以下简称单管共射）放大电路。电路中只有一个晶体管作为放大器件。输入回路与输出回路的公共端是晶体管的发射极，所以称为单管共射放大电路。单管共射放大电路各组成元器件的作用见表 2-9。

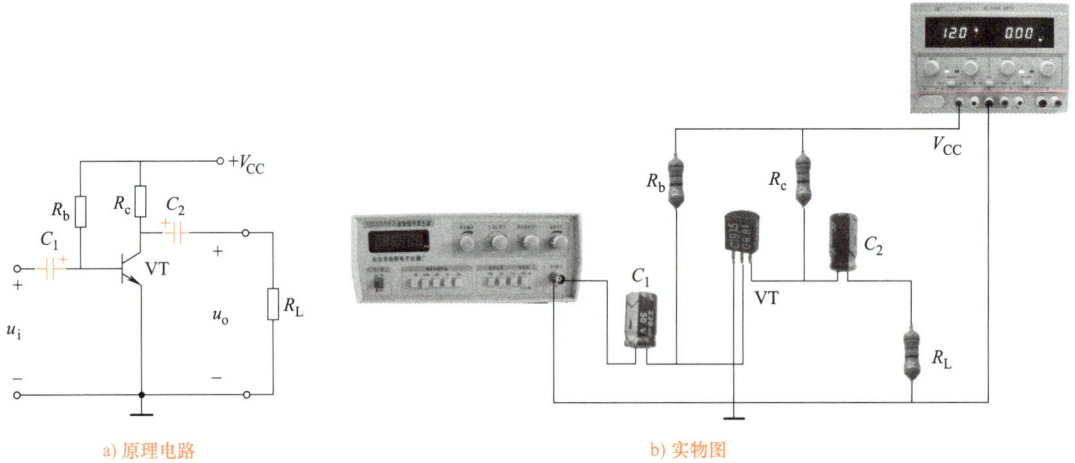

a) 原理电路　　　　　　　　　　　　b) 实物图

图 2-11 单管共射放大电路

表 2-9 单管共射放大电路各组成元器件的作用

元件名称	电路符号	作用	
晶体管	VT	放大器的核心，实现电流放大作用	
直流偏置电源	V_{CC}	使发射结正偏，集电结反偏，保证晶体管工作在放大状态	
基极偏置电阻	R_b	电源电压通过 R_b 给基极提供合适的偏置电流（R_b 阻值一般为几十千欧至几百千欧）	
集电极负载电阻	R_c	(1) 电源通过 R_c 给集电极供电 (2) 将集电极电流的放大转化为电压的放大	
输入耦合电容	C_1	(1) 隔直通交 (2) 一般选用电解电容，取值几微法到几十微法	避免放大电路输入端与信号源之间相互影响
输出耦合电容	C_2		避免放大电路输出端与负载之间直流电的相互影响

【电路中各电流、电压的符号规定】 电路中既包含输入信号所产生的交流量，又包含直流电源所产生的直流量。为了区分不同分量，通常有以下规定，见表2-10。

表2-10 各电流、电压的符号规定

分量类型	符号规定
直流分量	大写字母+大写下标，如：I_B、U_{BE}
交流分量	小写字母+小写下标，如：i_b、u_{be}
交直流叠加瞬时值	小写字母+大写下标，如：i_B、u_{BE}
交流有效值	大写字母+小写下标，如：I_b、U_{be}

【电路的工作原理】

（1）放大器的静态工作点。

静态：指放大器没有交流输入信号时放大电路的直流工作状态。

动态：指放大器有交流信号输入时放大电路的工作状态。

静态工作点：在静态情况下，放大器输入端的电流 I_{BQ} 和电压 U_{BEQ} 及输出端的电流 I_{CQ} 和电压 U_{CEQ} 在晶体管输入输出特性曲线族上所确定的点，用 Q 表示，如图2-12所示。

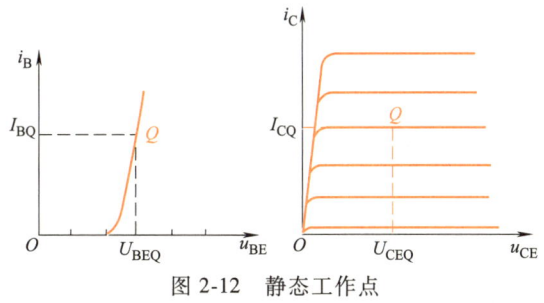

图2-12 静态工作点

（2）设置合适静态工作点的必要性。只有当放大器静态工作点在放大区时，晶体管才能不失真地对信号进行放大。放大器的 Q 点设置不合适，将导致放大输出的信号产生失真。例如，在音频放大中表现为声音失真，在电视扫描放大电路中表现为图像比例失真。由 Q 点设置不合适引起的失真主要有截止失真和饱和失真两类。一般来说，Q 点总是设在晶体管输出特性曲线放大区的中央。Q 点过高或过低都将造成输出信号产生失真，可以通过调节电阻 R_b 来解决，见表2-11。

表2-11 非线性失真

Q 点位置	输出波形	波形特点	失真情况	解决办法（调节 R_b）
合适	（正弦波形）	完整	不失真	不需要
过低	（顶部削去的波形）	正半周失真（顶部被削去）	截止失真	减小 R_b
过高	（底部削去的波形）	负半周失真（底部被削去）	饱和失真	增大 R_b

> **注意**
>
> 当输入信号幅度过大时，即使设置了合适的静态工作点 Q，输出波形仍然会产生失真。因此共发射极放大电路一般在小信号下工作。

（3）放大器的工作原理。在单管共射放大电路中，如图 2-13 所示，输入弱小的交流信号 u_i 通过电容 C_1 的耦合送到晶体管的基极和发射极，相当于基-射极间电压 u_{BE} 发生了变化，于是 i_B、i_C、u_{CE} 随之发生变化。u_{CE} 通过电容 C_2 隔离了直流成分，输出的只是放大信号的交流成分 u_o，且 u_o 与 u_i 反相。

归纳：在单管共射放大电路中，输出信号电压与输入信号电压频率相同，相位相反，幅度被放大，所以这种电路除了有电压放大作用外，还有电压倒相作用。

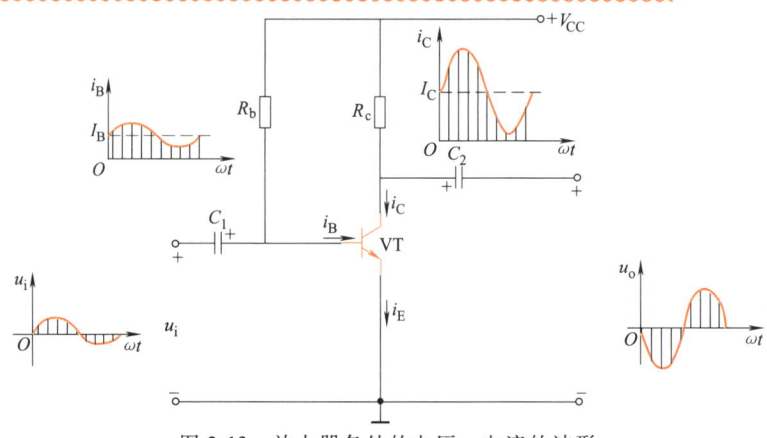

图 2-13　放大器各处的电压、电流的波形

> **想一想**
>
> 1. 为什么单管共射放大电路的输入交流信号 u_i 与输出交流信号 u_o 反相？
> 2. 单管共射放大电路是最简单的放大电路，它有什么缺点吗？

*2.2.3　放大电路三种组态的特点

【晶体管的三种组态】　晶体管的三种组态即晶体管在电路中的三种基本连接方式，如图 2-14 所示。其中共射放大器已在 2.2.2 节介绍过，此处不再赘述。

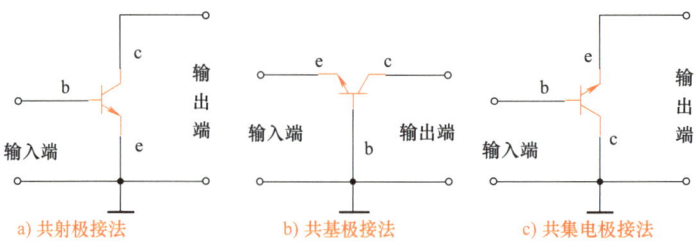

a）共射极接法　　　b）共基极接法　　　c）共集电极接法

图 2-14　晶体管在电路中的三种基本连接方式

【共集电极放大电路】 如图 2-15 所示,输入信号是由晶体管的基极与集电极两端输入的,再由晶体管的发射极与集电极两端获得输出信号。因为集电极是共同接地端,所以称为共集电极放大电路。

【共基极放大电路】 如图 2-16 所示,输入信号是由晶体管的发射极与基极两端输入的,再由晶体管的集电极与基极两端获得输出信号。因为基极是共同接地端,所以称为共基极放大电路。

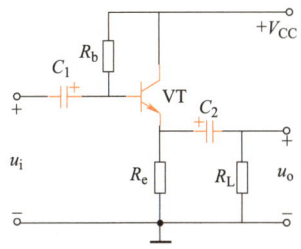

图 2-15 共集电极放大电路

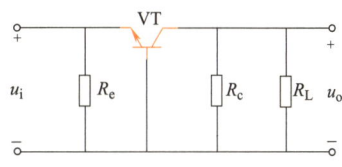

图 2-16 共基极放大电路

【放大电路三种组态的特点】 由于接入放大电路的方式不同,形成三种不同的电路组态,它们的特点见表 2-12。

表 2-12 三种组态放大电路的比较

项 目	共发射极电路	共集电极电路	共基极电路
输入电阻	较小(1kΩ 左右)	最大(几百千欧)	最小(几十欧)
输出电阻	较大(几十千欧)	最小(几十欧)	最大(几百千欧)
电压放大倍数	大(几十到几百)	小(小于并接近于 1) 电压跟随	较大(几百)
电流放大倍数	大	大	小
功率放大倍数	大	较小	大
u_o 与 u_i 的相位关系	反相	同相	同相
用途	应用最广,常用于多级放大电路的 输入级、中间级和 输出级,低频放大	输入级、输出级或阻抗匹配	高频或宽带放大、振荡电路及恒流源电路
特点	具有较大的电压放大倍数和电流放大倍数,输入电阻和输出电阻值比较适中	电压放大倍数接近于 1 而小于 1,而且输入电阻很高,输出电阻很低	具有很低的输入电阻,易使输入信号严重衰减,且频宽很大,输出电阻高

小知识

正确判断晶体管在电路中的三种基本连接方式

放大电路有一个输入回路和一个输出回路,每个回路都需要两根引线,而晶体管只有三个引脚,必须有一个引脚共同属于输入、输出回路,此引脚应该交流接地,所以只要看出晶体管的哪根引脚交流接地,就可以知道是哪种连接方式。例如,输入、输出回路共发射极时,就是共射放大电路。

2.3 放大电路的分析

为了进一步理解放大电路的性能,需要对放大电路进行必要的定量分析。例如静态工作点是否合适,电路放大倍数如何估算等问题。由于交流放大电路中同时存在着直流分量和交流分量,为了分析方便,常将直流分量和交流分量分开研究,下面介绍放大电路的直流通路和交流通路。

2.3.1 画直流通路和交流通路

【直流通路】 指静态时放大电路直流电流通过的路径,以图 2-11 的共射放大电路为例,其直流通路如图 2-17a 所示。画直流通路的原则是交流电源视为短路、电容视作开路。

【交流通路】 指输入交流信号时放大电路交流信号流通的路径,还以共射放大电路为例,其交流通路如图 2-17b 所示。画交流通路的原则是直流电源、电容视为短路。

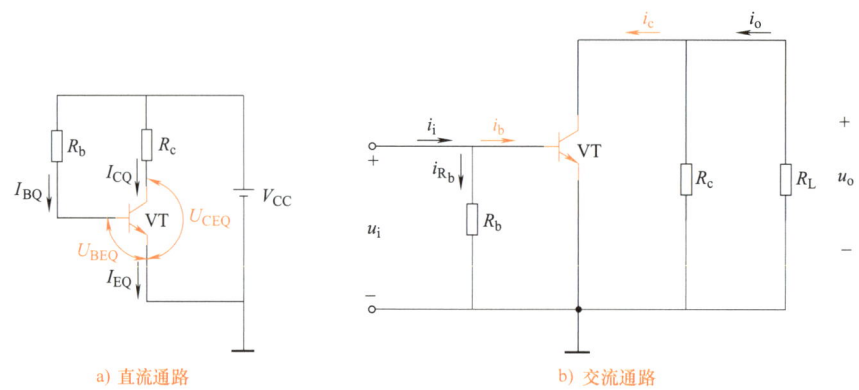

图 2-17 共发射极放大电路的交、直流通路

案例解析

【例 2-4】 画出如图 2-18 所示放大电路的直流通路和交流通路。

【解析】 画直流通路的原则是电容开路,画交流通路的原则是直流电源、电容短路,画法如图 2-19 所示。

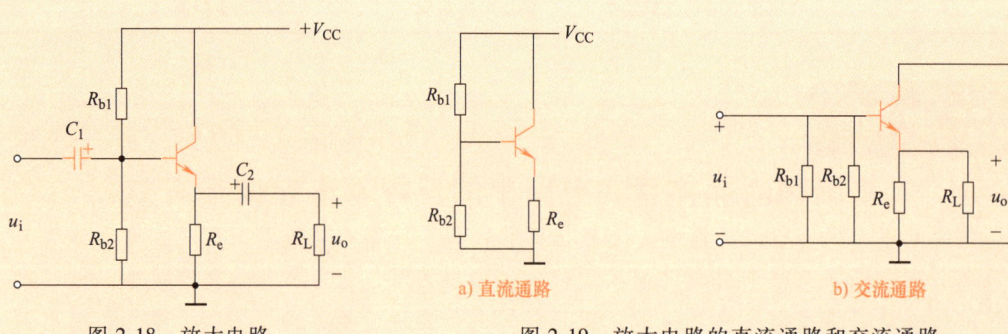

图 2-18 放大电路　　图 2-19 放大电路的直流通路和交流通路

第2章 晶体管及放大电路基础

2.3.2 静态工作点的近似计算

静态时，放大电路中各处的电压、电流均为直流量。对直流通路作电路分析，求解输入、输出电路的电流、电压即放大电路的静态分析，从而确定出静态工作点 Q。静态工作点的近似计算，是指在一定条件下，忽略次要因素后，用公式近似计算出静态工作点 Q。

下面以单管共射放大电路为例进行讲解。

共射放大电路的直流通路如图 2-17a 所示，设电路参数 V_{CC}、R_b、R_c 和晶体管放大倍数 β 为已知，忽略晶体管的 U_{BEQ}（硅管 $U_{BEQ} \approx 0.7V$，锗管 $U_{BEQ} \approx 0.3V$）可得

$$I_{BQ} = \frac{V_{CC} - U_{BEQ}}{R_b} \approx \frac{V_{CC}}{R_b} \tag{2-11}$$

$$I_{CQ} = \beta I_{BQ} \tag{2-12}$$

$$U_{CEQ} = V_{CC} - I_{CQ} R_c \tag{2-13}$$

由上述公式求得的 I_{BQ}、I_{CQ} 和 U_{CEQ} 即是在输入、输出特性曲线上静态工作点 Q 对应的坐标值。

静态工作点的图解分析方法

静态工作点近似计算的优点是简单、方便，但对电路中信号的变化情况及放大波形是否失真都无法直观分析。所以我们可以在输入、输出特性曲线上，直接用作图的方法来分析放大电路的工作情况，这种方法称为图解法。请读者自己查询相关资料详细了解。

2.4 放大器静态工作点的稳定

在前面学到，放大电路要想实现放大不失真，必须设置合适的静态工作点 Q。在共发射极基本放大电路中，可以通过 V_{CC}、R_b、R_c 等参数来确定静态工作点。但是由于这种电路的基极电流是基本固定的（$I_{BQ} \approx V_{CC}/R_b$），当环境温度变化（或更换晶体管）引起晶体管参数变化时，会造成静态工作点不稳定，从而引起放大信号失真。

由于温度的变化是影响静态工作点稳定的主要因素，下面我们就来讨论温度对静态工作点的影响。

2.4.1 温度对静态工作点的影响

【温度变化造成静态工作点不稳定的原因】 实验表明，温度升高会造成晶体管的特性参数的变化，主要会引起 I_{CQ} 增大，造成静态工作点不稳定。温度对静态工作点的影响，如图 2-20 所示。

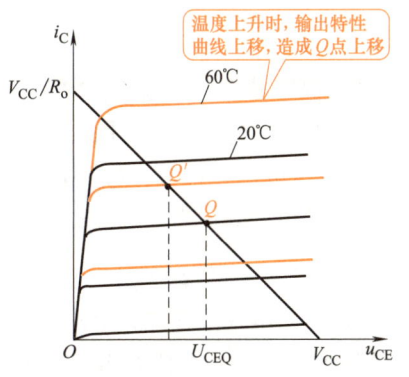

图 2-20 温度对静态工作点的影响

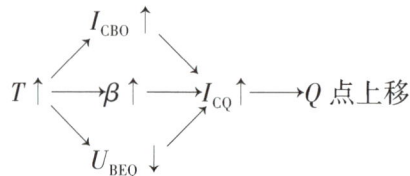

（1）温度升高，特性参数 I_{CBO} 增大，导致 I_{CQ} 增大；

（2）温度升高，特性参数 β 值增大，即使 I_B 不变，由于 $I_C = \beta I_B$，则 I_{CQ} 增大；

（3）温度升高，特性参数 U_{BEQ} 下降，由于 $I_{BQ} = \dfrac{V_{CC} - U_{BEQ}}{R_b}$，则 I_{CQ} 增大。

可见，共发射极基本放大电路受温度影响极易造成静态工作点不稳定，因此，在实际应用中很少采用。为了能自动稳定静态工作点，常采用分压式偏置放大电路和射极偏置放大电路。

2.4.2 分压式偏置放大电路

【电路的组成】 分压式偏置放大电路及实物图如图 2-21 所示。其中，基极下偏置电阻 R_{b2} 可以使电源电压 V_{CC} 经 R_{b1} 与 R_{b2} 串联分压后为基极提供稳定电压 U_B，发射极电阻 R_e 的作用是稳定静态电流 I_E（I_C），发射极旁路电容 C_e 的作用是提供交流信号的通道，减少信号的损耗，使放大器放大能力不会因为 R_e 而降低。

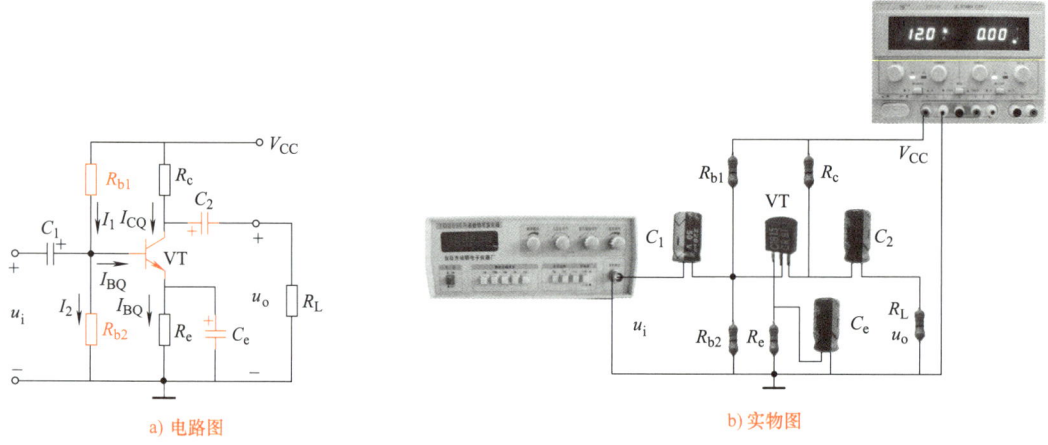

a) 电路图   b) 实物图

图 2-21 分压式偏置放大电路

【稳定静态工作点的原理】

（1）温度升高，引起 I_{CQ} 增大，则 I_{EQ} 流经 R_e 产生的电压 U_{EQ} 也随之增大；

（2）$U_{EQ} = U_{BQ} - U_{BEQ}$，因为 U_{BQ} 是电源电压 V_{CC} 经 R_{b1}、R_{b2} 串联分压后得到的稳定值，所以 U_{BEQ} 将减小。此时，I_{BQ} 减小，I_{CQ} 也将减小。

上述过程可表示为： 温度 $T\uparrow \rightarrow I_{CQ}\uparrow \rightarrow I_{EQ}\uparrow \rightarrow U_{EQ}\uparrow \rightarrow U_{BEQ}\downarrow \rightarrow I_{BQ}\downarrow$
$I_{CQ}\downarrow \leftarrow$

所以，分压式偏置放大电路具有自动调整功能，当 I_{CQ} 要增加时，电路不让其增加；当 I_{CQ} 要减小时，电路不让其减小；从而迫使 I_{CQ} 稳定。所以该电路具有稳定静态工作点的作用。

第2章 晶体管及放大电路基础

【稳定条件】
$$I_2 \gg I_{BQ}；U_{BQ} \gg U_{BEQ}$$

【静态工作点的估算】 分压式偏置放大电路的直流通路，如图2-22所示。

由图2-22及式（2-11）~式（2-13）得

$$U_{BQ} = \frac{R_{b2}}{R_{b1}+R_{b2}} V_{CC} \quad (2\text{-}14)$$

$$I_{CQ} \approx I_{EQ} = \frac{U_{BQ}-U_{BEQ}}{R_e} \approx \frac{U_{BQ}}{R_e} \bigg|_{U_{BQ} \gg U_{BEQ}} \quad (2\text{-}15)$$

$$I_{BQ} = \frac{I_{CQ}}{\beta} \quad (2\text{-}16)$$

$$U_{CEQ} = V_{CC} - I_{CQ}(R_c + R_e) \quad (2\text{-}17)$$

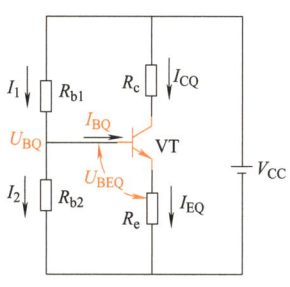

图2-22 分压式偏置放大电路的直流通路

技能训练2-2 调试分压式偏置放大电路的静态工作点

【训练目标】
1. 熟悉电子元器件和各种实验仪器的使用
2. 会使用万用表调试单管共射放大电路的静态工作点
3. 会搭接分压式偏置放大电路，会调整其静态工作点

【训练材料】 训练材料清单见表2-13。

表2-13 材料清单表

代 号	名 称	实物图	规 格
V_{CC}	直流电源		0~30V可调
仪器仪表	万用表	略	MF-47
仪器仪表	示波器（信号传输探头两条）		VC2020A
仪器仪表	信号发生器（信号传输线一条）		ELB
VT	晶体管		3DF6
RP	电位器		100kΩ
$R_b(R_{b1})$	电阻		20kΩ
R_{b2}	电阻		20kΩ
R_c	电阻	略	2.4kΩ
R_e	电阻		1kΩ
R_L	电位器		10kΩ
C_1、C_2	电容		50μF

【训练内容及步骤】

（1）如图2-23所示，按单管共射放大实验电路的连线图连接电路，并在印制电路板上进行焊接。

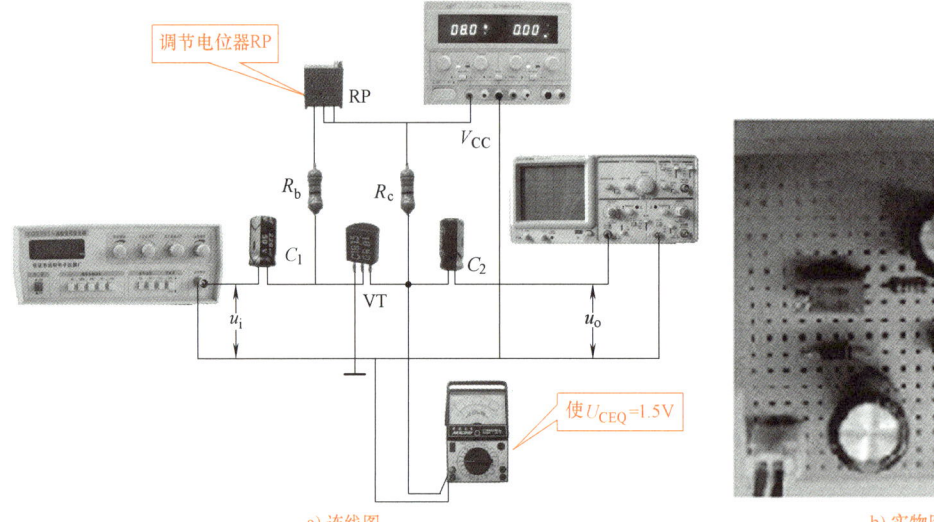

a) 连线图　　　　　　　　　　　　　　　b) 实物图

图2-23　单管共射放大实验电路

（2）不加入交流输入信号，调节电位器RP到最大，将直流电源调至8V接入电路，调节电位器RP使$U_{CEQ}=1.5V$，测量此时RP、I_{BQ}、I_{CQ}的值，并计算出I_{BQ}、I_{CQ}、U_{CEQ}的值，将结果记入表2-14中。

（3）调节信号发生器，使之输出频率$f=1kHz$、幅值为20mV的正弦交流信号u_i，将u_i接到放大电路输入端，观察输出端电压u_o的波形，将结果记入表2-14中。

（4）断开交流输入信号，分别调节RP的值，使U_{CEQ}为2.1V和0.9V，测量RP、I_{BQ}、I_{CQ}的值，并计算出I_{BQ}、I_{CQ}、U_{CEQ}的值。再将交流输入信号u_i接到放大电路输入端，分别观察增大和减小RP后输出端电压u_o的波形，将结果记入表2-14中。

> **想一想**
>
> 为什么每次调节电位器RP后，测量I_{BQ}、I_{CQ}、U_{CEQ}的值时必须断开交流输入信号？不断开测量结果将会怎样？

表2-14　训练测量记录表

		测量值			估算值			输出信号u_o	
	RP/Ω	I_{BQ}/mA	I_{CQ}/mA	U_{CEQ}/V	I_{BQ}/mA	I_{CQ}/mA	U_{CEQ}/V	波形	是否产生失真
调节				1.5					
				2.1					
				0.9					

（5）如图2-24所示，为了稳定单管共射放大电路的静态工作点，常采用分压式放大电路。我们在单管共射放大电路的基础上，改接分压式偏置放大电路，并在印制电路板上进行

焊接。不加入交流输入信号，调节电位器 RP1 到最大，将直流电源调至 12V 接入电路。调节电位器 RP1 使 $I_{CQ}=2mA$，测量此时 RP1、I_{BQ}、U_{CEQ} 的值，将结果记入表 2-15 中。

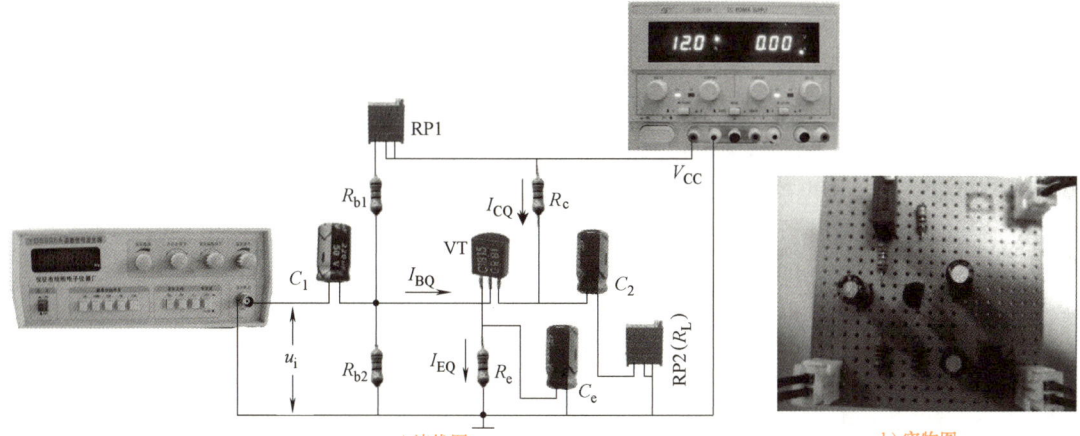

图 2-24 分压式偏置放大实验电路

（6）调节信号发生器，使之输出频率 $f=1kHz$、幅值为 10mV 的正弦交流信号 u_i，将 u_i 接到放大电路输入端，观察输出端电压 u_o 的波形并记入表 2-15 中。

（7）断开输入交流信号，让电烙铁靠近晶体管，使其周边环境温度升高，测量 I_{BQ}、I_{CQ}、U_{CEQ} 的值。将交流输入信号 u_i 接到放大电路输入端，观察外界温度升高后输出端电压 u_o 的波形，将结果记入表 2-15 中。

（8）断开输入交流信号，调节负载电阻 R_L 的值，测量 I_{BQ}、I_{CQ}、U_{CEQ} 的值。将交流输入信号 u_i 接到放大电路输入端，观察调节负载电阻 R_L 的值后输出端电压 u_o 的波形，将结果记入表 2-15 中。

表 2-15 训练测量记录表

电路变化情况	测量值			输出信号波形 u_o	
	I_{BQ}/mA	I_{CQ}/mA	U_{CEQ}/V	波形	是否产生失真
RP 调节至　　/Ω		2			
外界温度升高					
调节负载 R_L					

想一想

1. 分压式偏置放大电路与单管共射放大电路相比，在结构和功能上有什么区别？
2. 为什么当外界温度升高和负载 R_L 变化时，测量 I_{BQ}、I_{CQ}、U_{CEQ} 的值时必须断开交流输入信号？

注意

1. 晶体管的引脚不能接错，以免造成晶体管的损坏。
2. 示波器在使用时，显示波形的方向与输出电压的正负极有关。

*2.5 多级放大电路

实际应用中，放大电路的输入信号通常很微弱（毫伏或微伏数量级），为了使放大后的信号能够驱动负载，仅仅通过单管放大电路进行信号放大，很难达到实际要求，常常需要采用多级放大电路。采用多级放大电路可有效地提高放大电路的各种性能，如提高电路的电压增益、电流增益、输入电阻、带负载能力等。

多级放大电路

2.5.1 多级放大电路的组成

【定义】 多级放大电路是指由两个或两个以上的单级放大电路所组成的电路。图 2-25 所示为多级放大电路的组成框图。

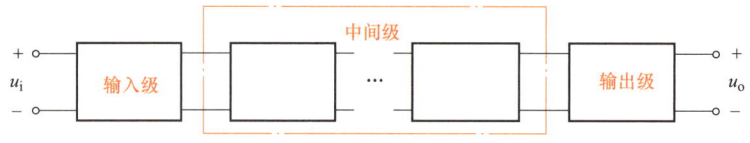

图 2-25 多级放大电路的组成框图

【各级作用】 通常称多级放大电路的第一级为输入级。对于输入级，一般采用输入阻抗较高的放大电路，以便从信号源获得较大的电压输入信号并对信号进行放大。中间级主要实现电压信号的放大，一般要用几级放大电路才能完成信号的放大。通常把多级放大电路的最后一级称为输出级，主要用于功率放大，以驱动负载工作。

【多级放大电路的耦合方式】 在多级放大电路中，各级放大电路输入和输出之间的连接方式称为耦合方式。常见的连接方式有三种：阻容耦合、直接耦合和变压器耦合。

2.5.2 多级放大电路的简单分析

【电压放大倍数 A_u】 多级放大电路的电压放大倍数等于各单级放大电路电压放大倍数的乘积，即

$$A_u = A_{u1} A_{u2} A_{u3} \cdots A_{un} \tag{2-18}$$

【输入电阻 R_i】 多级放大电路的输入电阻 R_i 等于从第一级放大电路的输入端所看到的等效输入电阻 R_{i1}，即

$$R_i = R_{i1} \tag{2-19}$$

【输出电阻 R_o】 多级放大电路的输出电阻 R_o 等于从最后一级（末级）放大电路的输出端所看到的等效电阻 R_{on}，即

$$R_o = R_{on} \tag{2-20}$$

案例解析

【例 2-5】 测得两级放大电路中，$A_{u1} = 1000$，$A_{u2} = 100$，求该放大电路的电压放大倍数？

【解析】 放大电路的电压放大倍数 $A_u = A_{u1} A_{u2} = 100 \times 1000 = 10^5$

第2章 晶体管及放大电路基础

简易漏电检测电路

生活中用到的简易漏电检测电路就是由多级放大电路组成的,它主要用于检测相线、摩擦带电、物质导电性能测试,或用于电路通、断的检测。原理如图 2-26 所示。

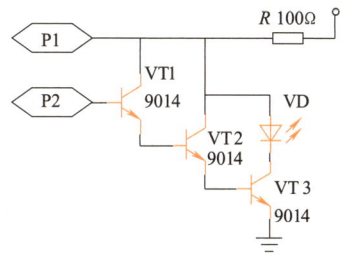

图 2-26　简易漏电检测电路原理图

将 P1、P2 接触被测电路两端,当 P1 与 P2 间电阻小于 1MΩ 时,VD 即发光。

小知识

多级放大电路的耦合方式

多级放大电路中每个单管放大电路称为"级",级与级之间的连接方式叫<u>耦合</u>。表 2-16 为常用的耦合方式比较。

表 2-16　常用耦合方式比较

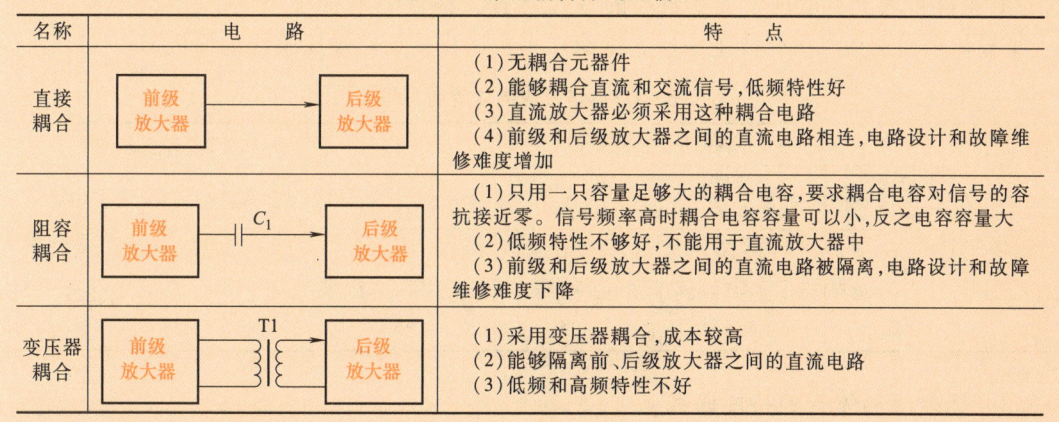

2.6　场效应晶体管放大器

<u>场效应晶体管</u>简称<u>场效应管(FET)</u>,与晶体管一样,具有放大能力。晶体管是一种电流控制器件,它是以基极电流的微小变化而引起集电极电流的较大变化;而场效应晶体管是一种电压控制器件,即流入的漏极电流 I_D 受栅源电压 U_{GS} 控制。它具有体积小、重量轻、耗电省、寿命长、输入阻抗高、噪声低、热稳定性好、抗干扰辐射能力强等优点,因而应用

范围广，可用于多级放大器的输入级作阻抗变换、可变电阻、恒流源和电子开关。场效应晶体管实物如图 2-27 所示。

按结构的不同，场效应晶体管分为结型场效应晶体管（JFET）和绝缘栅场效应晶体管（MOSFET）。场效应晶体管的分类如图 2-28 所示。

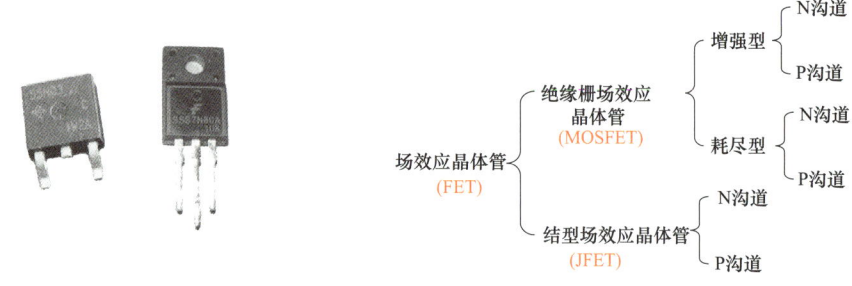

图 2-27 场效应晶体管实物图　　图 2-28 场效应晶体管的分类

2.6.1 场效应晶体管的结构及符号

场效应晶体管一般具有 3 个极（双栅管有 4 个极）：栅极 G、源极 S 和漏极 D，它们的功能分别对应于双极型晶体管的基极 B、发射极 E 和集电极 C。

【场效应晶体管的结构及符号】 图 2-29 所示为增强型 N 沟道绝缘栅场效应晶体管的结构图。表 2-17 为各种场效应晶体管的电路符号。

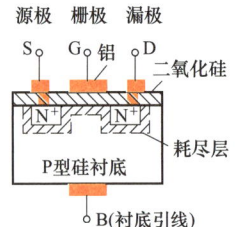

图 2-29 增强型 N 沟道绝缘栅场效应晶体管

图 2-29 中增强型 N 沟道绝缘栅场效应晶体管是在一块浓度较低的 P 型硅衬底上扩散两个浓度较高的 N 型区作为漏极 D 和源极 S，半导体表面覆盖二氧化硅绝缘层，绝缘层上再制作一层铝金属膜作为栅极 G。

表 2-17 场效应晶体管的符号

名称	绝缘栅场效应晶体管				结型场效应晶体管	
	增强型 N 沟道	增强型 P 沟道	耗尽型 N 沟道	耗尽型 P 沟道	N 沟道	P 沟道
电路符号						

2.6.2 场效应晶体管的特性曲线

场效应晶体管的输出特性曲线和转移特性曲线可以描述场效应晶体管的基本特性，下面以结型场效应晶体管为例进行介绍。

【转移特性曲线】 指当漏源电压 U_{DS} 为某一定值时，漏极电流 I_D 受栅源电压 U_{GS} 控制的关系，如图 2-30a 所示：

（1）结型场效应晶体管也是非线性器件。

（2）当 $U_{GS}=0$ 时，I_D 最大，此时 $I_D=I_{DSS}$，称为场效应晶体管的饱和漏电流。

（3）栅源极之间只能加负电压，即 $U_{DS} \leq 0$ 时场效应晶体管才能正常工作。

【输出特性曲线】 指当栅源电压 U_{GS} 为某一定值时，漏极电流 I_D 随漏源电压 U_{GS} 变化的关系曲线，如图 2-30b 所示：

（1）结型场效应晶体管有三个工作区：可变电阻区、放大区和击穿区；

（2）在放大区，I_D 只受 U_{GS} 控制，几乎不随 U_{DS} 变化，形成一组近乎平行于 U_{DS} 轴的曲线，故放大区又称为恒流区或饱和区。

2.6.3 场效应晶体管的电压放大作用

场效应晶体管具有放大作用。图 2-31 所示为场效应晶体管放大器电路，输入信号 u_i 经 C_1 耦合至场效应晶体管的栅极，与原来的栅极负偏压相叠加，使其漏极电流 i_D 相应变化，并在负载电阻 R_d 上产生压降，经 C_2 隔离直流后输出，在输出端即得到放大了的信号电压 u_o。i_D 与 u_i 同相，u_o 与 u_i 反相。由于场效应晶体管放大器的输入阻抗很高，因此耦合电容可以容量较小，不必使用电解电容器。

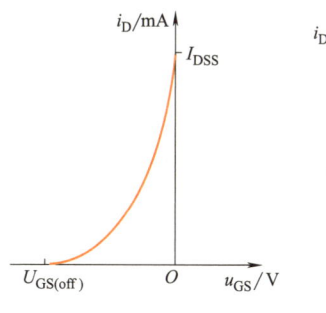

a）转移特性曲线

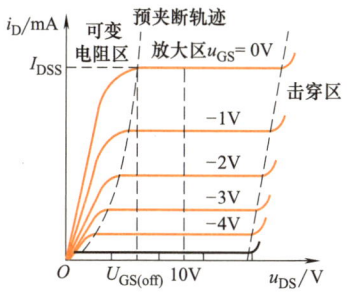

b）输出特性曲线

图 2-30 结型场效应晶体管的特性曲线

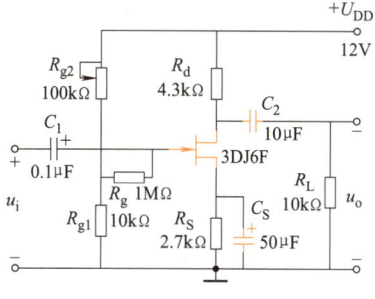

图 2-31 场效应晶体管放大器电路

小知识

场效应晶体管的使用注意事项

1. 场效应晶体管栅、源极之间的电阻很高，因此，保存场效应晶体管应使三个电极短接，避免栅极悬空。焊接时，电烙铁的外壳应良好地接地，或烧热电烙铁后切断电源再焊。

2. 有些场效应晶体管将衬底引出，故有 4 个引脚，这种场效应晶体管漏极与源极可互换使用。但有些场效应晶体管在内部已将衬底与源极接在一起，只引出 3 个电极，这种场效应晶体管的漏极与源极不能互换。

3. 使用场效应晶体管时各极必须加正确的工作电压。

4. 在使用场效应晶体管时，要注意漏源电压、漏源电流及耗散功率等，不要超过规定的最大允许值。

场效应晶体管选配原则

场效应晶体管的选配应尽可能考虑同型号管子代用，在无法配到原型号场效应晶体管时，选配中应注意下列几点：

1. 结型、绝缘栅型之间不可直接代用，N 沟道、P 沟道之间不可直接代用。

2. 场效应晶体管的主要参数接近或优于原型号管，主要是场效应晶体管的最大耗散功率、栅极和源极之间的最大反向电压等。

3. 在引脚分布不符时，可用套管套在引脚上后交叉连接。

*2.7　晶闸管及其应用电路

晶体闸流管简称晶闸管，俗称为可控硅，是一种大功率半导体器件。它的出现使半导体器件由弱电领域扩展到强电领域。晶闸管也像半导体二极管那样具有单向导电性，但它的导通时间是可控的，主要用于整流、逆变、调压及开关等方面。

晶闸管具有体积小、重量轻、效率高、动作迅速、维修简单、操作方便、使用寿命长、容量大（正向平均电流达数千安、正向耐压达数千伏）等优点。因此，在整流电路、静态旁路开关、无触点输出开关等电路中得到广泛的应用。晶闸管的缺点是静态及动态的过载能力较差，容易受干扰而误导通。

2.7.1　一般晶闸管及应用

【普通晶闸管外形、结构与符号】　晶闸管是用硅材料制成的半导体器件。普通单向晶闸管是由 P 型和 N 型半导体交替迭合而成的 P-N-P-N 四层半导体元件，具有三个 PN 结和三个电极。其中 A 为阳极，K 为阴极，G 为控制极。图 2-32 为晶闸管的外形、结构及符号。

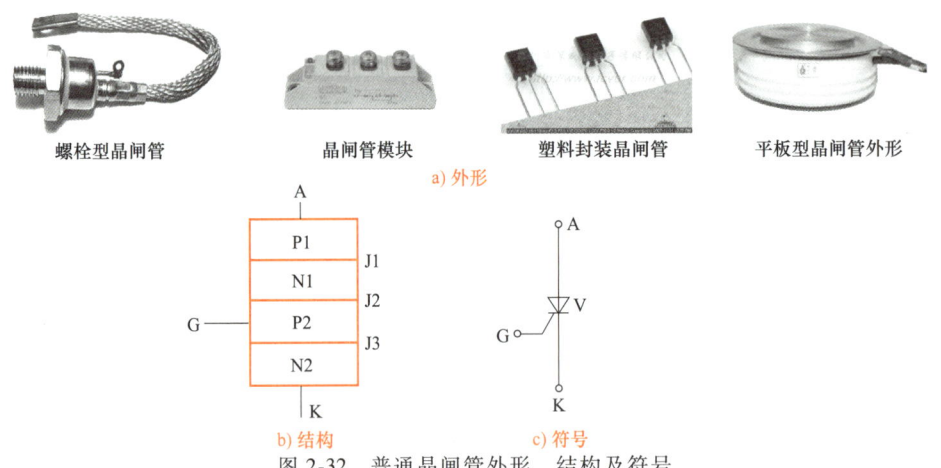

图 2-32　普通晶闸管外形、结构及符号

课堂实验3　单向晶闸管的单向导电性测试

【实验材料】　单向晶闸管 KP5、白炽灯、开关、电池等。

【实验原理】　在导电性能上，晶闸管不仅具有单向导电性，还具有比硅整流元件更为可贵的可控性，它只有导通和关断两种状态。实验原理图如图 2-33a 所示。

【实验内容】　按图 2-33b 连接电路，观察灯泡的亮灭情况，并将实验情况记入表 2-18。

表 2-18　单向晶闸管导通实验结果记录表

项目	灯泡状态（亮/灭）
合上 S_1，断开 S_2	
S_1、S_2 合上	
先合上 S_1、S_2，后断开 S_2	

【课堂实验3 单向晶闸管的单向导电性测试】

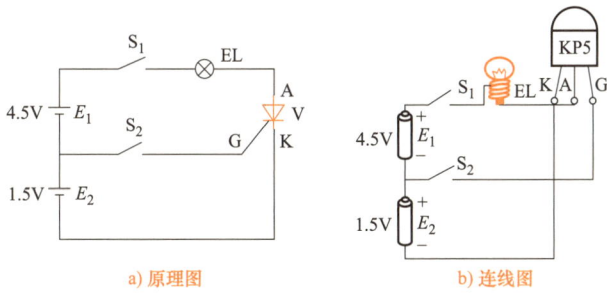

a) 原理图 b) 连线图

图 2-33 单向晶闸管可控单向导电性的测试

【实验结论】 （1）晶闸管导通后，松开开关，去掉触发电压仍然维持导通状态。

（2）要使晶闸管导通，一是在它的阳极 A 与阴极 K 之间外加正向电压，二是在它的控制极 G 与阴极 K 之间输入一个正向触发电压。

【晶闸管应用】 晶闸管的基本用途是控制其导通角来改变输出电压，常用于调压电路。除此之外，晶闸管还广泛用于可控整流电路中。例如，单相半波可控整流电路，把不可控的单相半波整流电路中的二极管用晶闸管代替，就成为单相半波可控整流电路，如图 2-34 所示。单相半波可控整流电路具有电路简单、调整方便、使用元件少等优点，但却有整流电压脉动大、输出整流电流小的缺点。

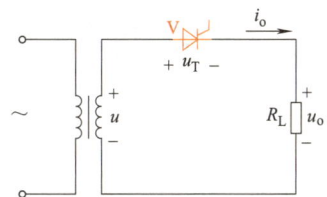

图 2-34 单相半波可控整流电路

2.7.2 特殊晶闸管及应用

晶闸管种类繁多，除了普通晶闸管之外还有各种特殊晶闸管，包括双向晶闸管、逆导晶闸管、光控晶闸管等，下面我们以双向晶闸管为例，介绍特殊晶闸管及其应用。

【双向晶闸管】 双向晶闸管是一种新型的半导体三端器件，相当于两个晶闸管反向并联，二者共用一个控制极，通过控制电压可实现双向导通。双向晶闸管一旦导通，即使失去触发电压，也能继续保持导通状态。图 2-35 所示为双向晶闸管的实物图和符号。

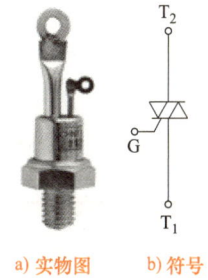

a) 实物图 b) 符号

图 2-35 双向晶闸管的实物图和符号

【双向晶闸管的应用】 常用于交流无触点开关。目前交流调压多采用双向晶闸管，例如灯光的控制、温度的调整等。它具有体积小、重量轻、效率高和使用方便等优点，对提高生产效率和降低成本等都有显著效果，但它也具有过载和抗干扰能力差等缺点，且在控制大电感负载时会干扰电网及自身。

小知识

晶闸管的选用

晶闸管种类繁多，不同的电子设备与不同的电子电路，采用不同类型的晶闸管。下面是常用晶闸管的选用场合。

1. 普通晶闸管：用于直流电压控制、可控整流、交流调压、开关电源保护等电路。
2. 双向晶闸管：用于交流开关、交流调压、交流电动机线性调速，灯具线性调光及固态继电器、固态接触器等电路。
3. 逆导晶闸管：用于电磁灶、电子镇流器、超声波电路、超导磁能储存系统及开关电源等电路。
4. 光控晶闸管：用于光电耦合器、光探测器、光报警器、光计数器、光电逻辑电路及自动化生产线的运行监控电路等。

身边的科学

新型 LED 测电笔

有一种新颖的低压测电笔，如图 2-36 所示，其功能和使用方法与传统的氖管测电笔完全相同，它在试电时不需工作电源，只靠微弱的测试电流就能以声光双指示的形式显示测试点带电与否，既使得测电显示更醒目，又克服了氖管漏气失效等缺点，实现了无源测电显示器件的固体化，其中晶闸管 V_5 与触发管 $V_1 \sim V_4$ 构成电子开关。

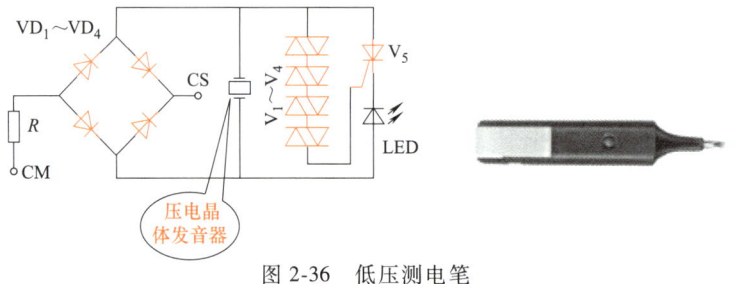

图 2-36 低压测电笔

项目训练 分压式放大电路的安装与调试

【训练目标】

1. 学会电路中电阻、电容、晶体管的识别及其检测方法
2. 学会使用示波器
3. 掌握电路的工作原理

分压式放大电路

【训练材料】 训练材料清单见表 2-19。

表 2-19 训练材料清单

名称	代号	参数	名称	代号	参数
电阻	R_1	6.8kΩ	晶体管	VT	9013
	R_2、R_5	4.7Ω	电解电容	C_1、C_2	10μF/16V
	R_3	5.1kΩ	电解电容	C_3	47μF/16V
	R_4	2kΩ	电源	V_{CC}	12V
	RP	100kΩ			

【训练内容及步骤】

（1）按图 2-37 所示电路原理图及图 2-38 所示装配图正确安装各元器件，制作分压式放大电路。

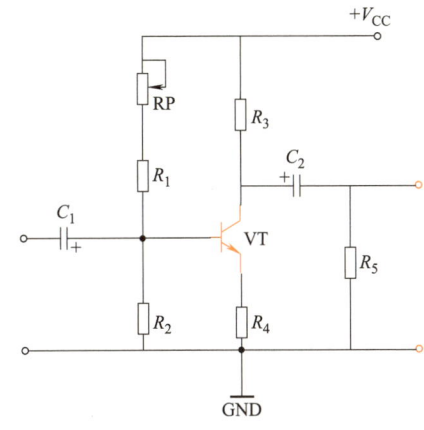

图 2-37 分压式放大电路原理图

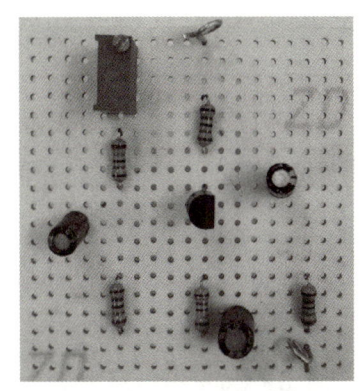

图 2-38 分压式放大电路装配图

（2）调试分压式放大电路。

静态测试：调试 RP，使晶体管 $V_C > V_B > V_E$，即使晶体管处于放大状态。

动态测试：由函数信号发生器提供输入信号，将函数信号发生器的输入波形调为正弦波，输出为 10mV 1kHz 的信号，用示波器观察输入、输出波形，填入表 2-20 中。

表 2-20 训练测量记录表

输入信号波形	输出信号波形
有效值：	有效值：
峰-峰值：	峰-峰值：

计算得出放大倍数 $A = $ _____。

【工艺要求】

（1）按电路装配图正确安装元器件，不错装、不漏装。

（2）安装电容、晶体管时要注意元器件引脚极性，以免损坏元器件。

（3）插装、排列元器件，电阻器一律卧式安装，电容器及晶体管采用立式安装，并以距离电路板 2～4mm 为宜。

（4）电路装接好后才可接通电源。

小知识

使用示波器的注意事项

1. 使用前必须检查电网电压是否与示波器的电源额定电压值一致。

2. 通电后需预热几分钟再调整旋钮。注意仪器亮度不可调节过亮,且亮点不可长期停止在一个位置上。仪器暂时不用时可将亮度调暗,不必切断电源。

3. 通常信号引入线都需使用屏蔽电缆。有的示波器的探头带有衰减器,读数时需加以注意。各种型号示波器要用专用探头。

【自评互评表】 评价表见表 2-21。

表 2-21 自评互评表

班级		姓名		学号		组别		
项目	考核要求		配分	评分标准			自评分	互评分
元器件的识别	按要求对所有元器件进行识别		15	元器件识别,每错一个扣2分				
元器件成型、插装与排列	1. 元器件按工艺要求成型 2. 元器件符合插装工艺要求 3. 元器件排列整齐、标记方向一致		15	1. 成型不合要求,每处扣1分 2. 插装位置、工艺不合要求,每处扣2分 3. 排列、标记不合理,扣3分				
导线连接	1. 导线挺直、紧贴PCB 2. 板上的连接线呈直线或直角,且不能相交		10	1. 导线弯曲、拱起,每处扣2分 2. 连接线弯曲、不直,每处扣2分 3. 连接线相交,每处扣2分				
焊接质量	1. 焊点均匀、光滑、一致、无毛刺、无假焊等现象 2. 焊点上引脚不能过长		20	1. 有搭锡、假焊、虚焊、漏焊、焊盘脱落等现象,每处扣2分 2. 出现毛刺、焊料过多或过少、焊接点不光滑、引脚过长等现象,每处扣2分				
电路调试	1. 工作是否正常,不正常时,判断是何种失真,怎样调试正常 2. 连线正确		20	1. 不按要求进行调试,扣1~5分 2. 调试结果不正常,扣5~20分				
安全文明操作	工作台上工具排放整齐,严格遵守安全操作规程,符合"6S"管理要求		10	违反安全操作、工作台上脏乱、不符合"6S"管理要求,酌情扣3~10分				
工作习惯	具备良好的工作学习习惯,有工作激情和责任感,工作效率高		10	不努力工作或学习,不能胜任本职工作,不符合工作要求,工作效率低,扣3~10分				
反思记录 (附加10分)	项目			记录				
	故障排除		3					
	你会做的		2					
	你能做的		2					
	任务创新方案		3					
合计				100+10				

你完成本次工作任务的体会(学到哪些知识、掌握哪些技能、有哪些收获):

小组对你完成此次工作任务的评价(工作、学习方面):

教师对你完成此次工作任务的评价(工作、学习方面):

小知识

晶体管的选用和代换

1. 晶体管的选用。

（1）根据电路需求，应使其特征频率高于电路工作频率 3~10 倍，但不能太高，否则将引起高频振荡。

（2）晶体管的 β 值应选择适中，一般选 30~200 为宜。β 值太低，电路的放大能力差；β 值过高又可能使晶体管工作不稳定，造成电路的噪声增大。

（3）反向击穿电压 $U_{(BR)CEO}$ 应大于电源电压。在常温下，集电极耗散功率 P_{CM} 应选择适中。如果选小了会因晶体管过热而烧毁，选大了则会造成浪费。

2. 晶体管的代换原则。

新换晶体管的极限参数应不小于原晶体管；性能好的晶体管可代替性能差的，如 β 值高的可代替 β 值低的，穿透电流小的可代替穿透电流大的；在耗散功率允许的情况下，可用高频管代替低频管，如 SDG 型晶体管可代替 3DX 型晶体管。

*拓展项目训练　家用调光灯电路制作

【训练目标】

1. 理解家用调光灯电路的工作原理，了解晶闸管调光电路实际应用
2. 能熟练画出晶闸管调光电路，能按电路选择和检查元器件，能根据电路把元器件在通用线路板上正确布局（排版），能正确地对电路进行焊接和调试

【训练材料】　训练材料清单见表 2-22。

表 2-22　训练材料清单

代号	实物图	名　　称	规格型号	数量
VD_1~VD_4	略	整流二极管	1N4007	4
VT		单结晶体管	BT33	1
V		晶闸管	BT151	1
R_1、R_3	略	电阻	100Ω	2
R_2			470Ω	1
R_4			1kΩ	1
HL		灯泡	220V、25W	1

(续)

代号	实物图	名 称	规格型号	数量
C		涤纶电容	0.1μF	1
RP		带开关电位器	100kΩ	1
MBB	略	面包板		1
	略	导线、开关		若干

【训练内容及步骤】

1. 认识电路

调光灯是家庭常用的照明灯具，它可以自由调节光线的亮度，使用起来既方便又节能。家用调光灯电路如图2-39所示。各组成部分作用如下：

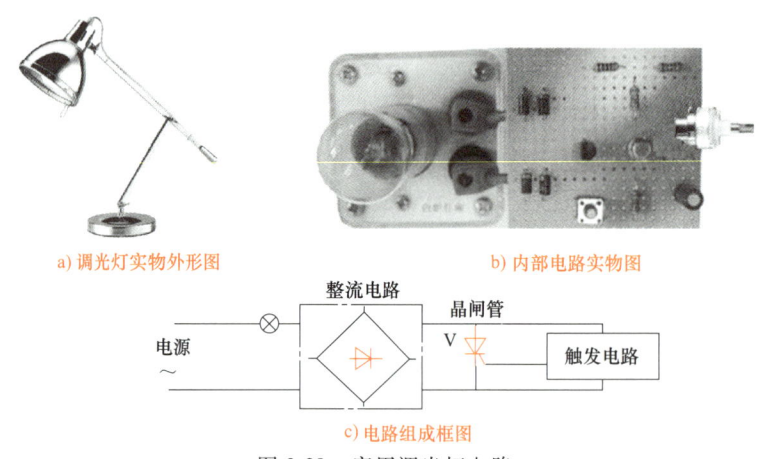

图2-39 家用调光灯电路

整流电路——将交流电变为单向的脉动直流电。

触发电路——给晶闸管提供可控的触发脉冲信号。

晶闸管——根据触发信号到来的时刻，改变输出电压的大小，从而控制灯泡的亮度。图2-40为调光灯电路的电路原理图。

2. 安装电路

按照图2-40所示原理图在实验板上连接电路，其步骤如下：

（1）元器件选择见表2-22。

（2）元器件识别、检测、整形。

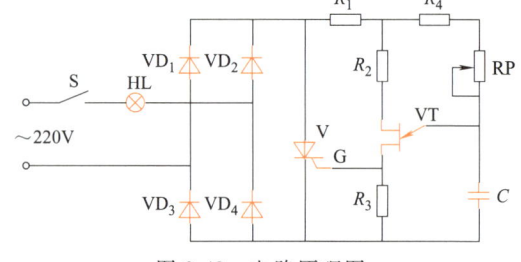

图2-40 电路原理图

认识晶闸管、单结晶体管等器件及其型号。用万用表检测晶闸管、单结晶体管，画出晶闸管、单结晶体管的外形图，并标出电极名称，记录在表2-23中。

第2章 晶体管及放大电路基础

表 2-23 元器件识别与检测

元 器 件	外 形 图	电极名称	质 量
单向晶闸管			
单结晶体管			
带开关电位器阻值范围			

小知识

晶闸管的检测

1. 电极判别。

（1）如图 2-41a 所示，万用表置 R×1k 挡，将晶闸管的其中一端假定为控制极，与黑表笔相接。

（2）用红表笔分别接另外两个脚。若有一次出现正向导通，则假定的控制极是对的，而导通那次红表笔所接的脚是阴极 K，另一极则是阳极 A。

（3）如果两次均不导通，则说明假定的不是控制极，可重新设定一端为控制极。

2. 好坏判别。

（1）如图 2-41b 所示，将万用表置 R×1 挡，红表笔接阴极 K，黑表笔接阳极 A，在黑表笔接 A 的瞬时碰触控制极 G（给 G 加上触发信号），万用表指针向右偏转，说明晶闸管已经导通。此时即使断开黑表笔与控制极 G 的接触，晶闸管仍将继续保持导通状态。

（2）在正常情况下，晶闸管 G、K 间是一个 PN 结，具有 PN 结特性，而 G、A 和 A、K 之间存在反向串联的 PN 结，故其间电阻值均为无穷大。

（3）如果 G、K 之间的正反向电阻都等于零，或 G、K 和 A、K 之间正反向电阻都很小，说明晶闸管内部击穿短路。如果 G、K 之间正反向电阻都为无穷大，说明晶闸管内部断路。

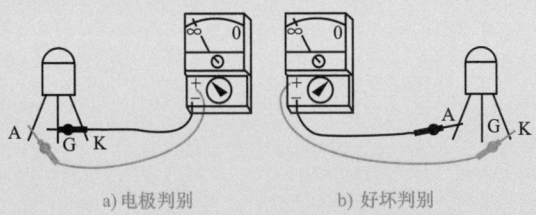

a) 电极判别   b) 好坏判别

图 2-41 晶闸管检测

（4）焊接与连线。合理设计电路，插装元器件并进行焊接；电路连线，注意电源线的连接并做好绝缘处理。

3. 调试与检测电路。

（1）通电前检查。对照电路原理图 2-40 检查各元器件的连接极性及电路连线。

（2）试通电。闭合开关，调节 RP，观察电路的工作情况。如果正常，进入下一检测环节。

（3）通电检测。调节 RP，观察灯泡亮度的变化，用万用表交流电压挡测灯泡两端的电压，并断开交流电源，测出 RP 的阻值，记录在表 2-24 中。

表 2-24　训练测量记录表

状　　态	灯泡微亮时	灯泡最亮时
灯泡两端电压		
断开交流电源,测得 RP 的阻值		
测试中出现的故障及排除方法		

本章小结

1. 晶体管由两个 PN 结构成,按结构分为 NPN 和 PNP 两类。晶体管的集电极电流受基极电流的控制,所以晶体管是一种电流控制器件。在满足发射结正偏、集电结反偏的条件下,具有电流放大的作用。晶体管的输出特性曲线可分成截止区、饱和区、放大区。

2. 单管共射放大电路是学习其他电路的基础,对后面学习放大电路的原理和分析方法是非常重要的。若使放大器不失真地放大交流信号,必须合理设置静态工作点。基本放大电路的分析方法主要采用近似计算法。

3. 分压式偏置电路的主要作用就是稳定静态工作点,以保证放大器不失真地放大交流信号。

4. 多级放大电路是由两个或两个以上的单级放大电路所组成的电路,电压放大倍数等于各单级放大倍数的乘积。

5. 场效应晶体管是一种电压控制器件。

6. 晶闸管具有可控的导电性,主要用于调压、整流及开关等方面。

第3章　常用放大器

知识目标

1. 掌握集成运放的符号及器件的引脚功能
2. 理解反馈的概念，了解负反馈的4种组态及判断方法
3. 能识读由理想集成运放构成的常用电路，会估算输出电压值
4. 了解低频功放电路的应用，能识读 OTL、OCL 功率放大器的电路图

能力目标

1. 会熟练使用示波器，会使用低频信号发生器
2. 会用万用表测试集成运放性能好坏
3. 会安装和使用集成运放组成的应用电路
4. 会组装与检测音频功放电路，会判断并检修音频功放电路的简单故障
5. 会查阅集成电路手册，能按实际要求选用集成运放

素质目标

1. 培养学生分析问题、解决问题的能力
2. 培养学生的沟通能力及团队协作能力
3. 培养学生的安全生产、环保与节能意识

3.1　集成运算放大器

集成运算放大器简称**集成运放**，是一种高电压放大倍数、高输入电阻、低输出电阻、直接耦合的多级放大电路。由于它最初主要用于模拟计算机领域的数学运算，故得此名。在现代技术中它的应用早已远远超过了运算的范畴，成为了模拟电子技术领域的核心部件。常用集成运放外形如图 3-1 所示。初学者学习本课程时，一般将集成运放应用特性作为首要研究对象。对于集成放大器内部电路可视为"黑闸子"，不予研究。

集成运算
放大器

3.1.1　集成运放的理想化及基本电路

【**基本电路**】　图 3-2 所示为集成运算放大器内部结构示意图，由图可以看出其内部电路有 4 部分：高阻抗输入级、中间放大器、低阻抗输出级和偏置电路。

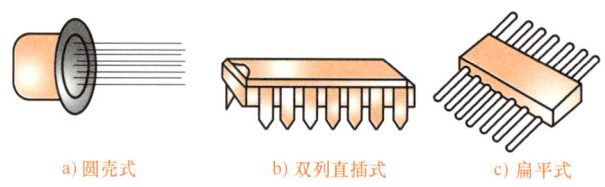

图 3-1 常用集成运放外形

高阻抗输入级：影响集成运放工作性能的关键级，一般由差动放大电路组成，作为集成运放的输入级，它有两个输入端。其中一端为同相输入端，输入信号在该端输入时，输出信号与输入信号相位相同；另一端为反相输入端，输入信号在该端输入时，输出信号与输入信号相位相反。

中间放大器：由高增益的电压放大电路组成。

低阻抗输出级：由晶体管射极输出器互补电路组成。

偏置电路：为集成运放各级提供合适而稳定的静态工作点。

图 3-3 所示为集成运放的图形符号。其中"▷"表示放大器，三角所指方向为信号传输方向，∞ 表示该放大器的开环电压放大倍数 A_{uod} 为无穷大。输入端"+"（或 P）表示同相输入端，"−"（或 N）表示反相输入端。

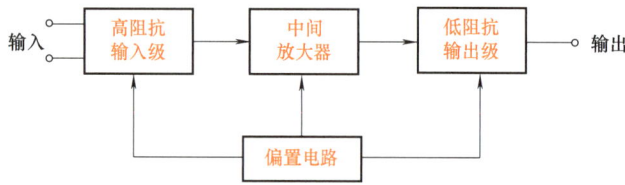
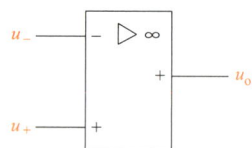

图 3-2 集成运算放大器内部结构示意图　　图 3-3 集成运算放大器的图形符号

实际上集成运放的引出端不止三个，但分析集成运放时，习惯只画出图 3-3 所示的三端即可，其他接线端各有各的功能，因对分析没有影响，故可略去不画。

【理想化集成运放】 为了便于对集成运放电路进行分析，通常将集成运放视为理想器件。理想化集成运放的条件是：

1）开环差模电压放大倍数 $A_{uod} = \infty$；
2）输入电阻 $r_i = \infty$；
3）输出电阻 $r_o = 0$；
4）共模抑制比 $K_{CMR} = \infty$。

显然，实际应用的集成运放不可能达到上述理想的技术指标，但随着集成电路制作工艺及微电子技术的高速发展，其技术指标可与理想集成运放的技术指标越来越接近。因此，在分析集成运放电路时，其带来的误差并不大，在工程上是允许的。本章中我们将集成运放看作理想集成运放来处理。根据以上的理想条件可推导出以下两个重要结论。

1）虚短：理想集成运放的两输入端电位差趋于零，即 $u_+ - u_- \approx 0$（可认为 $u_+ = u_-$）。
2）虚断：理想集成运放的输入电流趋于零，即 $i_i \approx 0$（可认为 $i_i = 0$）。

这两个结论是分析集成运放电路的重要依据，可简化分析和计算过程。

小知识

集成运放常用术语介绍

1. **差模信号 U_{id}**：大小相等而极性相反的两个输入信号称为差模信号。这种输入方式称为差模输入。

2. **共模信号 U_{ic}**：大小相等且极性相同的两个输入信号称为共模信号。这种输入方式称为共模输入。

3. **零点漂移**：由于集成运放采用直接耦合方式，当输入端直接对地短路而且处于静态时，输出端有电压不规则变化的现象，即输入为零、输出不为零的现象，简称零漂。温度的变化和电源电压的波动都是产生零漂的主要原因。

解决零漂的方法：采用直流稳压电源；选用稳定性能好的硅晶体管作为放大管；采用单级或级间负反馈稳定工作点；采用差动放大电路抑制零漂。

3.1.2 集成运放的主要参数

为了正确合理地选择和使用集成运放，必须了解集成运放的主要性能参数。

【**开环差模电压增益 G_{uo}**】 指集成运放在无反馈情况下的差模电压放大倍数，它是影响运算精度的重要指标。G_{uo} 有两种表示方法，一种直接表示为 10^n 倍；另一种用对数表示，即 $20\lg A_{uo}$，单位是分贝（dB）。目前，高增益的集成运放可达 140dB，理想情况下可认为 G_{uo} 为无穷大。

【**输入失调电压 U_{IO}**】 由于集成运放高阻抗输入级电路不对称，欲使输入为零时输出电压为零，必须要在输入端另加补偿电压，这个电压的数值便为输入失调电压，它反映了集成运放的失调程度。一般 U_{IO} 值在 1～10mV，其值越小越好。

【**输入失调电流 I_{IO}**】 由于工艺上的误差，输入信号为零时，集成运放两输入端的静态电流不相等，其差值称为输入失调电流。它的大小也衡量了输入级的对称性，I_{IO} 一般在 100nA 以下，高质量的集成运放应在 1nA 以下。

【**共模抑制比 K_{CMR}**】 电路开环状态下，差模电压放大倍数 A_{ud} 与共模电压放大倍数 A_{uc} 之比，即 $K_{CMR}=A_{ud}/A_{uc}$。它是衡量集成运放输入级各参数对称程度的标志，也反映集成运放对共模信号的抑制能力。一般集成运放的 K_{CMR} 在 80dB 以上，高质量的可达 160dB。

【**输出峰-峰电压 U_{OPP}**】 又称输出电压动态范围，指集成运放处于空载时，在一定电源电压下输出的最大不失真电压的峰-峰值。

此外，还有输入电阻、输出电阻、温度漂移、转换速率、静态功耗及输入偏置电流等性能指标，必要时可查阅相关产品说明书，这里不详细介绍。

3.1.3 反馈的基本概念及判断方法

反馈理论及反馈技术在自动控制、信号处理电子电路及电子设备中都得到了广泛的应用，有着十分重要的作用。在集成运放中，负反馈作为改善器件性能的重要手段而备受重视。

反馈的基本概念及判断方法

【**反馈的基本概念**】 反馈是将系统或电路中的输出信号（电压或电流），通过一定的网络送回到输入端，并同输入信号一起参与放大器的输入控制作用，从而使放大器的某些性能获得有效改善的过程。

> **小知识**
>
> ### 使用运算放大器前一定要做的工作
>
> （1）辨认引脚，以便正确连线。
>
> （2）用万用表的电阻挡（"R×100"或"R×1k"挡），对照引脚测试有无短路和断路现象。
>
> （3）对于内部无自动稳零措施的运放需外加调零电路，使之在输入信号为零时输出电压也为零。
>
> （4）对于单电源供电的运放，有时还需要在输入端加直流偏置电压，设置合适的静态输出电压，以便能放大正、负两个方向的变化信号。
>
> （5）为防止电路产生自激振荡，应在集成运放的电源端加上去耦合电容。有的集成运放还需要外接补偿电容 C。

例如在第 2 章中讨论过的分压式偏置放大电路就是利用"反馈"来稳定静态工作点的，即 T（温度）↑→I_{CQ}（输出量）↑→U_{EQ}（≈$I_{CQ}R_e$）↑→U_{BEQ}↓→I_{BQ}（输入量）↓→I_{CQ}↓。

可见，它是利用输出量 I_{CQ} 的变化，经电阻 R_e 转换成电压 U_{EQ} 的变化，送回到输入电路，使 U_{BEQ} 减小，I_{BQ} 减小，从而使 I_{CQ} 的变化减小，实现了静态工作点的稳定功能。

【反馈的类型与判断方法】 由于反馈的极性不同，反馈信号的取样对象不同，反馈信号在输入回路中的连接方式也不同。反馈大致可分为以下几类。

（1）正反馈和负反馈。反馈信号与输入信号极性相同，使净输入信号增强，称为正反馈；反馈信号与输入信号极性相反，使净输入信号削弱，称为负反馈。在工程技术中，正反馈虽然能使输出信号增大，电压放大倍数增大，但会使放大器的性能显著变差（工作不稳定、失真增加等），所以在集成运放中不采用正反馈。正反馈一般用于振荡电路中。正、负反馈的判断一般用瞬时极性法。反馈信号与输入信号的关系如图 3-4 所示。

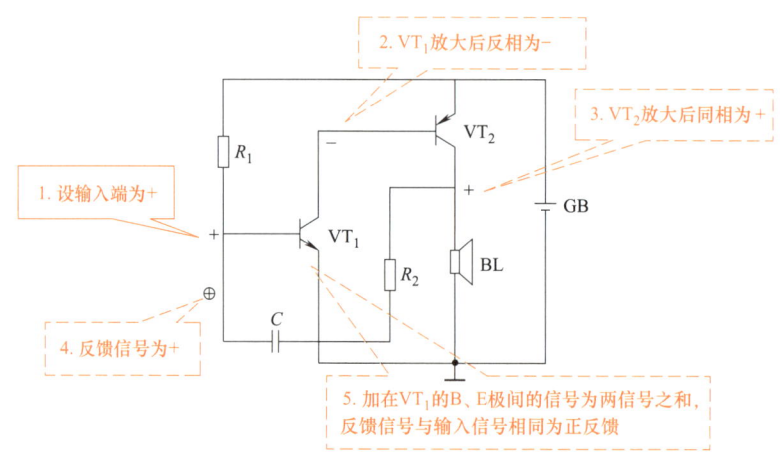

图 3-4 反馈信号与输入信号的关系

如图 3-5 所示，在假定输入信号为正极性的情况下，先由正向传输到输出端，然后再通

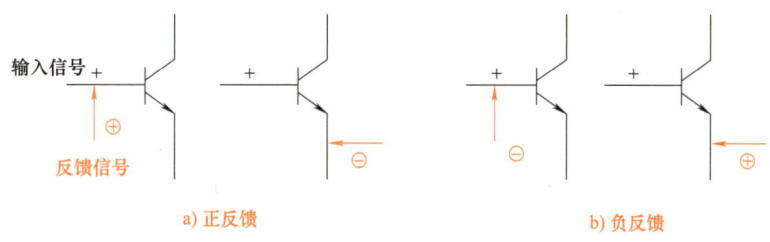

图 3-5　反馈信号与输入信号作用的四种情况

过反馈网络反馈到输入端。反馈到晶体管基极或发射极，反馈信号可正可负。在图示中，为区分反馈量，习惯上将反馈到输入端的反馈量画上圈。

（2）直流反馈和交流反馈。对直流量起反馈作用的叫直流反馈，对交流量起反馈作用的叫交流反馈。直流反馈的主要作用是稳定放大器静态工作点；交流反馈的作用是改善放大电路性能。下面讨论的均为交流反馈。

（3）电压反馈和电流反馈。将输出电压按一定比例反馈到输入端的反馈称为电压反馈；将输出电流按一定比例反馈到输入端的反馈称为电流反馈。电压与电流反馈的判断如图 3-6 所示。

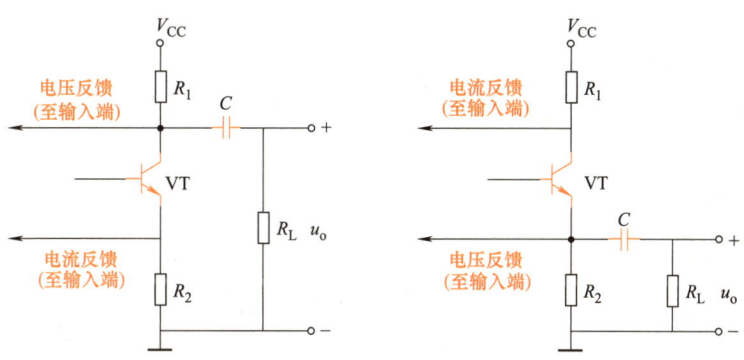

图 3-6　电压与电流反馈的判断

（4）串联反馈和并联反馈。反馈信号在输入端是以电压形式出现的，且与输入信号串联作用于输入端，称为串联反馈；反馈信号是以电流形式出现，且与输入信号并联作用于输入端，称为并联反馈。串联反馈与并联反馈的连接方式如图 3-7 所示。

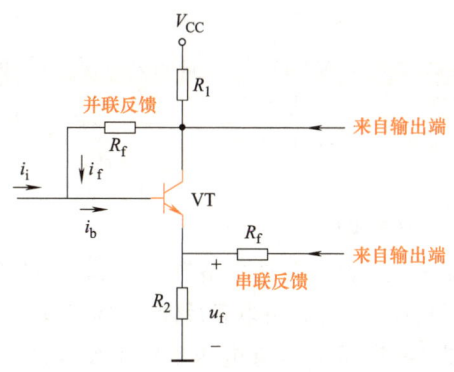

图 3-7　串联反馈与并联反馈的连接方式

案例解析

【例 3-1】 判别图 3-8 所示电路中反馈元件 R_f 的反馈类型。

【解析】 反馈元件反馈类型的判别，除正、负反馈采用瞬时极性法进行判别外，其他反馈类型均可根据其定义进行判别。

1. 首先判别是电压反馈还是电流反馈。图 3-8 中反馈信号不是取自放大电路的输出端，故为电流反馈。

2. 其次判别是正反馈还是负反馈。根据瞬时极性法，假设晶体管 VT_1 基极原来的信号极性为"+"，其余各极的瞬时极性都在图 3-8 中标出。反馈信号的极性为"-"，且加到输入端——晶体管的基极，和原来假设信号的极性相反，故为负反馈。

3. 最后判别是串联反馈还是并联反馈。由于反馈信号加到输入端晶体管的基极，故为并联反馈。

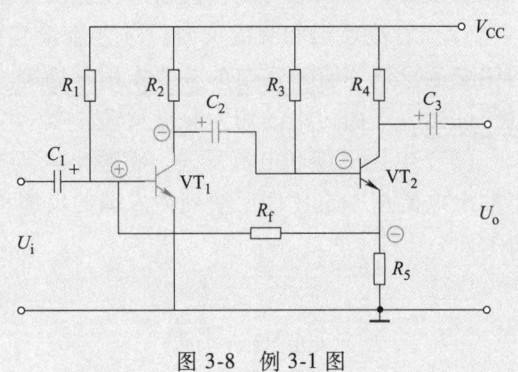

图 3-8 例 3-1 图

小知识

为什么要引入负反馈

电路引入负反馈后削弱了输入信号，降低了放大倍数，但它却以此为代价换取了以下性能指标的改善：

1. 提高了放大倍数的稳定性。
2. 减小了非线性失真。
3. 展宽了通频带。
4. 减小了内部噪声干扰。
5. 改变了放大器的输入、输出电阻。

需要指出：以上仅着重分析了交流负反馈及其对交流参数的影响，实际上还有直流负反馈。直流负反馈主要用于稳定放大电路的静态工作点。另外，当反馈深度足够时，改变反馈元件参数就可改变放大电路的增益。

3.1.4 负反馈的四种组态及其判别

由以上分析可见，负反馈放大电路按反馈电路与输入、输出的连接方式分为四种基本组态，即电压串联负反馈、电流串联负反馈、电压并联负反馈、电流并联负反馈。下面分别予以介绍。

【电压串联负反馈】 图 3-9 所示为具有电压串联负反馈的集成运放电路。反馈元件为 R_1、R_2，它跨接在集成运放的输出端和反相输入端之间，将电压反馈到输入端，所以是电压反馈。反馈极性的判断如图中所示。设输入为正的情况下,反馈回的信号为正,参照图 3-4 可知,该电路为负反馈。根据 R_1、R_2 与输入、输出的连接情况,参照图 3-6 及图 3-7 可知,反馈组态为电压串联负反馈。

特点:稳定输出电压,减小输出电阻,增大输入电阻。

【电流串联负反馈】 图 3-10 所示为具有电流串联负反馈的集成运放电路。反馈元件为 R_f,它跨接在集成运放的输出端和反相输入端之间,将电流反馈到输入端,所以是电流反馈。反馈极性的判断如图中所示。设输入为正的情况下,反馈回的信号为正,参照图 3-4 可知,该电路为负反馈。参照图 3-7 可知,该电路反馈组态为电流串联负反馈。

特点:稳定输出电流,增大输出电阻、输入电阻。

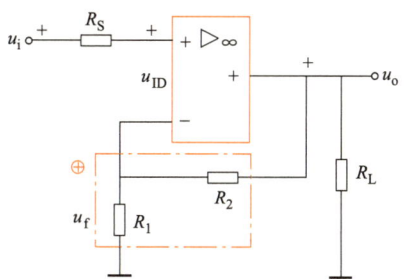

图 3-9 电压串联负反馈电路

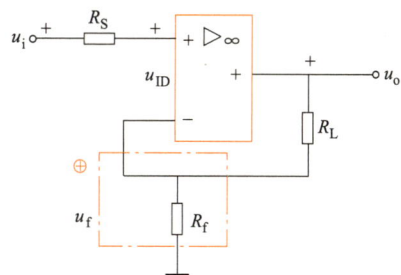

图 3-10 电流串联负反馈电路

【电压并联负反馈】 图 3-11 所示为具有电压并联负反馈的集成运放电路。反馈元件为 R_f,它跨接在集成运放的输出端和反相输入端之间,将电压反馈到输入端,所以是电压反馈。反馈极性的判断如图中所示。设输入为正的情况下,反馈回的信号为负,参照图 3-5 可知,该电路为负反馈。参照图 3-7 可知,该电路反馈组态为电压并联负反馈。

特点:稳定输出电压,减小输入电阻、输出电阻。

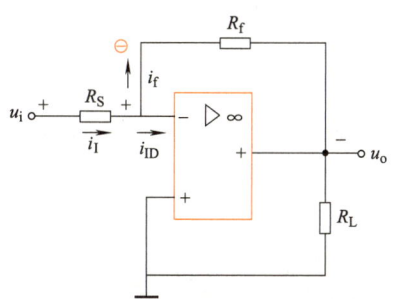

图 3-11 电压并联负反馈电路

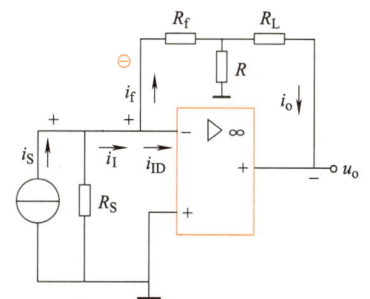

图 3-12 电流并联负反馈电路

【电流并联负反馈】 图 3-12 所示为具有电流并联负反馈的集成运放电路。反馈元件为 R_f,它跨接在集成运放的输出端和反相输入端之间,将电流反馈到输入端,所以是电流反馈。反馈极性的判断如图中所示。设输入为正的情况下,反馈回的信号为负,参照图 3-5 可知,该电路为负反馈。参照图 3-7 可知,该电路反馈组态为电流并联负反馈。

特点:稳定输出电流,减小输入电阻,增大输出电阻。

综上所述,反馈性质的判断可归结为:反馈对象看输出(端),反馈方式看输入(端),

反馈性质看极性。

3.1.5 集成运算放大器的应用

集成运放作为通用性很强的有源器件，它不仅可以用于信号的运算、处理、变换和测量，还可以用来产生正弦或非正弦信号。它不仅在模拟电路中得到广泛应用，而且在数字电路中也得到日益广泛的应用。集成运放的部分应用如图3-13所示。

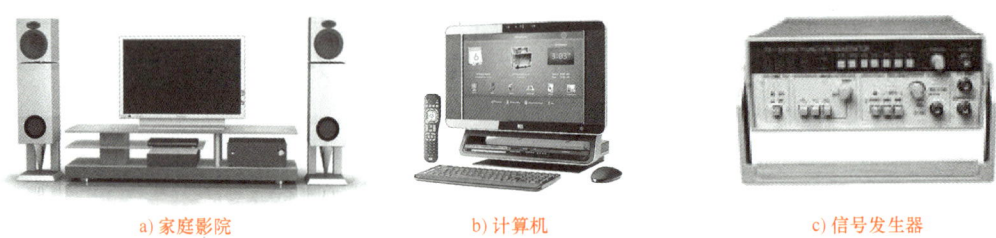

a) 家庭影院　　　　　　　　b) 计算机　　　　　　　　c) 信号发生器

图3-13　集成运放的应用

【集成运放的分类】　按照集成运放的参数来分，集成运放主要分为以下几类：

（1）通用型集成运放。通用型集成运放就是以通用为目的而设计的。这类器件具有价格低廉和应用范围广泛等特点，其性能指标适合于一般性使用。例如LM741、LM358、LM324及以场效应晶体管为输入级的LF356都属于此种。它们是目前应用最为广泛的集成运放。

（2）高阻型集成运放。这类集成运放的特点是差模输入阻抗非常高，输入偏置电流非常小，一般$r_{id}>(10^9～10^{12})\Omega$，$I_{IB}$为几皮安到几十皮安。实现这些指标的主要措施是利用场效应晶体管高输入阻抗的特点，用场效应晶体管组成运算放大器的差分输入级。用FET作输入级，不仅输入阻抗高，输入偏置电流低，而且具有高速、宽带和低噪声等优点，但输入失调电压较大。常见的集成器件有LF356、LF355、LF347及更高输入阻抗的CA3130、CA3140等。

（3）低温漂移型集成运放。在精密仪器、弱信号检测等自动控制仪表中，总是希望集成运放的失调电压要小且不随温度的变化而变化。低温漂移型集成运放就是为此而设计的。目前常用的高精度、低温漂移集成运放有OP—07、OP—27、AD508及由MOSFET组成的斩波稳零型低温漂移器件ICL7650等。

（4）低功耗型集成运放。由于电子电路集成化的最大优点是能使复杂电路小型轻便，所以随着便携式仪器应用范围的扩大，必须使用低电源电压供电、低功耗型集成运放与之相适应。常用的集成运放有TL—022C、TL—060C和功耗已达微瓦级的自动调零集成运放ICL7600等。

（5）高压大功率型集成运放。这类集成运放可输出高的电压值或大的功率，为此在电路结构上采用场效应晶体管、单管串联等措施，其耐压指标可达到300V。例如D41集成运放的电源电压可达±150V，MA791集成运放的输出电流可达1A。

此外，除以上几种集成运放外，还有高速型、跨导型、可编程型等不同类型的集成运放，此处由于篇幅有限，不予介绍。

身边的科学

点沙成金的故事

人类生活的世界是一个宏观世界,当我们深入到物质的内部去研究组成物质的分子、原子以及它们的运动规律时,就进入微观世界。对微观世界的研究使人们发现了半导体的神奇特性。由于它的独特性能,使它成为电子时代的宠儿,被广泛用于制作各类电子元器件。

硅是一种性能优越、资源丰富的元素半导体。集成电路最为普通也是用量最大的制作原料是硅片,而硅片的原始材料来源于地球上最为常见的沙子,它取之不尽、用之不竭。一块灰黑色具有金属光泽的硅片,看上去非常普通,但是经过人们的设计和一系列工艺制造技术,便将人类的智慧与创造固化在其中,成为一块块集成电路,而这些集成电路便是构建当今人类宏伟信息大厦的金砖。这就是"点沙成金"的故事。

【集成运放芯片介绍】 目前,集成运放芯片符合工业标准的产品系列众多,在产品维护及设计选材时,只要根据具体的需要进行选取即可。本节以集成运放 LM741 为例,介绍其引脚排列、功能及应用特性。

LM741(单运放)是高增益运算放大器,用于军事、工业和商业等多领域。其特点是电压适应范围较宽;具有很高的输入共模、差模电压,电压范围分别为±15V 和±30V;内含频率补偿、过载和短路保护电路;可通过外接电位器进行调零等。LM741 外形及引脚排列与构成普通反馈放大器的典型接线如图 3-14 所示,图中所接 RP 为调零电位器。

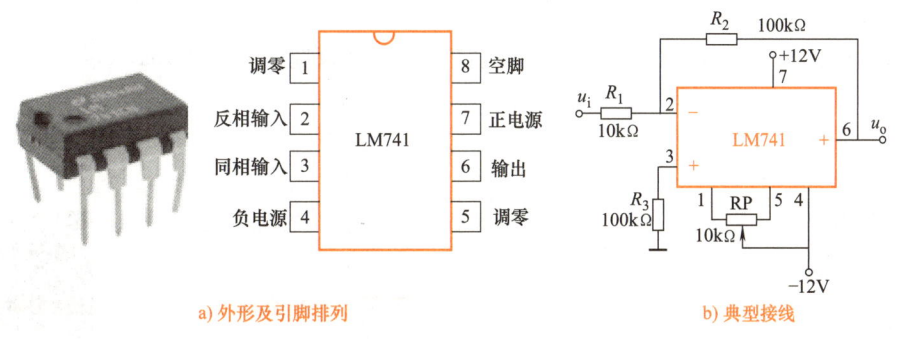

a) 外形及引脚排列　　　　　　　　　b) 典型接线

图 3-14　集成运放 LM741

【集成运放基本应用】 集成运放在使用时均接入反馈网络形成闭环结构,作为反馈放大器来应用。集成运放的用途广泛,下面以 LM741 型集成运放的基本应用举例说明。为了简便起见,在电路图中,供电电源、调零电路以及引脚标号均不画出。

(1) 反相比例运算放大器。反相比例运算放大电路原理图如图 3-15a 所示。

1) 电路特点。输入电压 u_i 经电阻 R_1 加在反相输入端上,同相输入端通过平衡电阻 $R_2(R_2=R_1//R_f)$ 接地,输出电压 u_o 经过 R_f 接回反相输入端,引入电压并联负反馈。根据

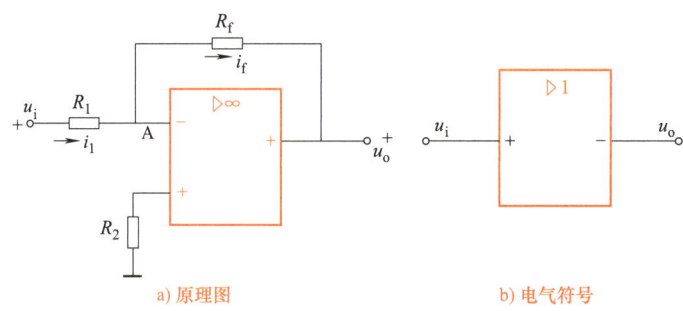

图 3-15 反相比例运算放大器

虚断（$I_{i+}=I_{i-}=0$），可知同相输入端的输入电流为零，R_2 上没有电压降，因此 $u_+=0$。根据虚短（$u_+=u_-$），所以 $u_-=0$，即 A 点的电位等于零（$u_A=0$），这种现象称为"虚地"。反相比例运算放大器最重要的特点是虚地。

2）电压放大倍数 A_{uf}。因为从 A 点流入运放的电流为零（$I_-=0$），所以 $i_1=i_f$，即

$$\frac{u_i-u_-}{R_1}=\frac{u_--u_o}{R_f} \tag{3-1}$$

式中 $u_-=0$，可求得

$$A_{uf}=\frac{u_o}{u_i}=-\frac{R_f}{R_1} \tag{3-2}$$

由式（3-2）可知，u_o 与 u_i 成比例关系，比例系数为 $-R_f/R_1$，负号表示 u_o 与 u_i 反相，只要选取合适的 R_f 与 R_1，我们就能方便地决定电压放大倍数。

当 $R_f=R_1$ 时，$-R_f/R_1=-1$，则 $u_o=-u_i$，$A_{uf}=-1$。输出电压与输入电压大小相等、相位相反，称为反相器（变号运算），这是反相比例运算放大器中的一个特例。反相器的图形符号如图 3-15b 所示。

（2）同相比例运算放大器。同相比例运算放大电路原理图如图 3-16a 所示。

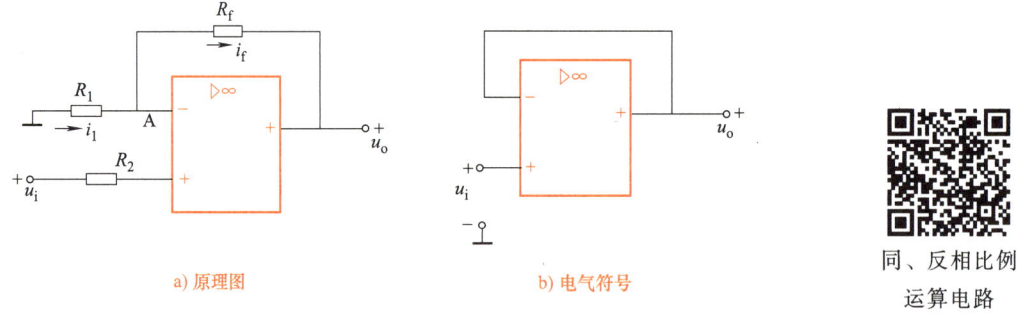

图 3-16 同相比例运算放大器

同、反相比例运算电路

1）电路特点。输入电压 u_i 经电阻 R_2 加在同相输入端上，反相输入端经电阻 R_1 接地，输出电压 u_o 经过 R_f 接回反相输入端，形成电压串联负反馈。根据虚断，$I_{i+}=I_{i-}=0$，可知 R_2 上没有电压降，所以 $u_+=u_i$。根据虚短 $u_+=u_-=u_i$，即 A 点的电位等于输入信号 u_i。

2）电压放大倍数 A_{uf}。由图 3-16a 可知

$$u_+ = u_- = \frac{R_1}{R_1+R_f}u_o \tag{3-3}$$

式中 $u_+ = u_i$，可求得

$$A_{uf} = \frac{u_o}{u_i} = 1 + \frac{R_f}{R_1} \tag{3-4}$$

由式 3-4 可知，u_o 与 u_i 相位相同，且 $u_o > u_i$。

当 $R_f = 0$，$R_1 = \infty$ 时，$R_f/R_1 = 0$，则 $u_o = u_i$，$A_{uf} = 1$。输出电压与输入电压大小相等、相位相同，称为电压跟随器（同号器），这是同相比例放大器中的一个特例。电压跟随器的图形符号如图 3-16b 所示。

（3）反相加法运算放大器。如果在集成运放反相输入端增加若干输入电路，则构成反相加法运算放大器，如图 3-17 所示。

1) 电路特点。输入电压 u_{i1}、u_{i2} 经电阻 R_1、R_2 同时加在反相输入端上，同相输入端经电阻 R' 接地，输出电压 u_o 经过 R_f 接回反相输入端，形成电压并联负反馈。与反相比例运算放大器相同，其最重要的特点是 A 点是虚地点。

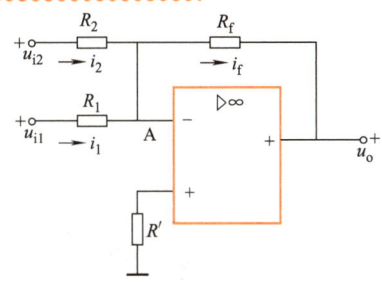

图 3-17　反相加法运算放大器

2) 输入与输出的关系。根据虚断和虚短的概念，从 A 点流入集成运放的电流为零（$i_- = 0$），A 点为虚地，所以有

$$i_1 + i_2 = i_f$$

即

$$\frac{u_{i1}}{R_1} + \frac{u_{i2}}{R_2} = -\frac{u_o}{R_f} \tag{3-5}$$

当 $R_1 = R_2$ 时，输出电压和输入电压的关系为

$$u_o = -\frac{R_f}{R_1}(u_{i1} + u_{i2}) \tag{3-6}$$

称为反相加法比例运算电路。

当 $R_1 = R_2 = R_f$ 时，式（3-6）为

$$u_o = -(u_{i1} + u_{i2}) \tag{3-7}$$

称为加法器。

技能训练 3-1　集成运放的识别与检测

【训练目标】
1. 识别集成运放引脚
2. 用万用表辅助判断集成运放质量的好坏

【训练材料】
1. 集成运放（LM741、LF356、LF347、CA3130、ICL7650、ICL7600、MA791）若干

2. 万用表、低频信号发生器、稳压电源（0~30V）各一台

【训练内容及步骤】

1. 集成运放引脚外形识别方法

集成运放引脚排列与其他常用集成电路引脚排列规律相同，均通过外形标记进行表示。图 3-18 所示为常用集成运放引脚分布规律图。

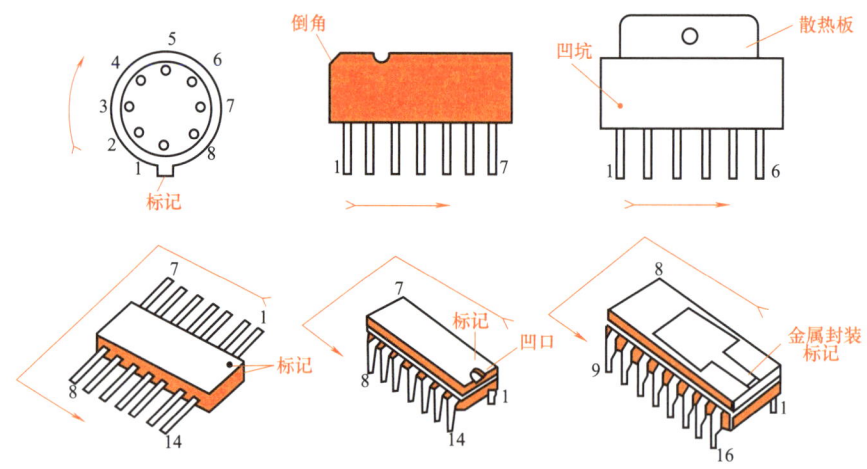

图 3-18 常用集成运放引脚分布规律

2. 集成运放引脚识别

通过外形标记识别以下各集成运放第 1 脚，将结果记入表 3-1。

表 3-1 集成运放引脚识别表

型　号	外形标记及识别	型　号	外形标记及识别
LM741		ICL7650	
LF356		ICL7600	
LF347		MA791	
CA3130			

3. LM741 型集成运放质量好坏的判别方法

（1）查阅集成电路手册，找出 LM741 型集成运放各脚静态参考电压值，并记入表 3-2。

（2）按图 3-19 所示连接测试电路，经检查无误后接入双电源+12V、-12V，并调零。

（3）用万用表直流电压挡测量 LM741 各引脚静态电压，记入表 3-2。

（4）质量好坏判别。将万用表置于直流电压挡，测量 IC 各引脚工作电压值，并与参考数据相比较，看是否正常。如有不符合标准值的引脚，先查看其外围元器件，若无损坏和失效就证明是 IC 的问题，不能再使用。

表 3-2 LM741 型集成运放质量好坏判别表

引脚	参考值	测试值	质量判别	引脚	参考值	测试值	质量判别
1				5			
2				6			
3				7			
4				8			

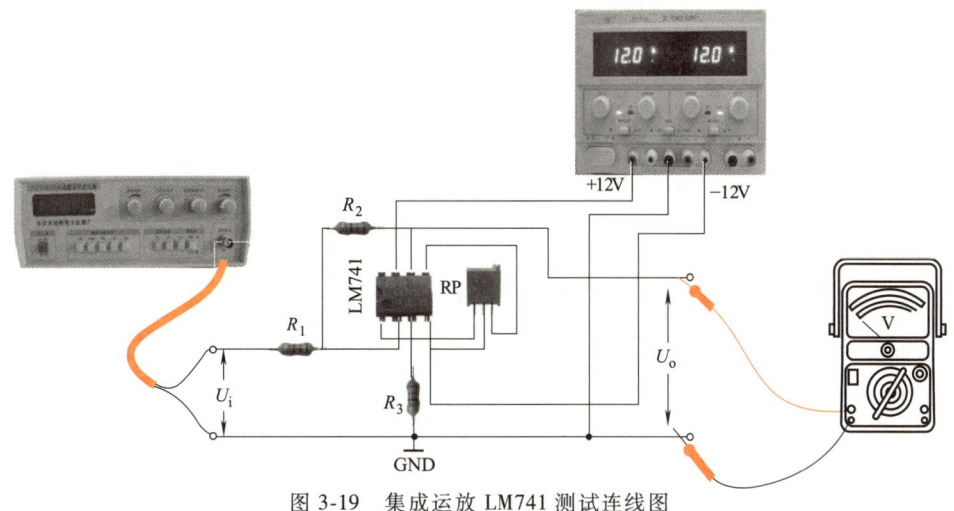

图 3-19　集成运放 LM741 测试连线图

【课外拓展学习】　查询有关网站，了解更多关于集成电路溯源、制作工艺及未来畅想。

集成运放的保护

1. 电源保护

为了防止电源极性接反而造成运算放大器组件的损坏，可以利用二极管的单向导电性原理，在电源连接线中串接二极管，以阻止电流倒流，如图 3-20a 所示。当电源极性接反时，VD_1、VD_2 反向截止不导通，相当于电源开路，从而保护了集成运算放大器。注意，二极管 VD_1、VD_2 的反向工作电压必须高于电源电压。

2. 输入保护

集成运放的输入差模电压过高或输入共模电压过高（超出该集成运放的极限参数范围），集成运放也会损坏。图 3-20b、c 所示是典型的输入保护电路。其电路的特点是在集成运放的输入电路上接入二极管 VD_1 和 VD_2，利用二极管对输入信号的幅度加以限制。

3. 输出保护

当集成运放过载或输出端短路时，若没有保护电路，该集成运放就会损坏。但有些集成运放内部设置了限流保护或短路保护，使用这些器件就不需要再加输出保护。对于内部没有限流或短路保护的集成运放，可以采用如图 3-20d 所示的输出保护电路。电路

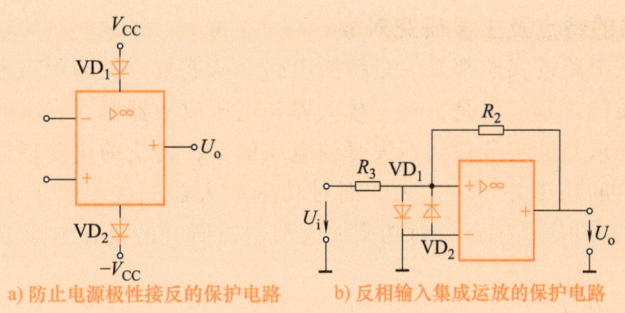

a) 防止电源极性接反的保护电路　　b) 反相输入集成运放的保护电路

图 3-20　集成运放的保护电路

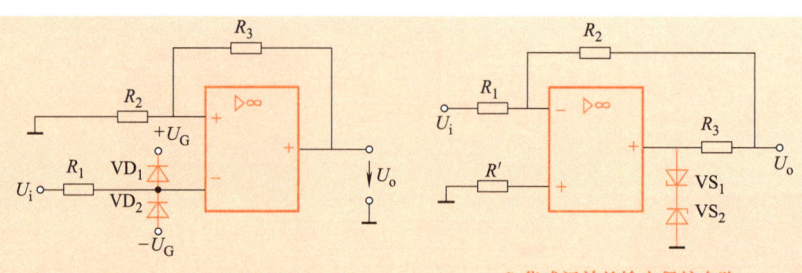

c) 同相输入集成运放的保护电路　　　d) 集成运放的输出保护电路

图 3-20　集成运放的保护电路（续）

中限流电阻 R_3 与稳压二极管 VS_1、VS_2 构成限幅电路。它一方面将负载与集成运放输出端隔开，限制了运放的输出电流；另一方面也限制了输出电压的幅值。

3.2　低频功率放大器

在工程技术中，经常要求放大电路的输出级能驱动一定的负载。例如，使扬声器的音圈振动发出声音，使电动机旋转，使继电器或记录仪表动作等。这都要求放大器不但能输出一定的电压，而且能输出一定的电流，即要求放大器能输出一定的功率。

低频功率放大电路

向负载提供低频功率的放大器称为**低频功率放大器**，简称"**功放**"。其已在各领域得到广泛应用，如音频功放、射频控制、微波控制、激光控制、工业控制等，本书主要介绍音频功率放大器。常用音频功放外形如图 3-21 所示。

a) AV功放　　　　　　　　b) 计算机音箱　　　　　　c) 汽车音响

图 3-21　常用音频功放外形

3.2.1　功率放大器的特点及主要研究对象

如前所述，放大电路的实质都是能量转换电路。从能量控制的观点来看，功率放大器和电压放大器没有本质的区别。但是，功率放大器和电压放大器所要完成的任务是不同的。对电压放大器的主要要求是使负载得到不失真的电压信号，讨论的主要指标是电压增益、输入和输出阻抗等，输出的功率并不一定大。而对功率放大器的主要要求是获得一定的不失真（或失真较小）的输出功率。因此，对功率放大器主要研究的是在电压放大器中没有涉及过的特殊问题。

1. 输出功率尽可能大

为了获得大的功率输出，要求功放管的电压和电流都有足够大的输出幅度，因此功放管往往工作在接近或进入极限（饱和、截止）状态。

2. 效率尽可能高

由于输出功率大，因此直流电源消耗的功率也大，这就存在一个效率问题。所谓效率，就是负载得到的有用信号功率和电源供给直流功率的比值。这个比值越大，意味着效率越高。

3. 非线性失真要小

功率放大器是在大信号下工作，所以不可避免地会产生非线性失真，而且同一功放管输出功率越大，非线性失真往往越严重，这就使输出功率和非线性失真成为一对主要矛盾。但是，在不同领域对非线性失真的要求不同。例如，在测量系统和电声设备中，对非线性失真有很高的要求，而在控制电动机的伺服放大器中，则只要求输出较大的功率，对非线性失真的要求就降为次要问题了。

4. 功放管的散热问题

在功率放大器中，有相当大的功率消耗在功放管的集电结上，使结温和管壳温度升高。为了充分利用允许的管耗而使功放管输出足够大的功率，放大器件的散热就成为一个重要问题。

此外，在功率放大器中，为了输出较大的信号功率，功放管承受的电压要高，通过的电流要大，功放管损坏的可能性也就比较大，所以功放管的损坏与保护问题也不容忽视。

在分析方法上，由于功放管工作于大信号状态，故采用图解分析法。

综上所述，对功率放大器的要求是：在效率高、非线性失真小、安全工作的前提下，向负载提供足够大的功率。

3.2.2 功率放大器的分类

在音响系统中，功放是不可缺少的组成部分，家庭影院、汽车音响皆不例外。功放的主要作用是把微弱的音频信号放大到足以驱动扬声器单元工作，重新放出人耳能听到的声音。目前，功放的种类繁多、功能各异，常用分类方法有以下几种。

【按电路工作状态分类】 主要可分为甲类、乙类、甲乙类。

（1）甲类：这种功放的工作原理是输出器件（晶体管或电子管）始终工作在其输出特性曲线的线性部分，在输入信号的整个周期内，输出器件始终有电流连续流动。这种功放失真小，但效率低，约为50%，功率损耗大，一般应用于家庭高档音响系统等领域。

（2）乙类：两只晶体管交替工作，每只晶体管在信号的半个周期内导通，另半个周期内截止。该类功放效率较高，约为78%，但缺点是容易产生交越失真（两只晶体管分别导通时发生的失真）。

（3）甲乙类：兼有甲类功率放大器音质好和乙类功率放大器效率高的优点，被广泛应用于家庭、汽车音响系统中。

【按所用有源器件分类】 主要可分为晶体管功率放大器、场效应晶体管功率放大器、集成电路功率放大器和电子管功率放大器（俗称"胆机"）四类。目前，前三类功率放大器应用广泛，但在高保真音响系统中，电子管功率放大器仍有一席之地。

【按功能分类】 主要可分为前级功率放大器、后级功率放大器和合并式功率放大器三类。

（1）前级功率放大器：主要作用是对信号源传输过来的节目信号进行必要的处理和电压放大后，再输出到后级功率放大器。

(2) 后级功率放大器：对前级功率放大器送出的信号进行不失真地放大，以强劲的功率驱动扬声器系统。除放大电路外，还设计有各种保护电路，如短路保护、过压保护、过热保护、过流保护等。前级功率放大器和后级功率放大器一般只在高档音响系统或专业领域采用。

(3) 合并式功率放大器：将前级功率放大器和后级功率放大器合并为一台功放，兼有前两者的功能。人们日常所说的功放均为合并式，故其应用范围较广。

3.2.3 OCL 电路

OCL 是英文 Output Capacitance Less 的缩写，意思是无输出电容互补对称功放电路。

【基本电路】 图 3-22a 所示为 OCL 基本电路。其中 VT_1 为 NPN 管，VT_2 为 PNP 管，且要求 VT_1、VT_2 两管的特性对称一致。从电路可知，每只晶体管均组成共集电极组态的放大电路，属于乙类互补对称 OCL 电路。

【工作原理】 为分析工作原理方便起见，暂不考虑晶体管的饱和压降 U_{CES} 和发射结的导通压降 U_{BE}。

(1) 静态工作情况分析（$u_i = 0$）。当无输入信号时，由于电路无偏置电压，故两管的基极电流均为 0，即功放管工作于截止状态。电路无功率放大功能。

(2) 动态工作情况分析（$u_i \neq 0$）。当有输入信号时，在 u_i 的正半周时，VT_1 的发射结正偏而导通，

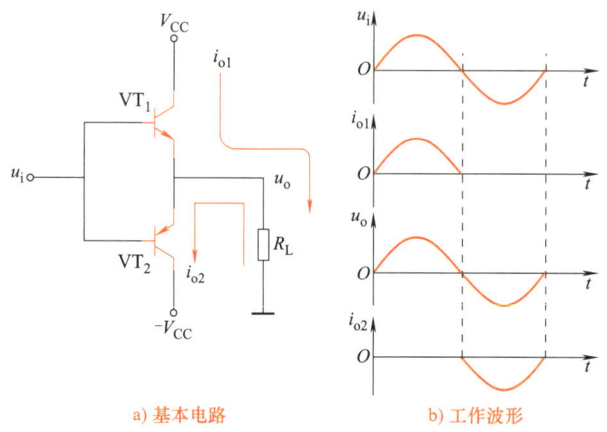

图 3-22 乙类互补对称 OCL 基本电路及工作波形

VT_2 发射结反偏而截止，此时被放大的电流信号将由 V_{CC} 经 VT_1 由上而下流过负载电阻 R_L。在 u_i 的负半周则正好相反，VT_1 截止，VT_2 导通，被放大的电流信号由 $-V_{CC}$ 经 VT_2 由下而上流过负载。两只功放管轮流导通、交替工作，这样负载上就得到放大后一个周期的信号波形，如图 3-22b 所示。

OCL 电路功放管的选择标准：$P_{CM} > 0.2 P_{om}$，$U_{(BR)CEO} \geq 2V_{CC}$，$I_{CM} \geq V_{CC}/R_L$。

【存在问题及改进】 由共集电极组态放大电路的特性知道，上述电路的电压放大倍数虽然近似为 1，但它具有电流放大作用和功率放大作用，射极输出器输出电阻低，带负载能力强，所以可将低阻负载（例如扬声器）直接接入电路作为负载。但由于晶体管死区电压的存在，两只晶体管在交替工作时必然会出现失真，如图 3-23 所示。习惯上把这种失真称为交

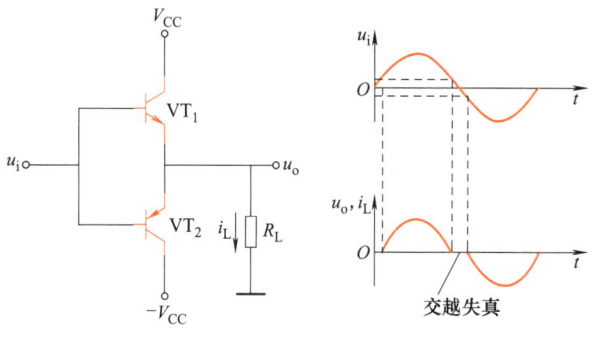

图 3-23 乙类状态的交越失真

越失真。

为消除交越失真,往往采用图3-24所示的几种形式,以使两只功放管静态时工作在微导通状态,就是使功放管工作在输入特性刚刚脱离死区即将进入放大区的位置上,该类型电路属于甲乙类互补对称OCL电路。

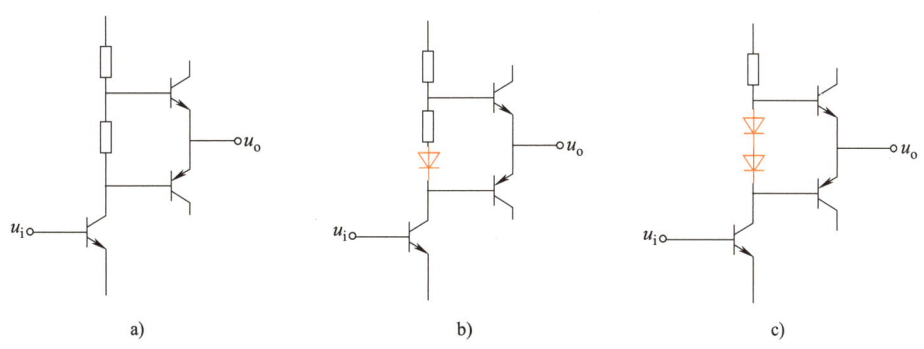

图3-24 甲乙类工作方式的几种设置

图3-24a所示在两功放管基极接入一个电阻是最简单的方式,调整该电阻的阻值,使两端电压刚好克服两功放管交越失真为好。图3-24b、c所示两电路利用二极管既有一定的电压且动态电阻又较小的特点,达到既能消除交越失真,又使两功放管输入信号基本对称的目的,在工程技术中得到广泛应用。

3.2.4 OTL电路

OTL是英文Output Transformer Less的缩写,意思是无输出变压器互补对称功放电路。

【基本电路】 图3-25所示为OTL基本电路。其中VT_1为NPN管,VT_2为PNP管,C为输出电容,且要求VT_1、VT_2两管的特性对称一致。从电路可知,每个管子均组成共集电极组态的放大电路,也属于乙类互补对称OTL电路。

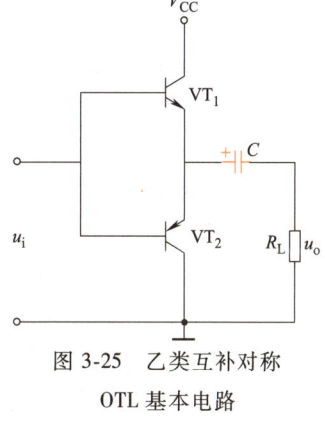

图3-25 乙类互补对称OTL基本电路

【工作原理】 由图3-22可知,OTL基本电路的工作方式与OCL基本电路相同,仍然是在输入信号的一个周期内VT_1与VT_2交替工作、轮流导通,使负载上得到一个完整的输出信号。

区别是OTL采用一组电源后,VT_2工作时由输出电容C等效为一个电源给VT_2供电。这是因为在静态时,由于两只功放管的参数一致,所以两个功放管分压使其发射极的电位为电源电压的一半,此时由于C两端也将充$V_{CC}/2$的电压,且左正、右负,正好满足VT_2工作所需的电源极性。为了让VT_2工作时电容两端电压基本维持不变,电容C的容量选得要大。

OTL电路功放管的选择标准:$P_{CM}>0.2P_{om}$,$U_{(BR)CEO} \geq V_{CC}$,$I_{CM} \geq V_{CC}/2R_L$。

值得注意的是,在OCL与OTL电路中,要求NPN与PNP两只互补功放管的特性基本一致,一般小功率异型管容易配对,但大功率的异型管配对就很困难。在大功率放大电路中,一般采用复合管的方法解决,即用两只或两只以上的晶体管适当地连接起来,等效成一只晶体管使用。图 3-26 所示是常见的四种复合管形式，箭头指向的为复合后的管型。

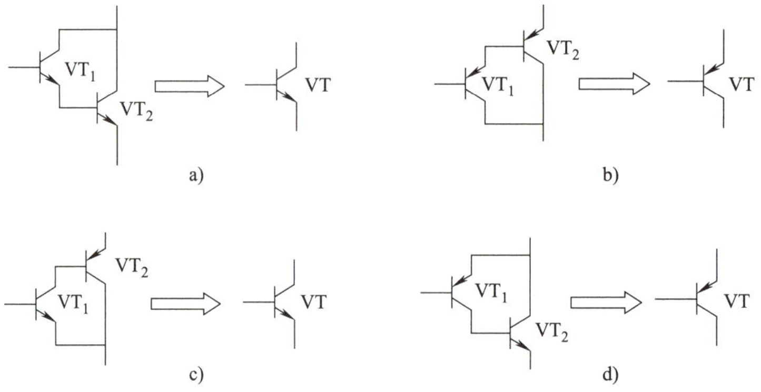

a)

b)

c)

d)

图 3-26 常见的四种复合管

3.2.5 集成功率放大器及其应用

集成功率放大器简称集成功放，现介绍一种常见的集成功放 LM386。

【集成功率放大器 LM386 及其应用】 LM386 是美国国家半导体公司生产的具有 DIP8 和 SMD8 两种封装的音频功率放大器，主要应用于低电压消费类产品，如录音机和收音机等领域。具有自身功耗低、电压增益可调整、电源电压范围宽、外接元件少和总谐振失真小等优点。LM386D 的电源电压为 4~12V，电源电压为 12V 时，额定音频输出功率为 0.5W，输出阻抗为 8Ω，典型输入阻抗为 50kΩ，静态电流为 4mA。LM386 外形、引脚排列及引脚功能如图 3-27 所示。

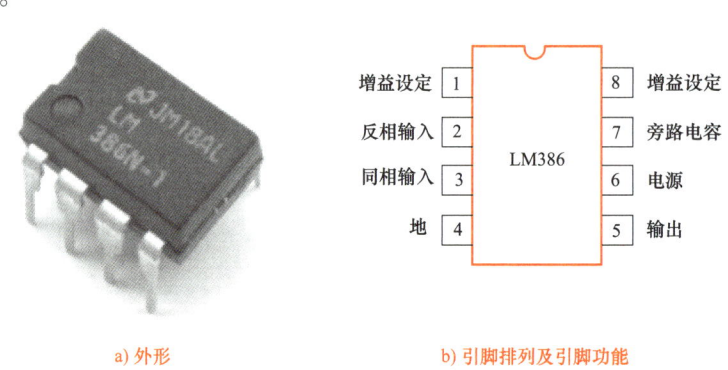

a) 外形　　　　　　　　b) 引脚排列及引脚功能

图 3-27 LM386 外形、引脚排列及引脚功能

LM386 加上外围电路构成的单端输入 OTL 功率放大器电路如图 3-28 所示。

图 3-28 中，C_1、C_3 为耦合电容，C_2、C_5 为旁路电容，RP 为音量电位器，R_1 和 C_4 构成相位补偿电路，BL 为扬声器。

工作原理：电路通电后，音频信号经 C_1 耦合加至 LM386 输入端第 3 脚，经功率放大后由其输出端第 5 脚输出，经 C_3 耦合后加至扬声器 BL 两端，驱动 BL 发生悦耳的声音。此外，调节音量电位器 RP，可改变扬声器音量。

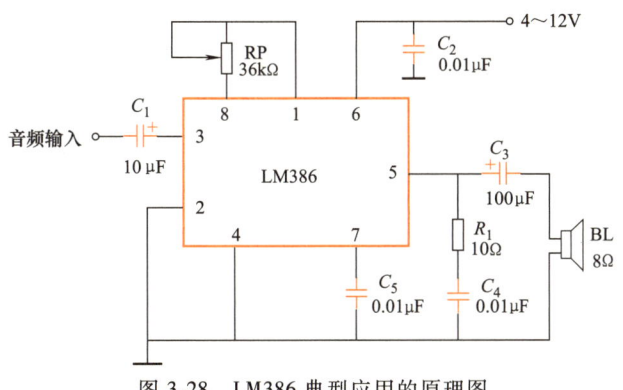

图 3-28　LM386 典型应用的原理图

> ### 小知识
>
> ### 功放线路布局要遵循三个原则
>
> 1. 一点接地
>
> 集成电路地、输入地、输出地都要单独接到滤波电容地的"一点"上，不能任意搭接，以免引入噪声。
>
> 2. 大小信号分离
>
> 输入信号应远离输出信号及电源，具体设计印制电路板时有两种方法，一种是信号单一流向法，即信号自印制板一端输入，另一端输出；另一种是地线隔离法，即大小信号间用地线隔离。
>
> 3. 传输屏蔽
>
> 传输小信号的线一定要用屏蔽线，并将屏蔽层单端接地。其他方面，如元器件对称布局、加大地线面积、增加大电流铜箔宽度（甚至上锡等）也对减小噪声有利。

技能训练 3-2　音频 OTL 功率放大器装接与参数测试

【训练目标】

1. 会识别及检测集成功率放大器及色环电阻、电容等常用电子元件的质量好坏
2. 会搭接由集成功放组成的 OTL 功率放大器
3. 会测试 OTL 功率放大器主要性能指标

【训练材料】　训练材料清单见表 3-3。

表 3-3　材料清单表

代　号	名　　称	规　格	数　量
IC	集成功率放大器	LM386	1
RP	电位器	36kΩ	1
C_1	电解电容器	10μF	1
C_2、C_5、C_6	纸介电容器	0.01μF	3

(续)

代 号	名 称	规 格	数 量
C_4	电解电容器	100μF	1
R_1	色环电阻器	10Ω	1
BL	扬声器	8Ω	1
仪器仪表	万用表	MF-47	1
仪器仪表	示波器	VC2020A	1
仪器仪表	稳压电源	0~30V	1

【训练内容及步骤】

1. 筛选元器件

利用万用表检测电路元器件的质量，筛选出符合要求的元器件。

2. 电路的制作与测试

（1）按图 3-29a 所示连线图搭接电路。

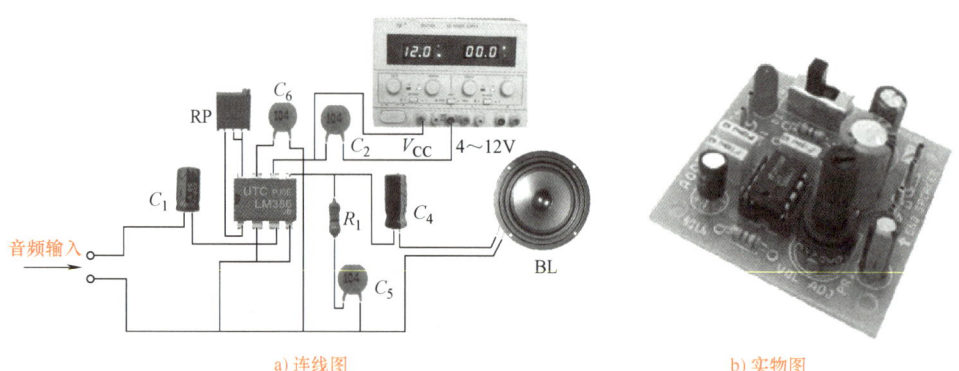

a) 连线图　　　　　　　　　　　　　　b) 实物图

图 3-29　OTL 功率放大电路

（2）静态测试：输入信号设置为零，接通 12V 直流电源，测量集成功放 LM386 各引脚电压。

（3）动态测试：输入 1kHz 的正弦信号，用示波器观察输入、输出波形，记录峰-峰值、频率等参数，将测得数据记入表 3-4。

（4）输入音频信号，测试声音效果。

表 3-4　实训记录表

项　　目	输入端数据	输出端数据
引脚电压/V		
电压峰-峰值/V		
频率/kHz		

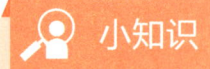

OTL 功率放大电路的检查方法

无论是什么类型的 OTL 功率放大电路，信号输出引脚的直流电压都是电源电压的一半，这也是检修这种功率放大电路故障的关键测试点。只要测得 OTL 功率放大器集成电路信号输出引脚的静态直流工作电压等于电源引脚直流电压的一半，就可以说明该集成电路工作正常。

*3.3 谐振放大器

在无线电广播的发射和接收设备中，要求放大器具有选频放大能力，即放大器能从含有多种频率的信号群中，选出某个频率的信号加以放大，而对其他频率的信号不予放大。具有选频放大性能的放大器，称为选频放大器。由于主要利用 LC 谐振回路的谐振特性进行选频，所以又称为谐振放大器。

3.3.1 谐振放大器的工作原理

图 3-30a 所示为 LC 并联电路，R 表示电感线圈及回路的等效损耗电阻。从电工基础的知识中已经了解 LC 并联电路的一些特性，即阻抗频率特性和相位频率特性。

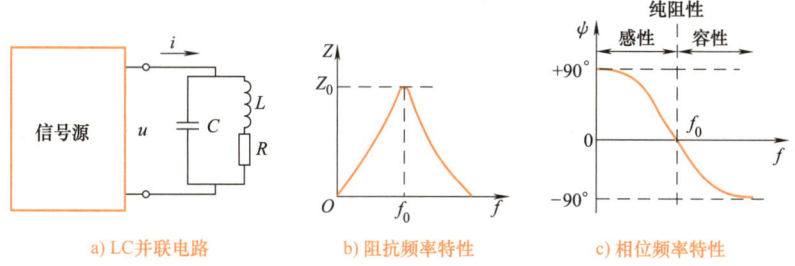

a) LC 并联电路　　b) 阻抗频率特性　　c) 相位频率特性

图 3-30　LC 并联电路及频率特性

图 3-30b 所示为 LC 并联电路的阻抗频率特性曲线，简称阻频特性线。它表示当信号频率 f 变化时，LC 并联电路的阻抗 Z 的大小也随之变化。当 $f=f_0$ 时，LC 并联电路阻抗最大。f_0 称为 LC 并联电路的谐振频率，f_0 与电感量 L、电容量 C 的对应关系为

$$f_0 = \frac{1}{2\pi\sqrt{LC}} \tag{3-8}$$

图 3-30c 所示为 LC 并联电路的相位频率特性曲线。它说明了 LC 并联电路具有区别不同频率信号的能力，即具有选频特性。

由于 LC 并联电路具有选频能力，因此在图 3-30a 所示电路中，对于频率 $f=f_0$ 的信号，并联电路呈现最大的阻抗，其两端有最大的输出电压，对于频率偏离 f_0 的信号，并联电路呈现小的阻抗，故电路两端输出电压很小。显然，用 LC 并联电路作为放大器输出端负载，如图 3-31a 所示，则放大器具有选频放大能力，它对于频率等于谐振频率 f_0 的信号，输出电压最大，即具有最大的放大倍数 A_{u0}，如图 3-31b 所示。这种表示选频放大器的放大倍数与信号频率关系的曲线，称为谐振放大器的谐振曲线。

3.3.2 谐振放大器的主要参数

谐振放大器的主要参数有谐振电压增益、通频带、抑制比、稳定性、噪声系数等。实际应用中，可根据需要进行选择。

（1）谐振电压增益：放大器的谐振增益是指放大器在谐振频率上的电压增益，记为 A_{u0}，其值可用分贝表示。

（2）通频带：通频带是指放大器的电压增益下降到谐振电压增益的 0.707 倍时所对应

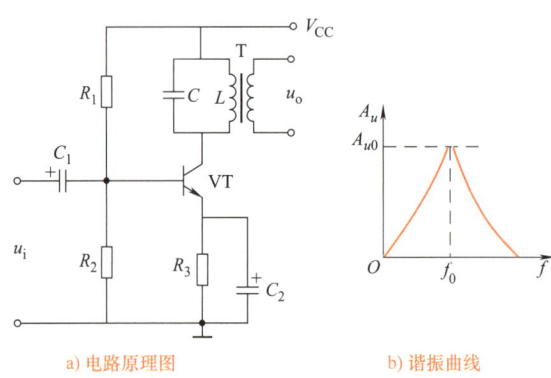

a) 电路原理图　　　　　　　　b) 谐振曲线

图 3-31　谐振放大器

的频率范围。一般用 $BW_{0.7}$ 表示。

（3）抑制比：抑制比为谐振电压增益与通频带以外某一特定频率上的电压增益之比值，用 d 表示。d 值越大，放大器的选择性越好。

（4）稳定性：稳定性是指放大器的元器件参数变化时，放大器的主要性能——增益、通频带、抑制比的稳定程度。

（5）噪声系数：放大器工作时，元器件在电路内部会产生噪声，在放大信号的同时也放大了噪声，使信号质量受到影响。噪声系数是输入信号的信噪比与输出信号的信噪比的比值。

3.3.3　谐振放大器的应用

【谐振放大器的分类】　谐振放大器的种类较多，常用的分类方法有以下两种：

（1）按放大信号的强弱分类，有小信号谐振放大器和大信号谐振放大器两类。其中小信号谐振放大器主要用于电压选频放大领域，大信号谐振放大器主要用于高频功率选频放大领域。

（2）按谐振回路分类，有单调谐放大器、双调谐放大器和参差调谐放大器三类。

（3）按晶体管连接方式分类，有共基极、共发射极以及共集电极谐振放大器。在实际应用中还会出现多级单调谐回路的级联。

【谐振放大器的应用】　谐振放大器在无线电广播的发射领域应用广泛，在收音机、导航系统、雷达系统、手机、电视机中均得到了广泛应用，如图 3-32 所示。

a) 收音机　　　　　　　　b) 导航系统　　　　　　　　c) 手机

图 3-32　谐振放大器的应用

小知识

半导体语音集成电路

随着集成电路工艺的发展和生产成本的大幅度降低,各种类型的语音集成电路芯片相继问世,为手机、计算机、电话机、汽车语音提示及防盗报警提供了大量可以选用的音源。半导体语音集成电路常采用 COB 软封装,如图 3-33 所示。

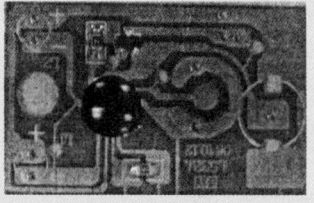

图 3-33　COB 软封装集成电路

图 3-34 所示为几种常用的 COB 软封装语音集成电路。内部通常采用 CMOS 工艺制作,属于大规模集成电路。在工程技术中,语音集成电路只需外接少量电子元件,即可达到我们预期的效果。

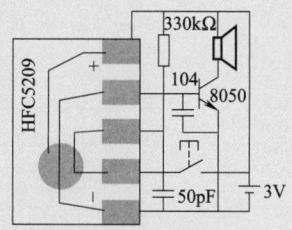

a) HFC5209型倒车语音集成电路

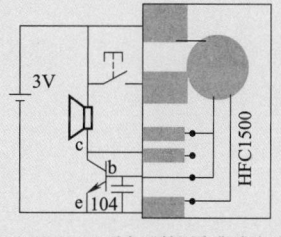

b) HFC1500型电话铃语音集成电路

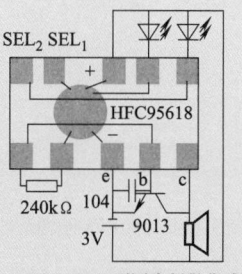

c) HFC95618型语音报警集成电路

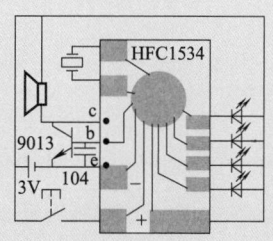

d) HFC1534型音乐四闪光集成电路

图 3-34　语音集成电路

本章小结

1. 一般集成运放有以下引脚:同相输入端、反相输入端、输出端、正负电源端,有的还有外接调零端及相位补偿端等。实际应用时要先查阅手册，根据引脚功能进行接线。

2. 理想集成运放的参数及虚短、虚断概念是分析集成运放的重要依据。常用的集成运放电路有反相比例、同相比例、反相加法比例等，了解其工作原理及分析方法。

3. 在放大电路中，把输出信号的一部分或全部送回到输入回路的过程称为反馈。反馈有正、负反馈之分，本书主要分析负反馈。

4. 反馈放大电路有正负反馈、交流直流反馈、电流电压反馈、串联并联反馈四种组态。对其分析可分为两步，首先判断反馈的组态，其次根据反馈组态分析该放大电路的主要特性。

5. 功率放大器主要任务是不失真地放大信号功率，并有效地传输给负载。为提高工作效率，功放管的静态工作点应在不产生交越失真的情况下尽量设置低一些，即甲乙类工作状态。

6. 目前较广泛应用的是 OTL 和 OCL 互补对称功放电路。它们都是由两只配对管组成的两个射极跟随器互补组合而成。两管交替工作，轮流导通，负载上就得到放大后的整个周期信号。

7. 谐振放大器具有选频功能，在无线电广播的发射和接收设备等领域得到广泛应用。

*第4章 正弦波振荡电路

知识目标

1. 掌握正弦波振荡器的组成框图及类型
2. 理解自激振荡的条件
3. 能识读 LC 振荡器、RC 桥式振荡器、石英晶体振荡器的电路图
4. 了解振荡电路的工作原理,能估算振荡频率

能力目标

1. 会使用示波器观察振荡波形
2. 会使用频率计测量振荡频率
3. 会安装与调试正弦波振荡电路

素质目标

1. 能运用对比学习法加深和提升对知识的理解,培养学生的钻研和创新精神
2. 培养学生学以致用、独立思考的能力
3. 具有自主学习和分析能力,善于总结经验和创新

4.1 振荡电路的组成

我们把放大电路的输入端即使不从外部加信号,也能在输出端产生一定幅值和频率的交流电压信号的现象称为<u>振荡</u>,也称为<u>自激振荡</u>。所产生的波形可能是正弦波,也可能是非正弦波(张弛振荡)。

振荡现象在我们身边经常出现,例如当传声器和扬声器的距离较近或位置相对时,扬声器会发出啸叫声,产生这种现象的原因是当传声器与扬声器靠近时,来自扬声器的声音信号传入了传声器,经过放大后又传给扬声器,扬声器再把放大了的信号传给传声器,如此往复,就形成了啸叫声,<u>振荡是一种正反馈过程</u>。

振荡电路在电子技术领域有着广泛的应用,尤其是正弦波振荡电路,其输出波形是正弦波,可用作各种信号发生器、本机振荡、载波振荡器等。在生活中常见的含有振荡电路的设备如收音机、电视、通信系统、计算机等,如图 4-1 所示。如果没有振荡电路,大部分电子电路就无法正常工作。

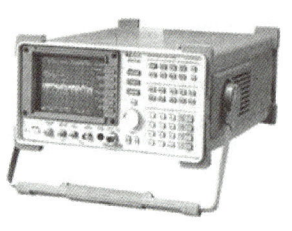
a) 频谱分析仪

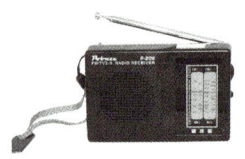
b) 超外差收音机

c) 电视机

图 4-1 振荡电路应用

身边的科学

啸叫声如何解决

传声器声反馈造成的自激啸叫声是生活中常见的现象，由于存在声反馈，一般扩音系统增益都不能很大。发生自激反馈啸叫的原因主要是传声器距扬声器太近、传声器正向对着扬声器或传声器音量调节过大，如图 4-2 所示。所以我们在使用传声器发言的时候应该尽量使自己的活动范围不太靠近扬声器，切记传声器不能正对着音箱，并使传声器调节到合适的音量。

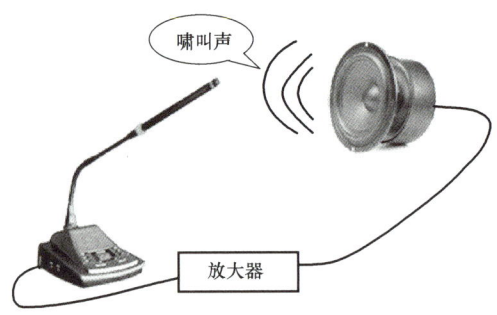

图 4-2 自激振荡示意图

4.1.1 振荡电路的组成框图及类型

【正弦波振荡电路的组成框图】 正弦波振荡电路由放大电路、正反馈电路、选频电路、稳幅电路四部分组成，如图 4-3 所示。

（1）放大电路：通过放大电路，可以控制电源不断地向振荡系统提供能量，以维持等幅振荡，这是满足幅度平衡条件必不可少的。所以放大电路实质上是一个换能器，它起补偿能量损耗的作用。

（2）正反馈电路：它将放大电路输出量的一部分或全部返送到输入端，使电路产生自激，这是满足相位平衡条件必不可少的。实质上，它起能量控制作用。

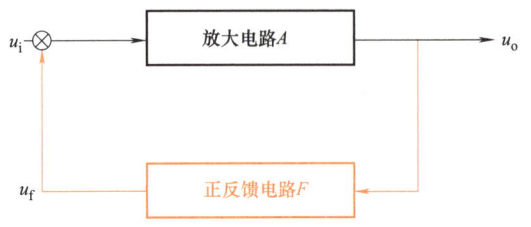

图 4-3 正弦波振荡电路的组成框图

第4章 正弦波振荡电路

（3）选频电路：它只对某个特定频率的信号产生谐振，只有这个特定的频率信号才能使电路满足自激振荡的条件，对于其他频率信号，由于不能满足自激振荡条件，从而受到抑制，其目的在于使电路产生单一频率的正弦波信号。

（4）稳幅电路：它用于稳定振荡信号的振幅。它可以采用热敏元件或其他限幅电路，也可以利用放大电路自身元件的非线性来完成。

小知识

在没有外加信号的情况下，为什么还有信号输出呢？

振荡电路其实并不是一下子就进入振荡状态的。一般情况下，电路里总有噪声，比如晶体管和电阻内的热噪声，这种噪声就好像是振荡的"种子"。最初的噪声"种子"被振荡器电路中的放大器所放大，被放大的"种子"噪声又通过反馈电路返回到输入端。返回的噪声比最初的增大了 A 倍。这时，如果反馈电路具有频率选择性，那么，特定频率的衰减就减小了。这样就会引起振荡。

【正弦波振荡电路的类型】 表 4-1 给出了各种正弦波振荡电路的类型。

表 4-1 正弦波振荡电路的类型

正弦波振荡电路	RC 振荡电路	桥式振荡电路
		移相式振荡电路
	LC 振荡电路	变压器耦合式振荡电路
		三点式振荡电路
	晶体振荡电路	串联型石英晶体振荡电路
		并联型石英晶体振荡电路

想一想

你能说一说振荡电路与放大电路的不同之处吗？

4.1.2 自激振荡的条件

产生自激振荡后，振荡电路必须满足一定条件，才能维持等幅振荡。

（1）相位平衡条件：反馈信号与所输入信号同相位，即是正反馈。

$$\varphi_A + \varphi_F = 2n\pi \quad (n \text{ 为整数}) \tag{4-1}$$

式中，φ_A 为放大电路的相移；φ_F 为反馈电路的相移。

（2）振幅平衡条件：反馈信号与输入信号的幅度相同，即

$$|AF| = 1 \tag{4-2}$$

式中，A 为放大电路开环增益；F 为反馈电路的反馈系数。

因为 $u_o = Au_i$，$u_f = Fu_o = FAu_i$，将 $u_i = u_f$ 代入，得 $|AF| = 1$。

振荡电路接通电源后，由于电路里会有频率范围很宽的噪声，比如晶体管和电阻内的热

噪声，这一信号在选频电路的作用下选出频率为 f_0 的信号被振荡电路放大，又经反馈电路送回到放大电路的输入端，形成一个循环并往复循环下去，振荡就形成了。但是这种循环放大过程不可能使信号的振幅无限制地放大下去，因为受到晶体管非线性特征的限制，放大倍数逐渐减小，振幅达到某一数值后就不再增大，达到平衡状态，振荡电路进入稳幅振荡。

小知识

怎样判断振荡电路是否振荡

1. 振荡电路是否正常，常用以下两种方法来检测：

一是用示波器观察输出波形是否正常；二是用万用表的直流电压挡测量振荡晶体管的 U_{BE} 电压。

如果 U_{BE} 出现反偏电压或小于正常放大时的数值，那么用电容将正反馈信号交流短路接地，若 U_{BE} 电压回升，则可验证电路已经起振。

2. 如果振荡电路不能正常振荡，首先应用万用表测量放大电路的静态工作点。工作点若异常，则应重点检查放大电路的元器件有无损坏或连接线是否断开；工作点若正常，则要检查正反馈是否加上，反馈信号的极性是否正确，反馈深度是否合适。如果振荡电路的振荡频率出现偏差，应适当调整选频元件的参数。

4.2 常用振荡器

正弦波振荡电路的输出波形为正弦波。下面根据电路组成的不同，分别介绍 RC 桥式振荡电路、LC 振荡电路和石英晶体振荡电路。

4.2.1 RC 桥式振荡电路

RC 正弦波振荡电路

【电路组成】 桥式振荡电路是由 RC 选频反馈网络和基本放大器组成。如图 4-4 所示，该电路是由同相放大电路和具有选频作用的 RC 串并联正反馈网络（即选频网络）组成的。

【振荡条件】 集成运放 LM741 组成同相放大电路，6 引脚输出频率为 f_0 的信号 u_o，该

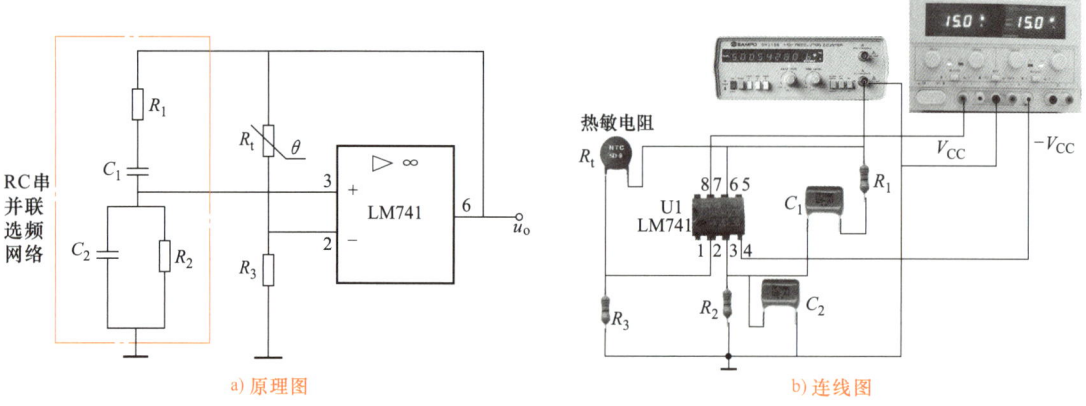

图 4-4 RC 桥式振荡电路

信号通过 RC 串并联网络反馈到放大器的输入端 3 脚。因为 RC 选频网络的反馈系数 $F = 1/3$，因此，只要使放大倍数 $A_{uf} = 3$，就能满足振幅平衡条件。由于同相放大器的输入信号与输出信号的相位差为 $0°$，RC 串并联选频网络的移相也为 $0°$，所以信号的总相移满足相位平衡条件，属于正反馈。

【振荡频率】 RC 桥式振荡器的振荡频率取决于 RC 选频网络的 R_1、R_2、C_1、C_2 参数。通常情况下，$R_1 = R_2 = R$，$C_1 = C_2 = C$，振荡频率为

$$f_0 = \frac{1}{2\pi RC} \tag{4-3}$$

对于低频应用，可以使用 RC 振荡电路。

4.2.2 LC 振荡电路

LC 正弦波振荡电路采用 LC 并联回路作为选频网络，它主要用来产生高频正弦波信号，振荡频率通常在 1MHz 以上。通常在高频信号发生器、各种高频设备的本振中应用，如图 4-5 所示。

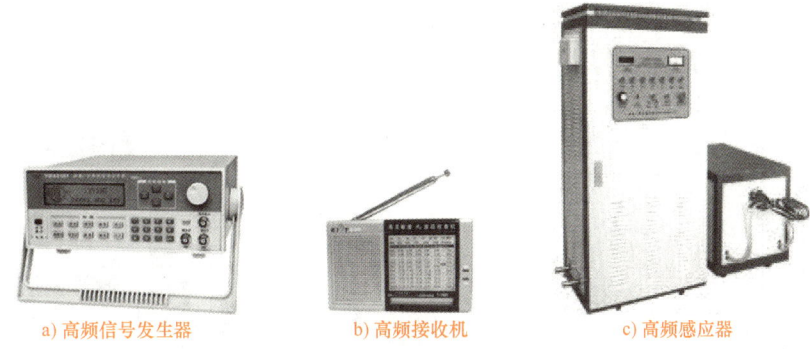

a) 高频信号发生器　　b) 高频接收机　　c) 高频感应器

图 4-5 LC 振荡电路的应用

LC 振荡电路可分为变压器耦合式振荡电路、电感三点式振荡电路和电容三点式振荡电路。LC 振荡电路的振荡频率为

$$f_0 = \frac{1}{2\pi\sqrt{LC}} \tag{4-4}$$

【变压器耦合式振荡电路】

（1）电路组成：图 4-6 所示电路是采用变压器耦合的正弦波振荡电路。电路中的 VT 为振荡管，R_{b1}、R_{b2} 构成分压式偏置电路，R_e 是发射极直流负反馈电阻，它们提供了放大电路的静态偏置。T 为振荡变压器，L_1 和 C 构成 LC 选频电路，振荡信号从 VT 管集电极输出。

（2）工作原理：接通电源后，电路中的扰动噪声信号经晶体管 VT 组成的放大电路放大，然后由 L_1 和 C 构成 LC 选频回路从众多的频率中选出谐振频率 f_0，并通过线圈 L_1、L_2 之间的互感耦合把信号反馈至晶体管基极。

（3）电路特点：变压器耦合式振荡器功率增益高，容易起振。但由于共发射极电流放大系数 β 随工作频率的增高而急剧降低，故其振荡幅度很容易受到振荡频率大小的影响，因此常用于固定频率的振荡器。

【电感三点式振荡电路】 图 4-7 所示电路是电感三点式正弦波振荡电路。晶体管的电极分别与 LC 电路中 L 的三个端点相连，所以叫电感三点式。

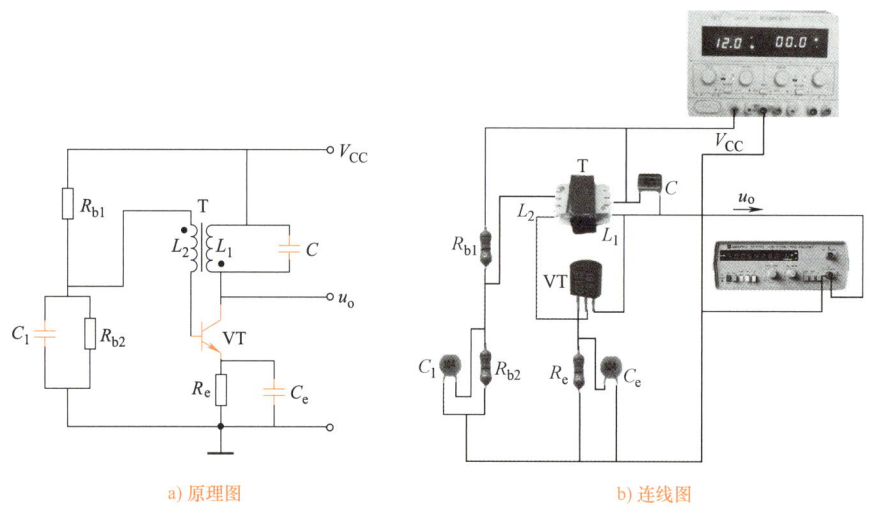

图 4-6 变压器耦合式振荡电路

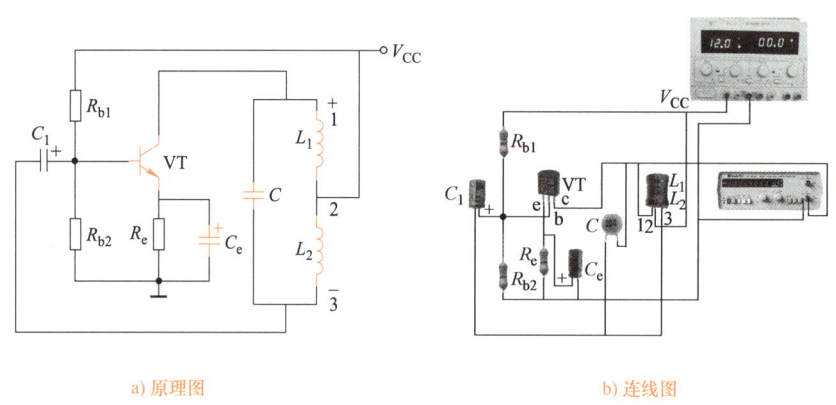

图 4-7 电感三点式正弦波振荡电路

（1）电路组成及原理：振荡线圈被分成 L_1、L_2 两部分，L_1、L_2 和 C 组成选频电路和反馈电路，其中 L_2 为反馈线圈，实现正反馈，满足振荡的相位平衡条件。反馈电压 u_f 从电感线圈的一段 L_2 取出，使电路产生正反馈，反馈电压的大小可以通过改变线圈的抽头的位置来调整。

（2）电路特点：由于互感的存在使电路容易起振，频率调节范围宽（改变电容 C），可产生几百千赫兹到几十兆赫兹的正弦信号，但输出波形较差。

【电容三点式振荡电路】 图 4-8 所示电路是电容三点式振荡电路。晶体管的三个电极与电容支路的三个点相接，所以叫电容三点式。

（1）电路组成及原理：电容 C_1、C_2 和 L 组成选频电路和反馈电路。反馈电压从 C_2 上取出，使电路产生正反馈，通过调节 C_1、C_2 的比值就会得到足够的反馈电压，电路便可起振。

（2）电路特点：C_1、C_2 较小时，振荡频率较高，一般可达到 100MHz 以上，不但起振稳定，而且输出波形好。该电路只适宜产生固定频率的振荡。

*第4章 正弦波振荡电路

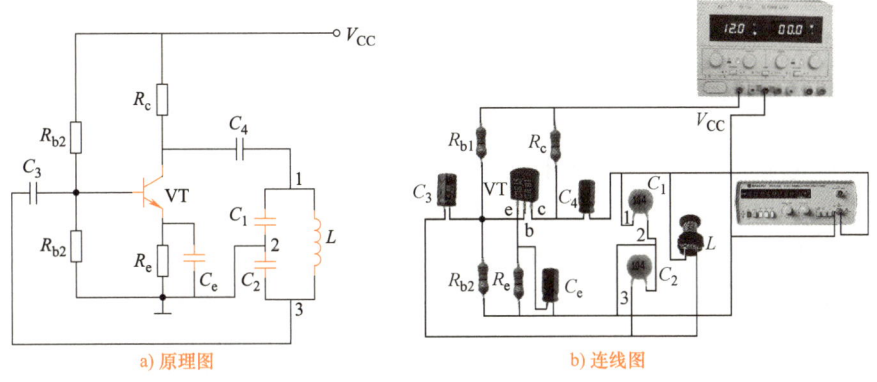

a) 原理图　　　　　　　　　　　　b) 连线图

图 4-8　电容三点式振荡电路

 **身边的科学**

无线传声器

图 4-9 所示是一款生活中常见无线传声器的电路原理图,该传声器可通过调幅收音机接收并放大信号。BG1 等构成共基极电容三点式振荡器。调整 L_1 可使输出频率在 800~1000kHz 之间变化。振荡信号经 C_3 送到 BG2 的基极作为载波信号,来自传声器的音频信号(传声器可将声音信号转换为音频信号)经 BG3、BG4 放大后经 R_{10} 也送到 BG2 的基极作为调制信号,由于 BG2 的发射结具有非线性特性,从而可实现音频信号对载波信号的幅度调制。由 BG2 发射极得到的调幅信号经过由 C_6、L_2、R_5 组成的匹配网络与天线相接,向空间发射电磁波。

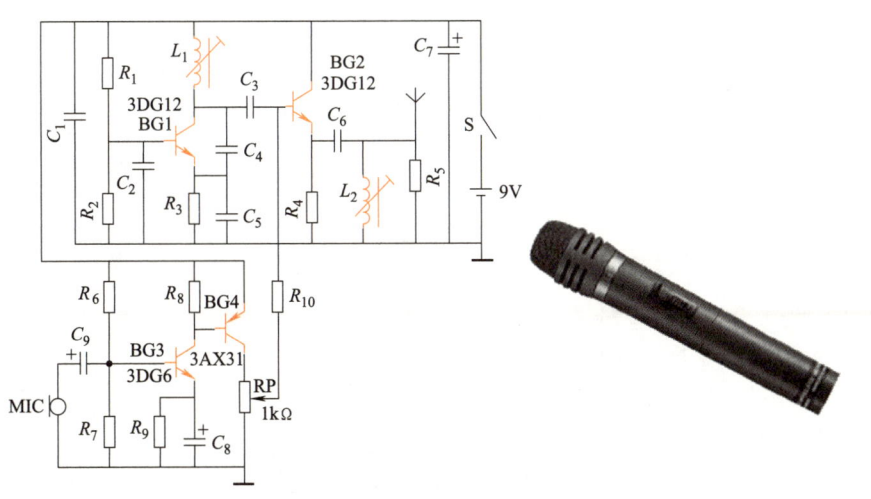

图 4-9　无线传声器电路及其实物图

4.2.3 石英晶体振荡电路

在工程应用中，如实验用的低频及高频信号产生电路中，往往要求正弦波振荡电路的振荡频率有一定的稳定性。如果需要稳定性较高的振荡电路，可以使用石英晶体振荡电路。

【晶体的特点】 当其有外加压力时可以将机械能转化为电能，或者是当其有外加电压时可以将电能转化成机械能；当给晶体加一个交流电压时，晶体会产生收缩，形成机械振荡，并与交流信号相同；这种现象称为石英晶体的压电效应。

因为晶体的特殊构造，使它有一个固有的振荡频率，如果外加交流信号与晶体的固有频率相匹配，晶体的振动就会加剧。如果外加交流信号的频率与晶体的固有频率相差较大，产生的振荡就会很小。晶体的机械振动频率是一个常数，这一点对振荡电路来说是非常理想的。

晶体材料一般固定在两个金属电极之间，当晶体发生弹性形变时，这两个电极依然需要与晶体保持良好的接触，晶体一般放在金属壳中。在电路中，用符号 CY 来表示。石英晶体的外形结构及实物图如图 4-10 所示，其等效电路及电气符号如图 4-11 所示。

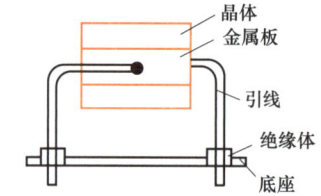

a) 石英晶体的外形结构图

b) 石英晶体实物图

图 4-10 石英晶体的外形结构图及其实物图

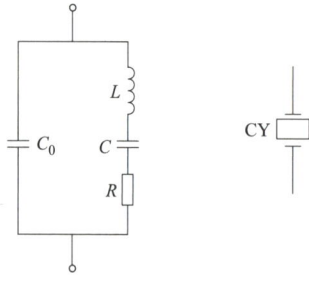

a) 石英晶体等效电路　　b) 石英晶体电气符号

图 4-11 石英晶体等效电路及电气符号图

目前石英晶体振荡器已广泛应用于石英钟、频率计、彩色电视机、手持移动电话、计算机等各类电子设备中，如图 4-12 所示。图 4-13 所示为石英晶体振荡电路，根据其工作频率的不同可分为串联石英晶体振荡电路和并联石英晶体振荡电路。

第4章 正弦波振荡电路

图 4-12 石英晶体振荡器的应用

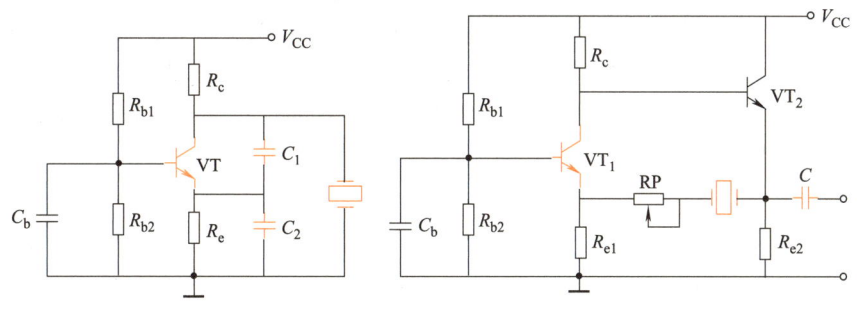

a) 并联石英晶体振荡电路   b) 串联石英晶体振荡

图 4-13 石英晶体振荡电路

小知识

晶振的检测方法

石英晶体的常见故障是内部接触不良或是石英破碎,此时可能使遥控器无法遥控,在彩电中可以引起无彩色图像,在振荡器中引起无振荡信号输出等故障。图 4-14 所示为万用表检测晶振的方法。

在常规条件下,可用万用表 R×1k 挡测量石英晶体的两引脚之间的电阻:

1. 当阻值无穷大,呈开路特性,说明石英晶体是好的。
2. 当万用表显示有一定阻值,则说明已损坏。

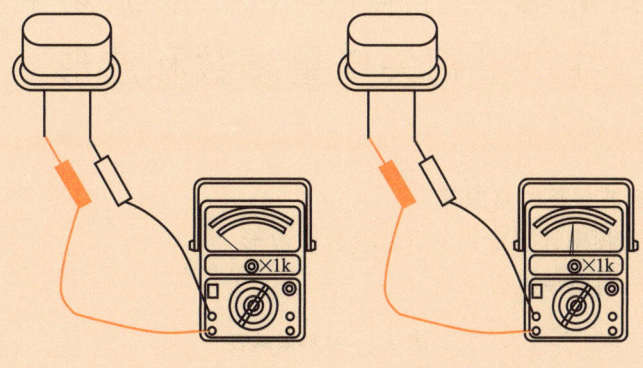

a) 阻值无穷大,完好   b) 有一定阻值,已坏

图 4-14 晶振的检测

石 英 钟

图 4-15 所示的石英钟是一种计时器。提起时钟大家都很熟悉，它是给我们指明时间的一种计时器具，我们每天都用得到它。在日常生活中，时钟准到 1s 就已经足够了。但在许多科学研究或工程技术的领域中对钟点的要求就要高得多。石英钟正是根据这种需要而产生的，它的主要部件是一个很稳定的石英振荡器。将石英振荡器所产生的振荡频率取出来，使它带动时钟指示时间，这就是石英钟。目前，最好的石英钟每天的计时能准到十万分之一秒，也就是经过差不多 270 年才差 1s。电子石英钟与机械钟、音叉钟等相比，最突出的优点是走时精度高，使用简便。它的性价比明显高于其他各类机械钟，因而受到消费者的欢迎。

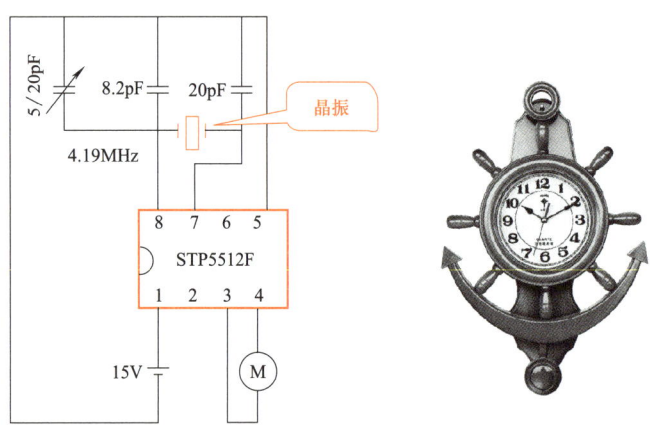

图 4-15 石英钟电路及其实物

项目训练　制作 RC 正弦波振荡电路并测量相关电量参数和波形

【训练目标】
1. 掌握 RC 正弦波振荡电路原理
2. 会用示波器和频率计测量相关电量参数和波形

【训练材料】 材料清单见表 4-2。

表 4-2　材料清单表

代　号	名　称	实物图	规　格
R_1	电阻	略	1kΩ
R_2	电阻	略	2kΩ

第4章 正弦波振荡电路

（续）

代　号	名　称	实　物　图	规　格
R_3、R_4	电阻	略	43kΩ
C_1、C_2	CB 电容	略	0.01μF
RP_1	电位器	略	10kΩ
VD_1　VD_2	二极管	略	1N4148
UA	集成芯片	略	OP07
M	直流稳压电源	略	0~36V
仪器仪表	示波器	略	VC2020A
仪器仪表	万用表	略	MF-47
仪器仪表	频率计		GFC-8010H

【训练内容及步骤】

1. 电路原理（图 4-16）

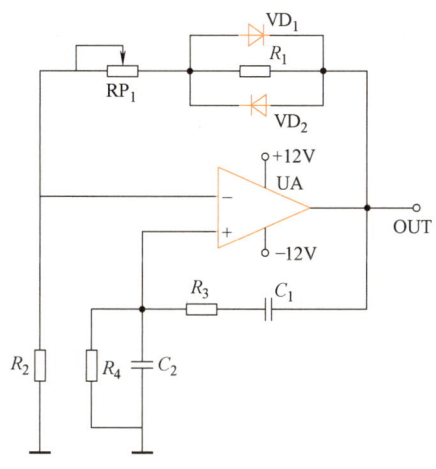

图 4-16　LC 正弦波振荡电路

2. 电路元器件的检测

（1）色环电阻器：识读其标称阻值，并用万用表测量其实际阻值。

（2）电位器：识别其引脚。

（3）二极管：识别其引脚，并用万用表检测其质量的好坏。

3. 电路的制作

（1）按电路原理图绘制布局草图，进行电路搭接，连线图如图 4-17 所示。

（2）按工艺要求对元器件引脚进行成型加工。元器件的引线不要齐根弯折，应该留有一定的距离，不少于 2mm，以免损坏元器件。

（3）按布局插装、排列元器件。

（4）按焊接工艺要求对元器件进行焊接。

（5）焊接各端子。

（6）调试已制作好的电路板，达到指标要求，如图 4-18 所示。

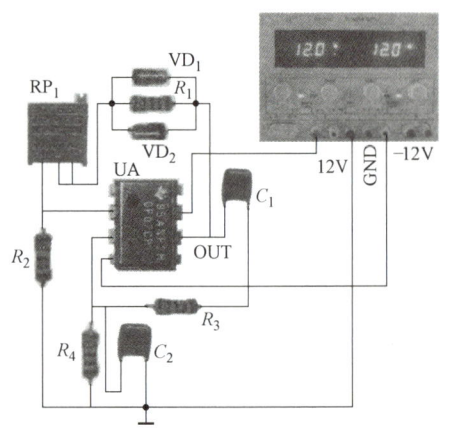

图 4-17　RC 正弦波振荡电路连线图

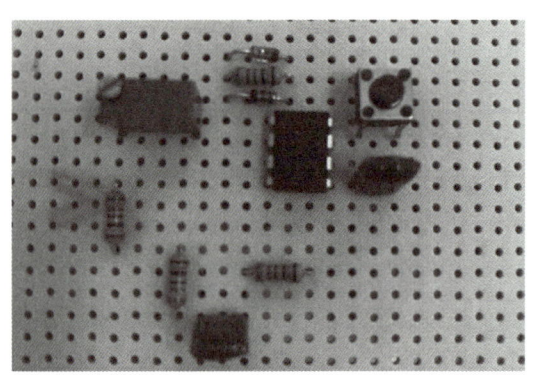

图 4-18　RC 正弦波振荡电路实物图

4. 电路的调试

检查电路接线无误后，接通电源，调节 RP_1。用示波器和频率计测量电路输出端电压。

【实训结论】

用示波器和频率计测量电路输出端的 U_O，将测量数据填入表 4-3 中。

表 4-3　测量数据表

	振荡波形（描绘）	
电压幅度	V/div	
	格数	
	电压峰-峰值 U_{PP}	
输出信号频率	频率 f	

【自评互评表】　评价表见表 4-4。

表 4-4　自评互评表

班级		姓名		学号		组别		
项目	考核要求		配分	评分标准			自评分	互评分
元器件的识别	按要求对所有元器件进行识别		20	元器件识别，每错一个扣 2 分				
元器件成型、插装与排列	1. 元器件按工艺要求成型 2. 元器件符合插装工艺要求 3. 元器件排列整齐、标记方向一致		20	1. 成型不合要求，每处扣 1 分 2. 插装位置、工艺不合要求，每处扣 2 分 3. 排列、标记不合理，扣 3 分				
导线连接	1. 导线挺直、紧贴 PCB 2. 板上的连接线呈直线或直角，且不能相交		10	1. 导线弯曲、拱起，每处扣 2 分 2. 连接线弯曲、不直，每处扣 2 分 3. 连接线相交，每处扣 2 分				

第4章 正弦波振荡电路

(续)

班级		姓名		学号		组别		
项目	考核要求		配分	评分标准			自评分	互评分
焊接质量	1. 焊点均匀、光滑、一致、无毛刺、无假焊等现象 2. 焊点上引脚不能过长		20	1. 有搭锡、假焊、虚焊、漏焊、焊盘脱落等现象,每处扣2分 2. 出现毛刺、钎料过多或过少、焊接点不光滑、引脚过长等现象,每处扣2分				
电路调试	1. 工作是否正常,电路是否起振,并观察波形 2. 连线正确		20	1. 不按要求进行调试,扣1~5分 2. 调试结果不正常,扣5~20分				
安全文明操作	工作台上工具排放整齐,严格遵守安全操作规程,符合"6S"管理要求		10	违反安全操作、工作台上脏乱、不符合"6S"管理要求,酌情扣3~10分				
反思记录 (附加10分)	项目			记录				
	故障排除		3					
	你会做的		2					
	你能做的		2					
	任务创新方案		3					
	合计			100+10				

你完成本次工作任务的体会(学到哪些知识、掌握哪些技能、有哪些收获):

小组对你完成此次工作任务的评价(工作、学习方面):

教师对你完成此次工作任务的评价(工作、学习方面):

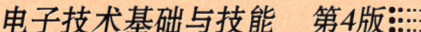

频率计使用注意事项

1. 使用前应将频率计预热 10min,以保证晶体振荡器的频率稳定。
2. 频率计长期搁置未用或首次使用时需要自校。
3. 频率测量

(1) 当被测信号频率范围在 1Hz~100MHz 时,用 A 输入通道。

(2) 当被测信号频率范围在 100MHz~1GHz 时,用 B 输入通道。

4. 若显示 Err,表示测量出错,可按复位键;如果仍然出错,则需要修理。
5. 在接入输入信号之前,必须确保其电压不大于仪器所能接受的最大值。

 本章小结

1. 在放大电路输入端不需外加信号也能在输出端连续产生一定幅值和频率交流输出电压信号的现象称为振荡,也称自激振荡。正弦波振荡电路是一种不需要加输入信号也能产生一定频率和一定幅度正弦波信号的正反馈放大电路。

2. 正弦波振荡电路由放大电路、反馈电路、选频电路、稳幅电路四部分组成。

3. RC 振荡器的振荡频率较低。常用的 RC 振荡器是桥式振荡器,其振荡频率为

$$f_0 = \frac{1}{2\pi RC}$$

4. LC 振荡器的振荡频率较低。常用的 LC 振荡器是变压器耦合式振荡电路、电感三点式振荡电路和电容三点式振荡电路,其振荡频率为

$$f_0 = \frac{1}{2\pi\sqrt{LC}}$$

5. 石英晶体振荡电路频率稳定性较高。

模电综合训练
迎宾器的安装与调试

【训练目标】
1. 学会电路中电阻、电容、二极管、晶体管的识别及其检测方法
2. 学会简单电子整机产品的装配方法
3. 掌握电路的工作原理

【训练材料】 训练材料清单见模综表1。

模综表1 训练材料清单

名称	型号规格	数量	实物图
电阻	1kΩ	3	略
	2kΩ	1	
	10kΩ	4	
	39kΩ	1	
	47kΩ	1	
	75kΩ	5	
	390kΩ	1	
	1MΩ	2	
	2.7MΩ	1	
	3.6MΩ	1	
电容	0.1μF	1	略
	1μF	2	
	4.7μF	1	
	10μF	1	
	100μF	3	
	470μF	1	
晶体管	9014	7	

（续）

名称	型号规格	数量	实物图
光电二极管	普通	1	
热缩管	F3	1	
开关	两挡208	1	
芯片	"欢迎光临"音乐芯片	1	
正负极片	5号电池用(两节3V)	一套	
自攻螺钉	F3×14、F3×6	各1	

【训练内容及步骤】

1. 安装前检查

（1）检查印制电路板是否完整，如模综图1所示，检查线路有无短路和短路缺陷。

（2）检查外壳及构件，按材料清单表清查元器件和零部件，要仔细分辨品种和规格，清点数量。

（3）分立元器件检测。

1）色环电阻器：识读其标称阻值，并用万用表测量其实际阻值。

2）电解电容：识别其类型与引脚，并用万用表检测其质量的好坏。

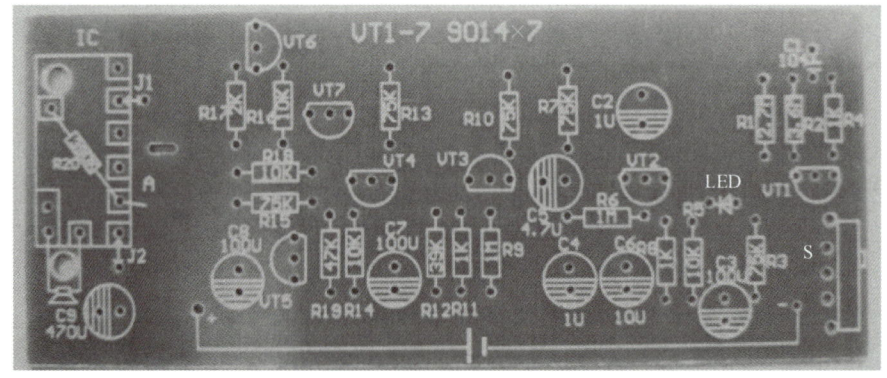

a) PCB正面

模综图1 印制电路板实物图

模电综合训练　迎宾器的安装与调试

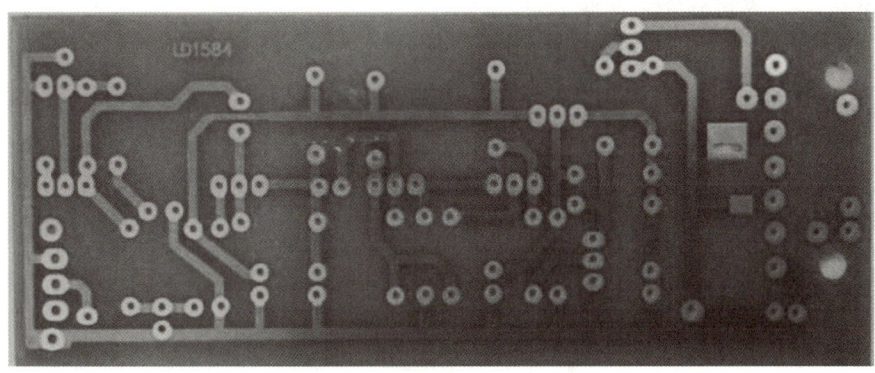

b) PCB反面

模综图 1　印制电路板实物图（续）

3）光电二极管：识别其引脚，并用万用表检测其质量的好坏。

4）电位器：用万用表检测其阻值是否随旋钮转动而改变。

2. 通孔插装元器件的焊接

按照迎宾器电路原理图及 PCB 装配图完成焊接，如模综图 2 所示。

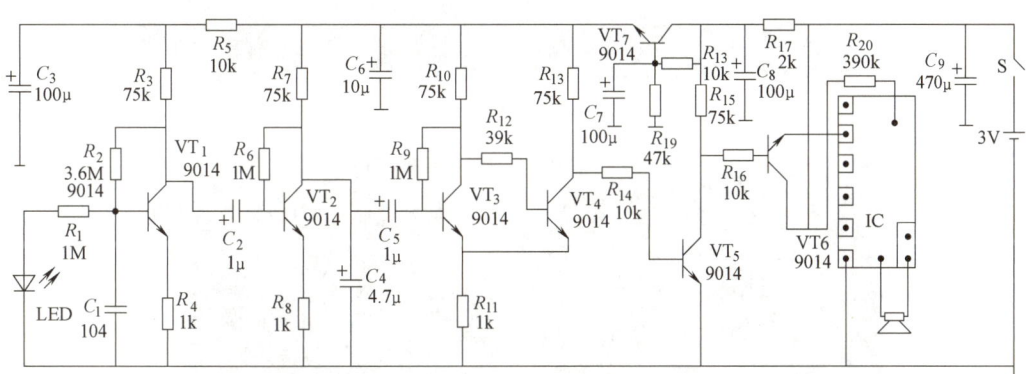

a) 迎宾器电路原理图

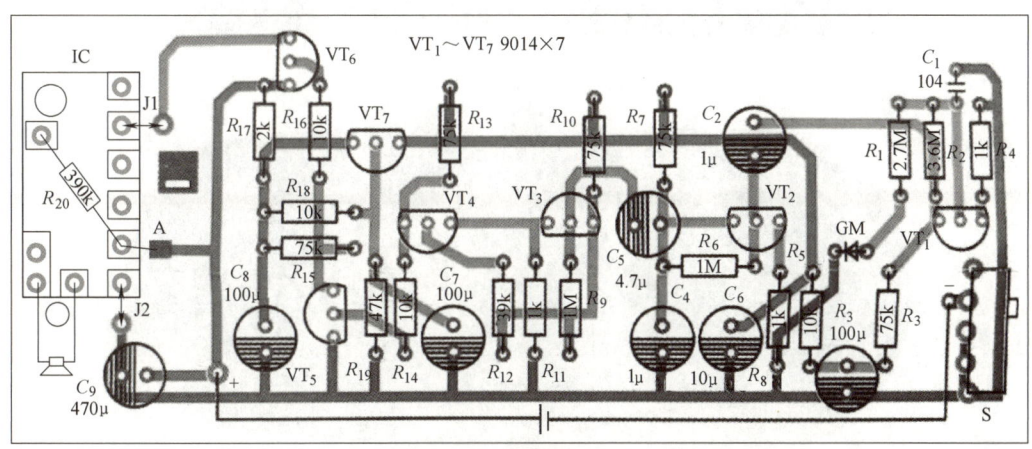

b) PCB 装配图

模综图 2　迎宾器电路原理及 PCB 装配图

按顺序安装、焊接分立元器件。
(1) 短接线 J1、J2（可用剪下的元器件引脚）
(2) 安装色环电阻，注意色环方向，且色环电阻紧贴 PCB。
(3) 安装音乐芯片，用电烙铁加热焊点时间要短，防止烫坏芯片。
(4) 焊接晶体管，注意晶体管的安装方向。
(5) 立式安装电解电容，注意正负极。
(6) 安装光电二极管，注意高度。
(7) 安装扬声器及开关，注意导线的连接。
(8) 安装电池极片，焊接电源连接线，注意正、负极导线颜色。

3. 整机装配

整机装配如模综图 3 所示。

a) 安装板正面

b) 安装板反面

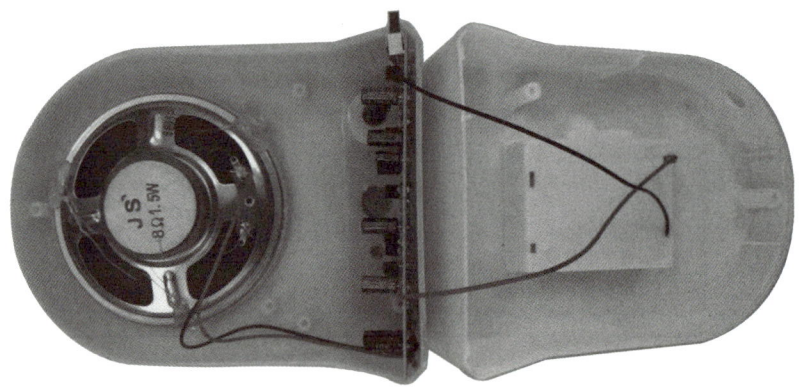

c) 整机安装图

模综图 3　迎宾器整机装配图

模电综合训练　迎宾器的安装与调试

【自评互评表】　评价表见模综表2。

模综表2　自评互评表

班级		姓名		学号		组别		
项目	考核要求		配分	评分标准			自评分	互评分
元器件的识别	按要求对所有元器件进行识别		15	元器件识别,每错一个扣2分				
元器件成型、插装与排列	1. 元器件按工艺要求成型 2. 元器件符合插装工艺要求 3. 元器件排列整齐、标记方向一致		15	1. 成型不合要求,每处扣1分 2. 插装位置、工艺不合要求,每处扣2分 3. 排列、标记不合理,扣3分				
导线连接	1. 导线挺直、紧贴PCB 2. 板上的连接线呈直线或直角,且不能相交		10	1. 导线弯曲、拱起,每处扣2分 2. 连接线弯曲、不直,每处扣2分 3. 连接线相交,每处扣2分				
焊接质量	1. 焊点均匀、光滑、一致、无毛刺、无假焊等现象 2. 焊点上引脚不能过长		20	1. 有搭锡、假焊、虚焊、漏焊、焊盘脱落等现象,每处扣2分 2. 出现毛刺、焊料过多或过少、焊接点不光滑,引脚过长等现象,每处扣2分				
电路调试	1. 整机装配,是否按照要求完成 2. 工作是否正常,是否当有人或物体经过时,扬声器会发声		20	1. 整机装配是否正确,扣1~10分 2. 调试结果是否正常,扣1~10分				
安全文明操作	工作台上工具排放整齐,严格遵守安全操作规程,符合"6S"管理要求		10	违反安全操作、工作台上脏乱、不符合"6S"管理要求,酌情扣3~10分				
工作习惯	具备良好的工作学习习惯,有工作激情和责任感,工作效率高		10	不努力工作或学习,不能胜任本职工作,不符合工作要求,工作效率低,扣3~10分				
合计			100					

你完成本次工作任务的体会(学到哪些知识、掌握哪些技能、有哪些收获):

___

小组对你完成此次工作任务的评价(工作、学习方面):

___

教师对你完成此次工作任务的评价(工作、学习方面):

小知识

贴片集成电路的手工焊接技巧

1. 焊前准备

清洗焊盘，然后在焊盘上涂上助焊剂，如模综图 4a 所示。

2. 对角线定位

定位好集成电路芯片，点少量焊锡到尖头电烙铁上，焊接两个对角位置上的引脚，使芯片固定，如模综图 4b 所示。

3. 平口电烙铁拉焊

使用平口电烙铁，顺着一个方向烫芯片的引脚。注意力度均匀，速度适中，避免弄歪芯片引脚。另外注意先拉焊没有定位的两边，这样就不会产生芯片错位。也可以再涂抹一些助焊剂在芯片的引脚上面，方便焊接，如模综图 4c 所示。

4. 用放大镜观察结果

焊完之后，检查一下是否有未焊好的或者有短路的地方，适当修补，如模综图 4d 所示。

5. 用酒精清洗电路板

用棉签擦拭电路板，主要将助焊剂擦拭干净，如模综图 4e 所示。

a) 焊前准备

b) 对角线定位

c) 平口电烙铁拉焊

d) 用放大镜观察结果

e) 用酒精清洗电路板

模综图 4　贴片集成电路的手工焊接技巧

下 篇
数字电子技术

第5章 数字电路基础

 知识目标

1. 掌握与门、或门、非门基本逻辑门的逻辑功能
2. 了解与非门、或非门、与或非门等复合逻辑门的逻辑功能
3. 了解 TTL、CMOS 门电路的型号、引脚功能

 能力目标

1. 会画基本逻辑门和复合逻辑门的电路符号,会使用真值表
2. 会测试 TTL、CMOS 门电路的逻辑功能
3. 能根据要求合理选用集成门电路

 素质目标

1. 培养学生积极思考和自主学习的能力
2. 养成良好的工作责任心、坚强的意志力和严谨的工作作风
3. 培养学生的安全生产、环保与节能意识

5.1 脉冲与数字信号

信号的形式是多种多样的,现代电子电路所处理的信号主要可分为两大类,一类为模拟信号,一类为数字信号。

模拟信号是指在时间上和数值上连续变化的信号。模拟信号一般是指模拟真实世界物理量的电压或电流,如模拟温度、压力、路程这一类物理量的信号,都是在连续的时间范围内有定义且幅度连续变化的信号。

脉冲与数字信号

数字信号是指那些在时间和数值上都是离散的信号。它们发生在离散的瞬间,其信号表现为一系列由高、低电平组成的脉冲波。例如:电流的有和无、灯的亮和灭等,我们只关心信号的有无和电平的高低,来表明电路的输入和输出之间的逻辑关系,常用二值量信息来表示,用数字"1"表示高电平或者有信号,用数字"0"表示低电平或者无信号,至于高低电平的精确值则无关紧要。在这里 0 和 1 只是一种状态,没有任何数字上的概念。

那么"脉冲"一词是源于对脉搏跳动的形象描写,图 5-1 所示为人的心电图波形——脉

冲信号。

5.1.1 脉冲的常见波形

【脉冲信号】 电子技术中，一般把瞬间突变、作用时间极短的电压、电流信号称为脉冲信号。

图 5-1 心电图波形（脉冲）

【常见的脉冲信号波形】 如图 5-2 所示，脉冲信号的波形多种多样。

5.1.2 数字信号的表示方法

【数字信号的概念】 通常用 1 和 0 来表示脉冲的出现和消失，那么一串脉冲就可以用一串 1 和 0 组成的数码表示，这样的一串 1 和 0 组成的数码就是数字信号。典型的数字信号在电路中常表现为只有高电平和低电平跳变的电压。图 5-3 所示为典型的数字信号（即理想的矩形脉冲信号）。

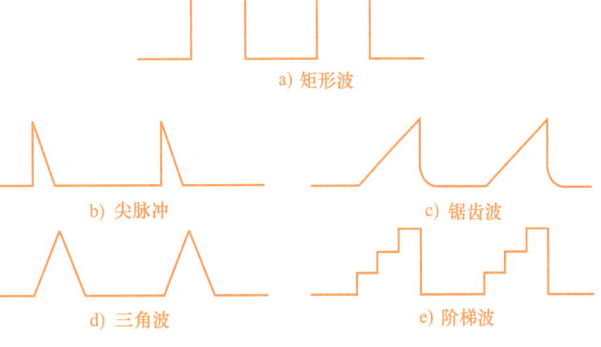

图 5-2 常见的脉冲信号波形

【数字信号的表示方法】 数字信号只有高电平和低电平。常用数字 0 和 1 分别表示低电平和高电平。数字信号的 0 和 1 没有大小之分，只代表两种对立的逻辑状态，称为逻辑 0 和逻辑 1。

> **注意**
>
> 数字信号中一般有两种逻辑体制，正逻辑和负逻辑。若用 1 表示高电平，用 0 表示低电平，称为正逻辑；若用 0 表示高电平，用 1 表示低电平称为负逻辑，本书中如无特殊说明，均采用正逻辑。例如图 5-3 所示为正逻辑表示方法。
>
>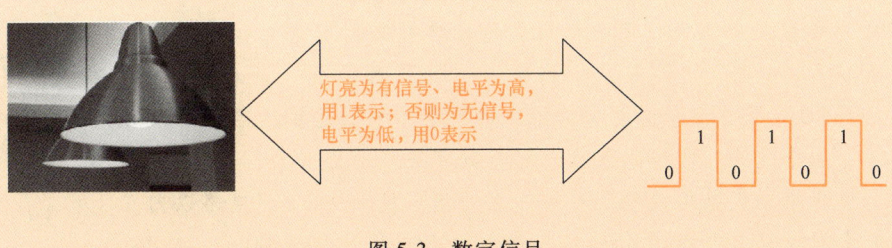
>
> 图 5-3 数字信号

5.1.3 数字信号的应用

【数字电路的优点】

（1）便于高度集成化。

（2）工作可靠性高，抗干扰能力强。

（3）数字信息便于长期保存。

（4）数字集成电路产品系列多、通用性强、成本低。

（5）保密性好。数字信息更容易加密处理，不易被窃取。

【数字信号的应用】　数字电子技术不仅广泛应用于现代数字通信、雷达、自动控制、遥测、遥控、数字计算机、数字测量仪表等领域，而且已经飞速进入到千家万户的日常生活。从传统的电子表、计算器，到目前流行的数字广播、数字电视、数字电影、数字照相机、数字手机、二维条码、网络电子商城等。数字化技术正在引发一场范围广泛的产品革命，各种家用电器设备、信息处理设备正在朝着数字化方向发展，如图 5-4 所示。

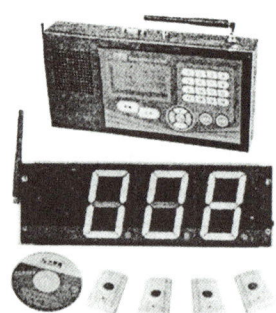

a) 数字电子钟　　　　　　　　　　　　b) 智能抢答器

c) 数字电视

图 5-4　数字信号的应用

小知识

数字集成电路

1961 年美国得克萨斯仪器公司率先将数字电路的元器件和连线制作在同一硅片上，制成了数字集成电路。数字集成电路是以"开"和"关"两种状态或以高低电平来对应"1"和"0"两个二进制数字，并进行数字信号的运算、存储、传输及转换的电路。

按芯片上集成的门电路的数量，可将数字集成电路分为：

（1）小规模集成电路（SSI）：芯片上的集成度为 10 个门电路以内。

（2）中规模集成电路（MSI）：芯片上的集成度为 10～100 个门电路。

（3）大规模集成电路（LSI）：芯片上的集成度为 100 个门电路以上。

（4）超大规模集成电路（VLSI）：芯片上的集成度为 10000 个门电路以上。

想一想

1. 什么是数字信号？与模拟信号有何区别？
2. 什么是数字电路？数字电路有哪些优点？
3. 数字电路在生活中有哪些广泛应用？

第5章 数字电路基础

数字可视电话

数字可视电话（图 5-5）是利用电话线路实时传送人的语音和动态图像的一种通信方式。如果说普通电话是"顺风耳"，那么数字可视电话就既是"顺风耳"，又是"千里眼"了。利用数字可视电话，用户可以看到对方的微笑或说话的形象。由于人们微笑或说话的形象都属于动态图像，而动态图像信号因包含的信息量太大，所占的频带宽、不易直接在线上传输，因此需要把原有的动态图像信号数字化，变为数字图像信号，才能在数字网络中进行传输。

图 5-5　数字可视电话

5.2　数制与码制

人们习惯使用的是<u>十进制</u>数，而在实际的数字电路中采用十进制十分不便，因为十进制有十个数码，要想严格区分开必须有十个不同的电路状态与之相对应，这在技术上实现起来比较困难。因此，在实际的数字电路中一般不直接采用十进制，而广泛应用二进制，但又由于二进制数有字码长、位数多的缺点，在数字计算机编程中，为了书写方便也常采用十六进制，有时也采用<u>八进制</u>的计数方式。

数制与码制

5.2.1　数制

【相关概念】

（1）数制：就是数的进位制。

（2）位权（位的权数）：同一数码在不同位置上所表示的数值是不同的。

【十进制数】

（1）采用 0、1、2、…、9 十个基本数码。

（2）运算规律：逢十进一、借一当十。

例如：十进制数 55

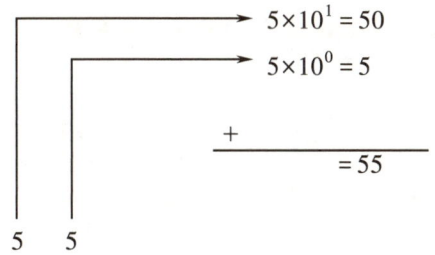

> 10^1 和 10^0 称为十进制的位权，各数位的权是 10 的幂。

所以：十进制数 55 的位权展开式为

$$(55)_{10} = 5\times10^1 + 5\times10^0$$

【二进制数】

（1）采用0和1两个基本数码。

（2）运算规律：逢二进一，借一当二。

二进制数的位权展开式：

例如：$(101.01)_2 = 1\times 2^2 + 0\times 2^1 + 1\times 2^0 + 0\times 2^{-1} + 1\times 2^{-2}$

各数位的位权是2的幂

其中，2^2、2^1、2^0、2^{-1}、2^{-2} 为**位权**。

二进制数只有0、1两个数码，适合数字电路状态的表示（例如用二极管的导通和截止表示0和1、用晶体管的截止与饱和表示1和0），电路实现起来比较容易。

【十六进制数】

（1）采用0~9、A~F十六个数码，符号A~F对应十进制中的10~15。

（2）运算规律：逢十六进一，借一当十六。

十六进制数的位权展开式：

例如：$(8F8)_{16} = 8\times 16^2 + 15\times 16^1 + 8\times 16^0$

进制转换

【不同数制的转换】

（1）二进制转换为十进制的方法：先写出二进制的位权展开式，然后按十进制相加，就可得到等值的十进制数。

（2）十进制转换为二进制的方法：将十进制数连除2，先得到的余数为二进制数的低位，后得到的余数为高位，直到商为0为止。

案例解析

【例5-1】 将二进制数（101.01）$_2$ 转换为十进制数。

【解析】$(101.01)_2 = 1\times 2^2 + 0\times 2^1 + 1\times 2^0 + 0\times 2^{-1} + 1\times 2^{-2}$

$= 4 + 1 + 0.25$

$= (5.25)_{10}$

【例5-2】 将十进制数（11）$_{10}$ 转换为二进制数。

【解析】

```
2 | 11        余数         低位
2 |  5 ……… 1
2 |  2 ……… 1       (二进制数)
2 |  1 ……… 0
     0 ……… 1         高位
```

所以 $(11)_{10} = (1011)_2$

5.2.2　码制

在数字系统中可用多位二进制数码来表示数量的大小，也可表示各种文字、符号等，这样的多位二进制数码叫代码。数字电路处理的是二进制数据,而人们习惯使用十进制,所以就产生了用四位二进制数表示一位十进制数的计数方法,这种用于表示十进制数的二进制代码称为二-十进制代码,简称 BCD 码。

【8421BCD 码】 表示方法为四位二进制数码的位权从高位到低位依次是 $8(2^3)$、$4(2^2)$、$2(2^1)$、$1(2^0)$。十进制数与 8421BCD 码对应关系见表 5-1。

表 5-1 十进制数与 8421BCD 码的对应关系

十进制数	0	1	2	3	4	5	6	7	8	9
二进制数	0000	0001	0010	0011	0100	0101	0110	0111	1000	1001

在 8421BCD 码中利用 4 位二进制数的 16 种组合 0000~1111 中的前 10 种组合:0000~1001 代表十进制数的 0~9,后 6 种组合 1010~1111 为无效码。用 8421BCD 码表示十进制数时,将十进制数的每个数码分别用对应的 8421BCD 码组代入即可。例如十进制 365 用 8421BCD 码表示时,直接将十进制数 3、6、5 对应的四位二进制数码 0011、0110、0101 代入即可得到转换结果,即:$(365)_{10} = (0011\ 0110\ 0101)_{8421BCD}$

案例解析

【例 5-3】 把十进制数 78 表示为 8421BCD 码的形式。
【解析】 $(78)_{10} = (0111\ 1000)_{8421BCD}$

5.3 逻辑门电路

逻辑门电路是用以实现一定逻辑关系的电子电路,简称门电路,是组成数字电路的最基本单元。

【分类】
(1)按逻辑功能的不同可分为:基本逻辑门和复合逻辑门。基本逻辑门包括与门、或门、非门;复合逻辑门包括与非门、或非门、与或非门等。
(2)按功能特点不同可分为:普通门、输出开路门、三态门等。
(3)按电路结构不同可分为:分立元件门电路和集成门电路两大类。其中集成门电路又包括由双极型晶体管构成的 TTL 集成门电路和以互补对称单极型 MOS 管构成的 CMOS 集成门电路等。

5.3.1 简单门电路

基本逻辑门的测试

【与逻辑关系和与门电路】

课堂实验1 用两个串联开关控制一盏灯——与逻辑

如图 5-6 所示,很显然,若要灯亮,则两个开关必须全都闭合。如有一个开关断开,灯就不亮。开关 A、B 为原因,灯 Y 为结果。

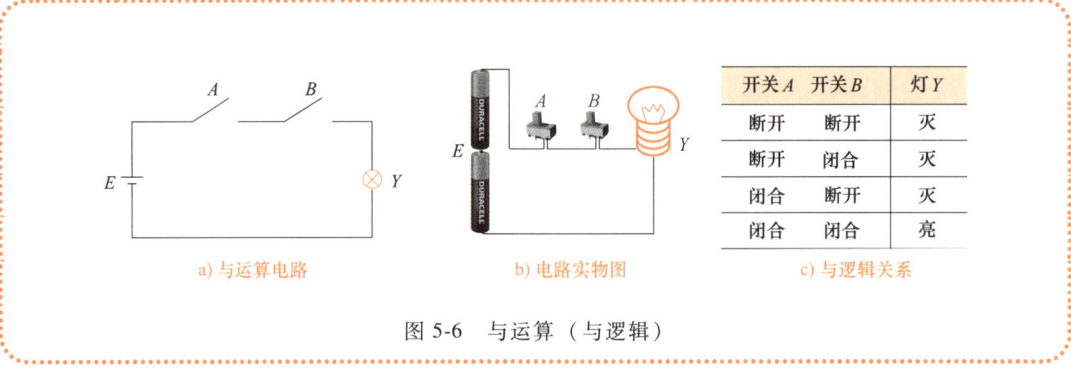

图 5-6 与运算（与逻辑）

（1）逻辑关系：仅当决定事件（Y）发生的所有条件（A，B，C，…）均满足时，事件（Y）才能发生，这种逻辑关系称为与逻辑关系。在逻辑代数中，与逻辑又称逻辑乘。

（2）逻辑真值表：用 A 和 B 分别代表两个开关，并假定开关状态闭合为 1，断开为 0，Y 代表灯，灯亮为 1，灯灭为 0，则与逻辑关系可用表 5-2 表示。这种把所有可能的条件组合及其对应结果依次列出来的表格称为<u>真值表</u>。

（3）逻辑表达式：$Y = A \cdot B = AB$

其中，"·"为逻辑乘符号，也可省略，读作 Y 等于 A 与 B。

（4）逻辑符号：实现与逻辑关系的电路称为与门电路，其逻辑符号如图 5-7 所示。

（5）逻辑功能：输入全 1，输出为 1；输入有 0，输出为 0。

（6）波形图：与逻辑波形图如图 5-8 所示。

表 5-2　与逻辑真值表

A	B	Y
0	0	0
0	1	0
1	0	0
1	1	1

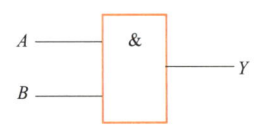

图 5-7　与逻辑符号

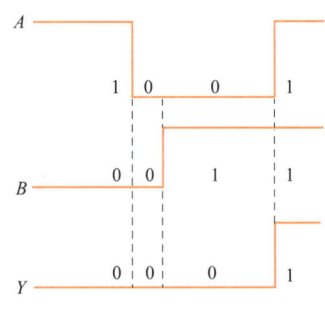

图 5-8　与逻辑波形图

【或逻辑关系与或门电路】

课堂实验2　用两个开关并联控制一盏灯——或逻辑

如图 5-9 所示，可以看出，两个开关中只要有一个闭合，灯就亮；如果想要灯灭，则两个开关必须全断开。

第5章 数字电路基础

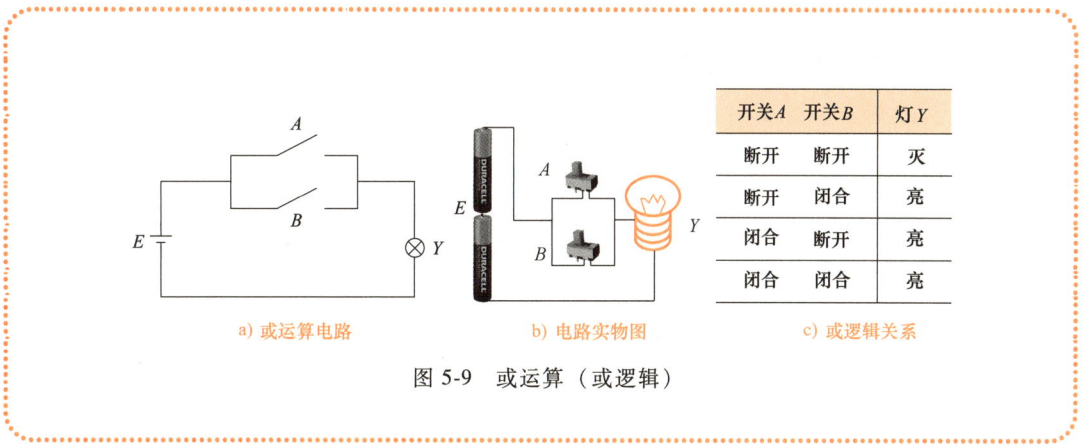

a) 或运算电路   b) 电路实物图   c) 或逻辑关系

图 5-9 或运算（或逻辑）

(1) 逻辑关系：当决定事件（Y）发生的各种条件（A，B，C，…）中，只要有一个或多个条件具备，事件（Y）就发生。在逻辑代数中，或逻辑又称逻辑加。

(2) 真值表：用 A 和 B 分别代表两个开关，并假定闭合为 1，断开为 0，Y 代表灯，灯亮为 1，灯灭为 0，则或逻辑的真值表见表 5-3。

(3) 逻辑表达式：$Y = A + B$

其中，"+"为逻辑加符号，读作 Y 等于 A 或 B。

(4) 逻辑符号：实现或逻辑关系的电路称为或门电路。其逻辑符号如图 5-10 所示。

表 5-3 或逻辑的真值表

A	B	Y
0	0	0
0	1	1
1	0	1
1	1	1

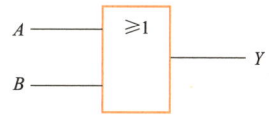

图 5-10 或逻辑符号

(5) 逻辑功能：输入有 1，输出为 1；输入全 0，输出为 0。

(6) 波形图：或逻辑波形图如图 5-11 所示。

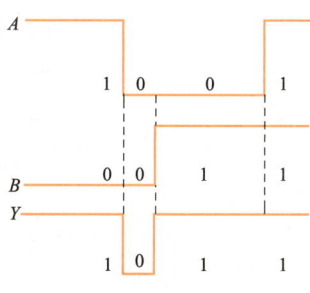

图 5-11 或逻辑波形图

【非逻辑关系与非门电路】

> **课堂实验3 用一个开关控制一盏灯——非逻辑**
>
> 如图 5-12 所示，开关闭合，灯就灭，如果想要灯亮，则开关需断开。
>
>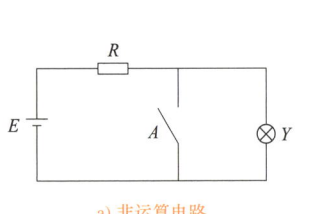
>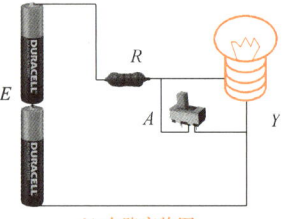
>
> a) 非运算电路　　　b) 电路实物图　　　c) 非逻辑关系
>
> 图 5-12　非运算（非逻辑）

（1）逻辑关系：当决定事件（Y）发生的条件（A）满足时，事件不发生；条件不满足，事件反而发生。在逻辑代数中，非逻辑又称反逻辑。

（2）真值表：用 A 代表开关，并假定闭合为 1，断开为 0，Y 代表灯，灯亮为 1，灯灭为 0，则非逻辑的真值表见表 5-4。

（3）逻辑表达式：$Y=\overline{A}$

其中，"－"为逻辑非符号。读作 Y 等于 A 非或 Y 等于 A 反。

（4）逻辑符号：实现非逻辑关系的电路称为非门电路。其逻辑符号如图 5-13 所示。

（5）逻辑功能：输入为 1，输出为 0；输入为 0，输出为 1。

（6）波形图：非逻辑波形图如图 5-14 所示。

表 5-4　非逻辑的真值表

A	Y
0	1
1	0

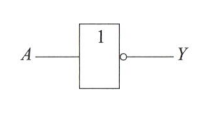

图 5-13　非逻辑符号

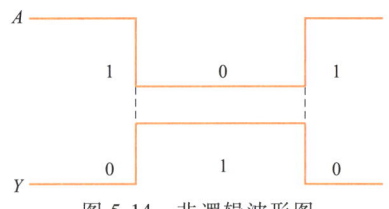

图 5-14　非逻辑波形图

【复合门电路】　表 5-5 所示为常用与非门、或非门、异或门和与或非门的逻辑组成、逻辑符号及逻辑表达式的对比。

表 5-5　常用逻辑门的逻辑组成、逻辑符号和逻辑表达式

名称	逻辑组成	逻辑符号	逻辑表达式
与非门	A,B → & → 1 → Y	A,B → & → Y	$Y=\overline{A \cdot B}$
或非门	A,B → ≥1 → 1 → Y	A,B → ≥1 → Y	$Y=\overline{A+B}$
异或门	A,B → (1,&,1,&) → ≥1 → Y	A,B → =1 → Y	$Y=\overline{A}B+A\overline{B}$ $=A\oplus B$

(续)

名称	逻辑组成	逻辑符号	逻辑表达式
与或非门			$Y=\overline{AB+CD}$

5.3.2 集成 TTL 门电路

集成 TTL 门电路的输入端和输出端都采用了晶体管，称之为双极型晶体管集成电路，简称<u>集成 TTL 门电路</u>。它开关速度快，是目前应用较多的一种<u>集成逻辑门</u>。这里我们不再介绍其内部电路组成，主要了解它的外部特性、逻辑功能和使用注意事项等。

【普通集成 TTL 门电路】

（1）与非门：在 TTL 类型中，CT74LS 系列为目前广泛应用的产品，一般为双列直插塑封型。下面以 74LS00 为例介绍集成与非门。图 5-15 所示为 74LS00（T4000）四 2 输入与非门引脚排列图，其逻辑表达式为 $Y=\overline{A \cdot B}$。

引脚编号及含义：每个集成电路都有定位标志（定位标志有半圆和圆点两种表达形式），用以确定脚码为 1 的引脚。把标志置于左端，最靠近定位标志的引脚规定为第 1 脚，其他引脚按逆时针方向依次加 1 递增顺序读出序号。图中 A、B 为输入端，Y 为输出端，并以字头数字区分内部的与非门，其共用电源为 V_{CC}（14 脚），GND 为共用接地点（7 脚）。

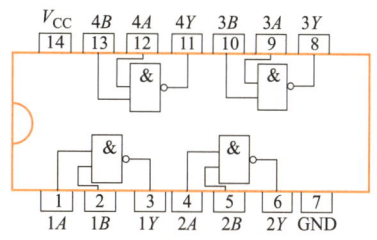

图 5-15 74LS00（T4000）引脚排列图

（2）与门：图 5-16a 所示为三 3 输入与门的引脚排列图，其逻辑表达式为 $Y=ABC$。

（3）非门：图 5-16b 所示为六反相器（非门）的引脚排列图，其逻辑表达式为 $Y=\overline{A}$。

（4）或非门：图 5-16c 所示为四 2 输入或非门的引脚排列图，其逻辑表达式为 $Y=\overline{A+B}$。

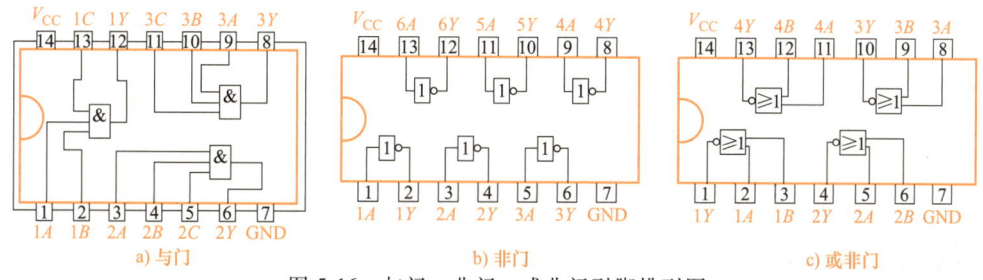

a) 与门   b) 非门   c) 或非门

图 5-16 与门、非门、或非门引脚排列图

> **注意**
>
> 每个集成门电路内部的各个逻辑单元互相独立，可以单独使用，但电源和接地线是公共的。

【OC 门】 在实际电路中，往往需要将两个或两个以上门电路的输出端并联在一起使用，称为线与。但前面介绍的普通 TTL 与非门不能实现线与，而 OC 门可以实现线与。集电极开路的与非门称为 OC 门。OC 门逻辑符号如图 5-17 所示。

【OC 门主要功能】

（1）实现与非功能，如图 5-18 所示。

（2）实现线与功能，如图 5-19 所示。

$$
\begin{aligned}
Y &= Y_1 \cdot Y_2 \\
&= \overline{AB} \cdot \overline{CD} \\
&= \overline{AB+CD}
\end{aligned}
$$

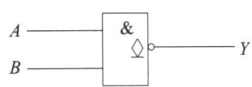

图 5-17　OC 门逻辑符号

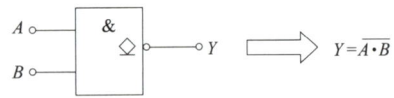

图 5-18　OC 门实现与非功能

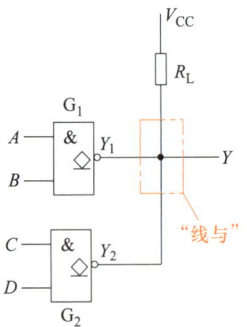

图 5-19　OC 门实现线与功能

小知识

普通 TTL 与非门为什么不能实现线与

普通 TTL 与非门若一个门的输出是高电平，而另一个门的输出是低电平，将两输出端直接连接，称为两个门电路线与。两个门电路“线与”后必然有很大的负载电流同时流过这两个门的输出级。这个电流将远远超过正常工作电流，可能使门电路损坏。

【三态输出门（TSL 门）】　TSL 门是具有三种输出状态——高电平、低电平、高电阻状态的门电路，称为三态门电路。图 5-20 所示为三态门的逻辑符号，是在普通门电路的基础上，多了一个控制端 EN 或 $\overline{EN}$，EN 或 $\overline{EN}$ 称为使能端。

a) $\overline{EN}$=0有效　b) EN=1有效

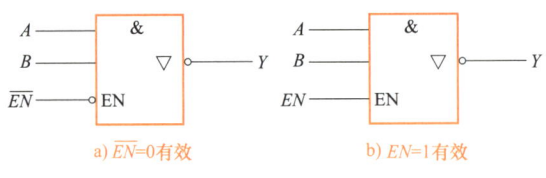

图 5-20　三态门的逻辑符号

（1）使能端 $\overline{EN}$ 低电平有效的三态门：$\overline{EN}=0$ 时，输出 $Y=\overline{AB}$；$\overline{EN}=1$ 时，输出 Y 呈现高阻态，如图 5-20a 所示。

（2）使能端 EN 高电平有效的三态门：$EN=1$ 时，输出 $Y=\overline{AB}$；$EN=0$ 时，输出 Y 呈现高阻态，如图 5-20b 所示。

【TTL 门电路使用注意事项】

（1）电源电压及电源干扰的消除。

1）74 系列电源电压满足（5±5%）V，54 系列电源电压满足（5±10%）V。

2) TTL 集成电路电源输入端和地之间接 10~100μF 电容,对低频滤波有效消除电源线上噪声干扰。电路中每隔 6~8 个门通过 0.01~0.1μF 电容接地,消除高频干扰。

(2) 输出端的连接。

1) 普通 TTL 门输出端不允许直接并联使用。

2) 三态输出门的输出端可并联使用,但同一时刻只能有一个门工作,其他门输出处于高阻状态。

3) 集电极开路门输出端可并联使用,但公共输出端和电源 V_{CC} 之间应接负载电阻 R_L。

4) 输出端不允许直接接电源 V_{CC} 或接地。输出端电流应小于产品手册上规定的最大值。

(3) 多余输入端的处理。

1) 与门和与非门的多余输入端接逻辑 1,即可以直接接不大于 5V 的电源,或通过 1~10kΩ 电阻接电源,如图 5-21 所示。

2) 或门和或非门的多余输入端接逻辑 0,即可以直接接地,如图 5-22 所示。

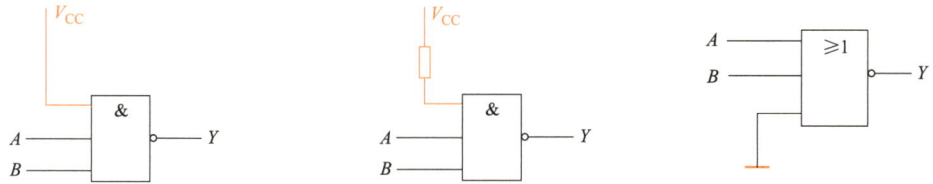

图 5-21　与门和与非门多余输入端的处理　　　图 5-22　或门和或非门多余输入端的处理

*5.3.3　CMOS 门电路

MOS 集成逻辑门电路是采用 MOS 管作为开关元件的数字集成电路。它具有工艺简单、集成度高、抗干扰能力强、功耗低等优点。MOS 门有 PMOS、NMOS 和 CMOS 三种类型。CMOS 电路又称互补 MOS 电路,其突出的优点是静态功耗低、抗干扰能力强、工作稳定性好、开关速度快,是性能较好且应用广泛的一种电路。

【CMOS 反相器】　CMOS 反相器由 N 沟道和 P 沟道的 MOS 管互补构成,电路组成如图 5-23 所示。当输入端 A 为高电平 1 时,输出 Y 为低电平 0;反之,当输入 A 为低电平 0 时,输出 Y 为高电平,其逻辑表达式为 $Y=\overline{A}$。

【CMOS 与非门】　常用的 CMOS 与非门有 CC4011 等,图 5-24a 所示为 CC4011 与非门引脚排列图。

【CMOS 或非门】　常用的 CMOS 或非门有 CC4001 等,图 5-24b 所示为 CC4001 或非门引脚排列图。

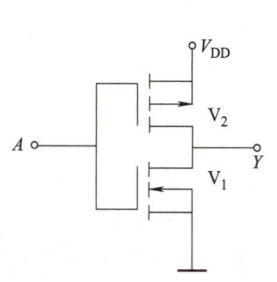
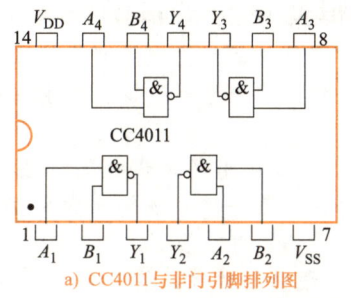
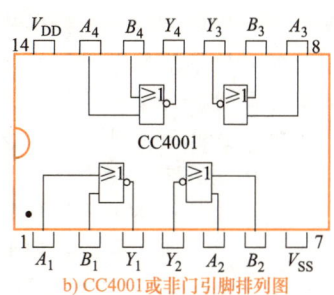

图 5-23　CMOS 反相器　　　图 5-24　CMOS 与非门和或非门引脚排列图

a) CC4011 与非门引脚排列图　　b) CC4001 或非门引脚排列图

> **注意**
>
> CMOS 与非门的输入端越多，串联的驱动管越多，导通时的总电阻就越大，输出低电平值将会因输入端的增大而变大。CMOS 或非门因驱动管并联，因而不存在这个问题，因此，CMOS 门电路中或非门用得较多。

【CMOS 集成门电路的特点】 与 TTL 集成电路相比，CMOS 电路具有如下特点：
（1）制造工艺较简单，集成度和成品率较高。
（2）功耗低。
（3）电源电压范围宽。
（4）输入阻抗高。
（5）抗干扰能力强。
（6）当配备适当的缓冲器后，能与现有的大多数逻辑电路兼容。
【CMOS 集成门电路的使用注意事项】
（1）电源电压的使用注意事项。
1）注意不同系列 CMOS 电路允许的电源电压范围不同，一般为 3~18V，多用 5V。电源电压越高，抗干扰能力越强。
2）电源电压极性不能接反，电源电压也不能超压，否则，可能会造成电路永久性失效。
3）在进行 CMOS 电路实验或对 CMOS 数字系统进行调试、测量时，应先接入直流电源，后接入信号源；使用结束时，应先关信号源，后关直流电源。
（2）其他注意事项。
1）焊接时，电烙铁必须接地良好，必要时，将电烙铁的电源插头拔下，利用余热焊接。
2）集成电路在存放和运输时，应放在防静电容器内。
3）组装、调试时，应使所有的仪表、工作台面等有良好的接地。

5.4 基本逻辑运算

逻辑代数又称布尔代数，是分析数字电路所使用的数学工具。任何事物的因果关系均可用逻辑代数中的逻辑关系表示，这些逻辑关系也称逻辑运算。

> **小知识**
>
> ### 逻辑变量与逻辑函数
>
> 一件事情的原因与结果之间一定具有某种内在的逻辑规律，即存在着逻辑关系。事情的原因即为这种逻辑关系的自变量，称为逻辑变量。而由原因所引起的结果则是这种逻辑关系的因变量，称为逻辑函数。
>
> 19 世纪英国数学家乔治·布尔首先提出了用代数的方法来研究、证明、推理逻辑问题，自此产生了逻辑代数。和普通代数一样，逻辑代数也用 A、B 等字母表示变量及函数，所不同的是，在普通代数中，变量的取值可以是任意实数，而在逻辑代数中，每一个变量只有 0、1 两种取值，因而逻辑函数也只能有 0 和 1 两种取值。在逻辑代数中，0 和 1 不再具有数量的概念，仅是代表两种对立逻辑状态的符号。

5.4.1 逻辑代数的基本运算及规则

【逻辑代数运算规则】 逻辑代数基本运算只有与（AND）、或（OR）、非（NOT）三种。

（1）与运算规则：$0·0=0$，$0·1=0$，$1·0=0$，$1·1=1$。

（2）或运算规则：$0+0=0$，$0+1=1$，$1+0=1$，$1+1=1$。

（3）非运算规则：$\overline{0}=1$，$\overline{1}=0$

【逻辑代数的基本定律和公式】 逻辑代数的基本定律和公式见表 5-6。

表 5-6 逻辑代数的基本定律和公式

名　　称	公　式 1	公　式 2
0-1 律	$A·1=A$ $A·0=0$	$A+0=A$ $A+1=1$
互补律	$A\overline{A}=0$	$A+\overline{A}=1$
重叠律	$A·A=A$	$A+A=A$
交换律	$A·B=B·A$	$A+B=B+A$
结合律	$A(BC)=(AB)C$	$A+(B+C)=(A+B)+C$
分配律	$A(B+C)=AB+AC$	$A+(BC)=(A+B)(A+C)$
反演律 （又称摩根定律）	$\overline{AB}=\overline{A}+\overline{B}$	$\overline{A+B}=\overline{A}\,\overline{B}$
吸收律	$A(A+B)=A$ $A(\overline{A}+B)=AB$	$A+AB=A$ $A+\overline{A}B=A+B$
双重否定律	$\overline{\overline{A}}=A$	否定之否定规律

> **注意**
>
> 证明上述各定律也可用列真值表的方法，即分别列出等式两边逻辑表达式的真值表，若两个真值表完全一致，则表明两个表达式相等，定律得证。

案例解析

【例 5-4】 证明反演律： $\overline{A+B}=\overline{A}·\overline{B}$

证明：将等式两端列出真值表，见表 5-7。

表 5-7 真值表

A B	$\overline{A+B}$	$\overline{A}·\overline{B}$	A B	$\overline{A+B}$	$\overline{A}·\overline{B}$
0 0	1	1	1 0	0	0
0 1	0	0	1 1	0	0

由表可知，$\overline{A+B}=\overline{A}·\overline{B}$，所以等式成立。

 **想一想**

如何证明：$A+\overline{A}B=A+B$

*5.4.2 逻辑函数的公式化简法

逻辑函数化简的意义在于逻辑表达式越简单，实现它的逻辑门电路越简单，电路工作越稳定可靠，响应速度越快，能耗越低。逻辑函数的公式化简法就是运用逻辑代数的运算规则、基本公式和定律来化简逻辑函数。

逻辑函数的化简

【逻辑函数的表达式及最简的概念】 对于一个逻辑函数可用多种不同的表达式表示，大致可分为"与或""或与""与非-与非""或非-或非""与或非"表达式。

所谓最简式，必须是乘积项的个数最少，其次是每个乘积项中所含变量个数为最少。

注意

由于同一个逻辑函数可用多种不同的表达式表示，所以公式化简法是没有固定步骤的，下面介绍几种常用的化简方法。

【并项法】 利用公式 $A+\overline{A}=1$，将两乘积项合并为一项，并消去一个互补（相反）的变量。如

$$Y=AB\overline{C}+\overline{A}\ B\ \overline{C}=(A+\overline{A})B\overline{C}=B\overline{C}$$

【吸收法】 利用公式 $A+AB=A$ 吸收多余的乘积项。如

$$Y=\overline{A}B+\overline{A}BC=\overline{A}B$$

【消去法】 利用公式 $A+\overline{A}B=A+B$ 消去多余因子，如

$$Y=\overline{A}+AC+B\overline{C}D=\overline{A}+C+B\overline{C}D=\overline{A}+C+BD$$

【配项法】 利用公式 $A+\overline{A}=1$，给某函数配上适当的项，进而可以消去原函数式中的某些项。如

$$AB+\overline{A}C+BC=AB+\overline{A}C+(A+\overline{A})BC=AB+\overline{A}C+ABC+\overline{A}BC=AB+\overline{A}C$$

 ### 案例解析

【例 5-5】 化简函数 $Y=A\overline{B}+B\overline{C}+\overline{B}C+\overline{A}B$

分析：表面看来似乎无从下手，好像 Y 不能化简，已是最简式。但如果采用配项法，则可以消去一项。

解法一：
$$Y=A\overline{B}+B\overline{C}+(A+\overline{A})\overline{B}C+\overline{A}B(C+\overline{C})$$
$$=A\overline{B}+B\overline{C}+A\overline{B}C+\overline{A}\ \overline{B}C+\overline{A}BC+\overline{A}B\overline{C}$$
$$=A\overline{B}+B\overline{C}+\overline{A}C$$

解法二：若前两项配项，后两项不动，则

$$Y = A\overline{B}(C+\overline{C})+(A+\overline{A})\overline{B}C+\overline{B}C+\overline{A}B$$
$$= \overline{A}B+\overline{B}C+A\overline{C}$$

由此可见，公式法化简的结果并不是唯一的。如果两个结果形式（项数、每项中变量数）相同，则两者均正确，可以验证两者逻辑相等。

5.4.3 逻辑函数的表示法

表示一个逻辑函数有多种方法，常用的有<u>真值表</u>、<u>逻辑函数式</u>、<u>逻辑图和波形图</u>。它们各有特点又相互联系，还可以相互转换。

案例解析

【例 5-6】 已知函数的逻辑表达式 $Y=AB+\overline{A}\,\overline{B}$，列出 Y 的真值表，画出逻辑图和波形图。

解：（1）由逻辑表达式求真值表：该函数有两个变量，有四种取值的可能组合，将它们按顺序排列起来即得表 5-8 所示的真值表。

表 5-8 $Y=AB+\overline{A}\,\overline{B}$ 真值表

A B	Y	A B	Y
0　0	1	1　0	0
0　1	0	1　1	1

（2）由真值表求逻辑表达式：将真值表中函数值等于 1 的变量组合选出；每个组合中凡取值为 1 的变量写成原变量的形式（如 A，B），取值为 0 的变量写成反变量的形式（如 $\overline{A}$，$\overline{B}$）；将同一组合中的所有变量相乘得到一个乘积项；最后将所有组合的乘积项相加就可得到逻辑表达式。此例中 $Y=1$ 的变量组合有 00、11。各个组合对应的乘积项为 $\overline{A}\,\overline{B}$、$AB$，将所有乘积项相加，即得逻辑表达式：$Y=\overline{A}\,\overline{B}+AB$

（3）由表达式画逻辑图：逻辑图如图 5-25 所示。

（4）画出波形图：波形图如图 5-26 所示。

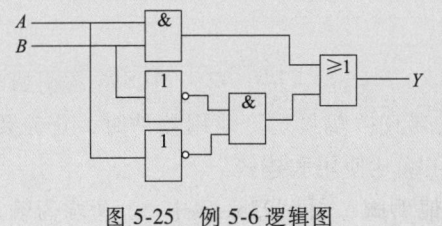

图 5-25 例 5-6 逻辑图

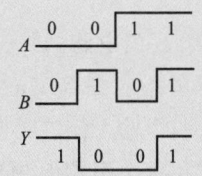

图 5-26 例 5-6 波形图

技能训练 5-1　集成 TTL 逻辑门电路逻辑功能的测试

【训练目标】
1. 熟悉常见集成 TTL 门电路的外形和引脚排列规律，并能正确识读其引脚功能
2. 掌握门电路逻辑功能的测试方法，验证常用逻辑门的逻辑功能

【训练材料】　训练材料清单见表 5-9。

表 5-9　材料清单表

代　号	名　称	实　物　图	数　量
V_{CC}	直流电源（0~30V 可调）	略	1 台
VC9801A$^+$	数字式万用表		1 块
VC2020A	示波器（信号传输探头两条）	略	1 台
ELB	信号发生器（信号传输线一条）	略	1 台
MBB	面包板	略	1 块
74LS08	集成电路		1 片
74LS32	集成电路	略	1 片
74LS00	集成电路	略	1 片
74LS86	集成电路	略	1 片
LED	发光二极管	略	4 个
$S_1 \sim S_8$	拨动开关	略	8 个
其他	起拔器、导线		1 个、若干

【训练内容及步骤】

1. 集成 TTL 门电路的外形、引脚识别

（1）识别外形：图 5-27a~d 所示是 74LS08、74LS00、74LS32、74LS86 的引脚排列图，它们内部都是四 2 输入门，外形均为 14 脚，双列直插塑封型。使用器件时，首先要了解每个引脚的作用和每个引脚的物理位置，以保证正确地使用和连线。

（2）引脚排列及功能识别：确定 1 脚和其他引脚。图 5-27a~d 中 A、B 均为输入端，Y 为输出端，并以字头数字区分内部的各个门，7 脚接地，14 脚接电源。

第5章 数字电路基础

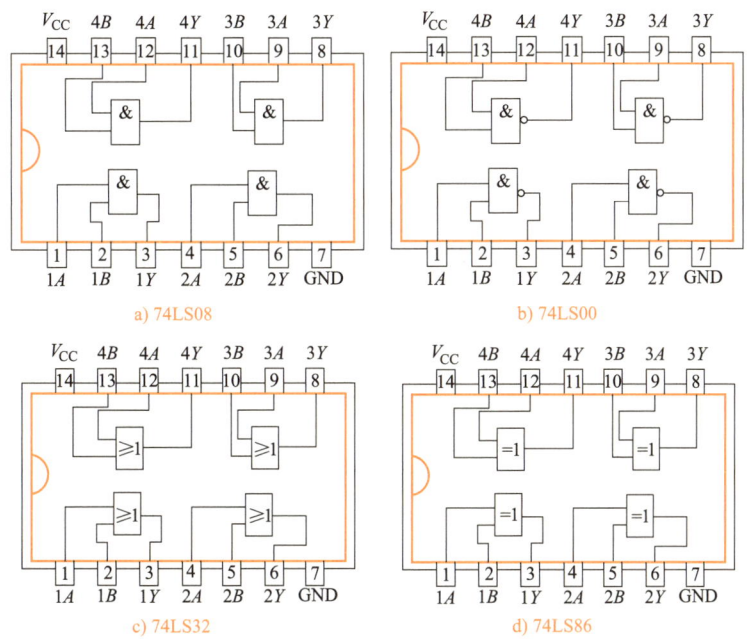

a) 74LS08　　　　　　　　　　b) 74LS00

c) 74LS32　　　　　　　　　　d) 74LS86

图 5-27　集成 TTL 门电路引脚排列图

2. 集成 TTL 门电路逻辑功能测试

（1）分别将 4 块 TTL 集成门电路块插入面包板中。

（2）如图 5-28 所示，分别测试其逻辑功能。集成门电路块的输入端 1、2、4、5、9、10、12、13 脚分别接至面包板的任意 8 个拨动开关的插孔；输出端 3、6、8、11 脚分别接至 4 个发光二极管。14 脚接至+5V 电源，7 脚接 GND。

3. 实训完毕，用起拔器拔出集成块

【实训结果】 将输入端 A、B 所连接的拨动开关按表 5-10 设置，观察输出端 Y 所连接的电平显示器的发光二极管的状态。发光二极管亮表示输出为高电平"1"，发光二极管不亮表示输出为低电平"0"，把实验结果填入表中。

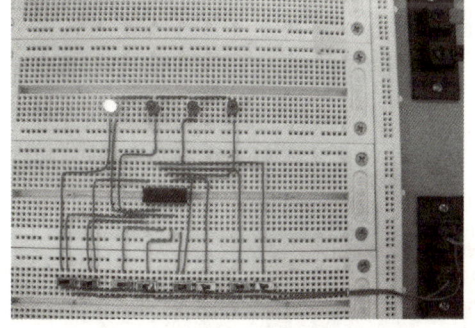

图 5-28　逻辑功能测试实物图

表 5-10　TTL 集成门电路逻辑功能测试表

	1A	1B	1Y	2A	2B	2Y	3A	3B	3Y	4A	4B	4Y
74LS08 （与门）	0	0		0	0		0	0		0	0	
	0	1		0	1		0	1		0	1	
	1	0		1	0		1	0		1	0	
	1	1		1	1		1	1		1	1	

(续)

	1A	1B	1Y	2A	2B	2Y	3A	3B	3Y	4A	4B	4Y
74LS00 （与非门）	0	0		0	0		0	0		0	0	
	0	1		0	1		0	1		0	1	
	1	0		1	0		1	0		1	0	
	1	1		1	1		1	1		1	1	
74LS32 （或门）	0	0		0	0		0	0		0	0	
	0	1		0	1		0	1		0	1	
	1	0		1	0		1	0		1	0	
	1	1		1	1		1	1		1	1	
74LS86 （异或门）	0	0		0	0		0	0		0	0	
	0	1		0	1		0	1		0	1	
	1	0		1	0		1	0		1	0	
	1	1		1	1		1	1		1	1	

注意

1. 接插集成电路芯片时，先校准两排引脚，使之与面包板上的插孔对应，轻轻用力将芯片插上，然后在确定引脚与插孔完全吻合后，再稍用力将其插紧，以免集成电路的引脚弯曲、折断或者接触不良。

2. 不允许将集成电路芯片方向插反，一般芯片的方向是缺口（或标记）朝左。

3. 导线粗细应适当，一般选取直径为 0.6~0.8mm 的单股导线，最好采用各色导线以区别不同用途，如电源线用红色，地线用黑色。

想一想

1. 如何识别集成门电路引脚顺序和各引脚功能？
2. 怎样判断门电路逻辑功能是否正常？

小知识

怎样选用集成电路

怎样选用集成电路：集成电路的种类繁多、功能各异，引脚排列、形状也各不相同，而且有国产、进口、合资等各种产品，选用时应该注意下面几个方面：

第5章 数字电路基础

（1）根据电路要求选择。各种电子产品都是用不同电路组成的，各部分电路功能不同，要求不同，例如电源电路，是选用串联型还是开关型，输出电压多大，输入电压多大等都是选择时要考虑的。

（2）选择集成电路时要了解所选用集成电路的性能，国产不同类型集成电路的参数各不相同，如不清楚，则需要查阅有关资料。总之在装入电路前，要全面了解该集成电路的功能、电气参数、引脚功能及排列规律等。

（3）对功能相同但封装不同的集成电路，应根据使用条件而定。

（4）对要求较高的电路，可选用参数指标高的集成电路，而对各项指标要求不太高的电路，不一定选择高指标的产品。

【自评互评表】 评价表见表5-11。

表5-11 自评互评表

班级		姓名		学号		组别		
项目	考核要求		配分	评分标准			自评分	互评分
元器件的识别	按要求对所有元器件进行识别		20	元器件识别，每错一个扣2分				
元器件成型、插装与排列	1. 元器件按工艺要求成型 2. 元器件符合插装工艺要求 3. 元器件排列整齐、标记方向一致		20	1. 成型不合要求，每处扣1分 2. 插装位置、工艺不合要求，每处扣2分 3. 排列、标记不合理，扣3分				
导线连接	1. 导线挺直、紧贴面包板 2. 板上的连接线呈直线或直角		20	1. 导线弯曲、拱起，每处扣2分 2. 连接线弯曲、不直，每处扣2分 3. 连接线相交，每处扣2分				
电路调试	1. 芯片的逻辑功能是否正常，表5-10填写正确 2. 连线正确		30	1. 不按要求进行调试，扣1~5分 2. 调试结果不正常，扣5~20分				
安全文明操作	工作台上工具排放整齐，严格遵守安全操作规程，符合"6S"管理要求		10	违反安全操作、工作台上脏乱、不符合"6S"管理要求，酌情扣3~10分				
反思记录 （附加10分）	项目			记录				
	故障排除		3					
	你会做的		2					
	你能做的		2					
	任务创新方案		3					

(续)

班级		姓名		学号		组别		
项目	考核要求		配分		评分标准		自评分	互评分
合计			100+10					

你完成本次工作任务的体会(学到哪些知识、掌握哪些技能、有哪些收获)：

小组对你完成此次工作任务的评价(工作、学习方面)：

教师对你完成此次工作任务的评价(工作、学习方面)：

本章小结

1. 数字信号是指在数值上断续变化的电信号。理想的矩形脉冲信号常作为数字电路的典型信号，其主要参数有脉冲幅度、脉冲上升时间、脉冲下降时间、脉冲宽度、脉冲周期、脉冲频率和占空比等。在数字电路中广泛采用二进制。

2. 基本逻辑门电路有与门、或门、非门三种；复合门有与非门、或非门、与或非门等，它们是构成各种数字电路的基本单元。

3. 目前应用最广泛的数字集成器件主要有 TTL 和 CMOS 两大系列，应用时应清楚其引脚排列和基本功能。

4. 逻辑代数是分析数字电路的主要工具，逻辑函数变量取值的 0 和 1 表示的是两种对立状态而不是数量的大小。逻辑函数的表示方法有：真值表、逻辑函数表达式、逻辑图、波形图等，各种表示方法之间可以互相转换。

第6章 组合逻辑电路

知识目标

1. 掌握组合逻辑电路的分析方法和步骤；了解组合逻辑电路的种类
2. 了解编码器、译码器的基本功能和典型集成编码器、译码器的引脚功能
3. 了解常用数码显示器件的基本结构和工作原理

能力目标

1. 能根据功能要求设计逻辑电路
2. 会应用译码显示器
3. 会安装电路，实现所要求的逻辑功能

素质目标

1. 培养学生勇于创新和敬业爱岗的工作作风
2. 培养学生的沟通能力及团队协作精神
3. 培养学生的安全生产、环保与节能意识

6.1 组合逻辑电路的基本知识

把逻辑门电路按一定的规律加以组合，构成具有各种功能的逻辑电路，称之为组合逻辑电路。

6.1.1 组合逻辑电路的特点及结构

【组合逻辑电路的特点】 在组合逻辑电路中任意时刻的输出只取决于该时刻的输入，与电路原来的状态无关，电路无记忆功能。生活中组合逻辑电路的实例有电子密码锁、银行取款机等，如图 6-1 所示。

【组合逻辑电路的结构】 组合逻辑电路主要由逻辑门电路构成，并且输出与输入之间没有反馈连接，其组成框图如图 6-2 所示。

a) 电子密码锁

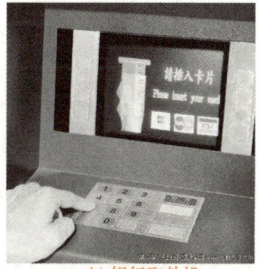
b) 银行取款机

图 6-1 组合逻辑电路的实例

图 6-2 组合逻辑电路的组成框图

6.1.2 组合逻辑电路的分析

【组合逻辑电路的分析步骤】 根据已知的组合逻辑电路,运用逻辑电路运算规律,确定其逻辑功能的过程称为组合逻辑电路的分析。其分析步骤为:

(1) 根据逻辑图写出表达式,从输入到输出逐级推出输出表达式。
(2) 化简表达式。
(3) 由化简后的表达式列出真值表。
(4) 描述逻辑功能:用文字概括出电路的逻辑功能。

上述组合逻辑电路识图分析的过程可表述为:

逻辑图 → 逻辑表达式 → 化简 → 真值表 → 电路的逻辑功能

案例解析

【例 6-1】 试分析图 6-3 所示电路的逻辑功能。

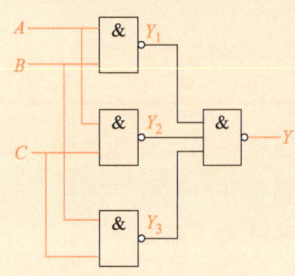

图 6-3 逻辑图

【解析】(1) 由逻辑图写输出 Y 的逻辑表达式为

$Y_1 = \overline{AB}$; $Y_2 = \overline{AC}$; $Y_3 = \overline{BC}$

$Y = \overline{Y_1 \cdot Y_2 \cdot Y_3} = \overline{\overline{AB} \cdot \overline{AC} \cdot \overline{BC}}$

(2) 化简。

$Y = \overline{\overline{AB} \cdot \overline{AC} \cdot \overline{BC}} = AB + AC + BC$

(3) 列出真值表,如表 6-1 所示。

(4) 确定电路的逻辑功能。

表 6-1 真值表

A	B	C	Y
0	0	0	0
0	0	1	0
0	1	0	0
0	1	1	1
1	0	0	0
1	0	1	1
1	1	0	1
1	1	1	1

由表 6-1 可知,三个输入变量 A、B、C,只有两个或两个以上变量取值为 1 时,输出才为 1,其余情况输出均为 0。由此可见,该电路实现的是<u>少数服从多数的表决器逻辑功能</u>。

【例 6-2】 分析图 6-4 所示组合逻辑电路的逻辑功能。

【解析】 （1）由逻辑图写输出 Z_1、Z_2、Z_3 的逻辑表达式：

$P_1 = \overline{A}$；$P_2 = \overline{B}$

$Z_1 = P_1 B = \overline{A} B$；$Z_3 = P_2 A = A \overline{B}$

$Z_2 = \overline{Z_1 + Z_3} = \overline{\overline{A}B + A\overline{B}} = \overline{A \oplus B}$

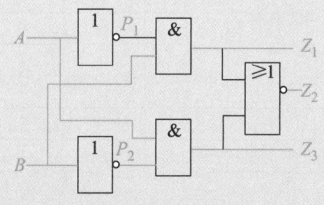

图 6-4 组合逻辑电路逻辑图

表 6-2 真值表

A	B	Z_1	Z_2	Z_3
0	0	0	1	0
0	1	1	0	0
1	0	0	0	1
1	1	0	1	0

由于上式已是最简式，所以不用再化简。

（2）列出对应真值表，如表 6-2 所示。

（3）确定电路的逻辑功能。

通过对真值表的分析，可以发现，当输入 $A<B$、$A=B$、$A>B$ 时，三个输出 Z_1、Z_2、Z_3 分别输出高电平 1。所以，Z_1 表示 $A<B$；Z_2 表示 $A=B$；Z_3 表示 $A>B$。这是一个一位数值比较电路。

【例 6-3】 分析图 6-5 所示波形图对应的组合逻辑电路的功能。

【解析】 波形图是描述电路的方法之一。根据已知输入输出波形图，可以直接写出电路真值表，如表 6-3 所示。

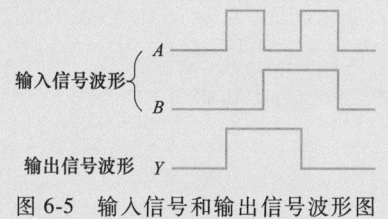

图 6-5 输入信号和输出信号波形图

表 6-3 真值表

输入变量		输出变量
A	B	Y
0	0	0
0	1	1
1	0	1
1	1	0

分析真值表可知，该组合逻辑电路的功能：当输入 A、B 相同时，输出为 0；而当输入 A、B 不同时，输出为 1，即为异或关系。

> **注意**
>
> 1. 在对组合逻辑电路进行分析的时候，不一定每个步骤都需要，如当表达式已经成为最简式时，可省略化简；当已知逻辑函数的工作波形图时，不需要列出表达式，而直接列出真值表。
>
> 2. 不是每个电路均可用简练的文字来描述其功能。

*6.1.3　组合逻辑电路的设计

与分析过程相反，组合逻辑电路的设计是根据给定的实际逻辑问题，求出实现其逻辑功能的逻辑电路。

【组合逻辑电路的设计步骤】

（1）分析设计要求，确定输入、输出变量并赋值：根据实际问题确定哪些是输入变量，哪些是输出变量；并确定什么情况下为1，什么情况下为0；将实际问题转化为逻辑问题。

（2）列真值表：根据逻辑功能的描述列真值表。

（3）写逻辑表达式并化简：由真值表写出逻辑表达式并化简。

（4）画逻辑电路图：根据最简逻辑表达式，画出相应的逻辑图。

案例解析

【例 6-4】 某火灾报警系统设有烟感、温感和紫外线光感三种类型的火灾探测器。为了防止误报警，只有当其中两种或两种以上类型的探测器发出火灾检测信号时，报警系统才产生报警控制信号。设计一个产生报警控制信号的电路。

【解析】（1）分析设计要求，设输入、输出变量并逻辑赋值。

输入变量：烟感 A、温感 B、紫外线光感 C；输出变量：报警控制信号 Y；

逻辑赋值：用1表示肯定，用0表示否定。

（2）列真值表，如表6-4所示。

（3）由真值表写逻辑表达式并化简。

$Y = \bar{A}BC + A\bar{B}C + AB\bar{C} + ABC$

化简得最简式：

$Y = AB + AC + BC$

（4）画逻辑图，如图6-6所示。

表 6-4　真值表

A	B	C	Y
0	0	0	0
0	0	1	0
0	1	0	0
0	1	1	1
1	0	0	0
1	0	1	1
1	1	0	1
1	1	1	1

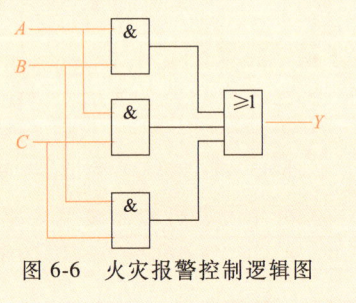

图 6-6　火灾报警控制逻辑图

技能训练 6-1　设计半加器电路

【训练目标】

1. 了解组合逻辑电路的分析与设计方法
2. 能够利用 74LS86 及 74LS00 来组成半加器

【训练材料】 训练材料清单见表6-5。

第6章 组合逻辑电路

表 6-5 材料清单表

代 号	名 称	实 物 图	数 量
V_{CC}	直流电源（0~30V 可调）	略	1
VC9801A⁺	万用表	略	1
S_1、S_2	拨动开关	略	2
ELB	信号发生器（信号传输线一条）	略	1
MBB	穿孔万用板（面包板）	略	1
74LS00	四 2 输入与非门	略	1
74LS86	四 2 输入异或门	略	1
VL	发光二极管	略	2
	导线	略	若干

【训练内容及步骤】

1. 逻辑功能描述

两个二进制数相加，称为<u>半加</u>，实现半加操作的电路，称为<u>半加器</u>。图 6-7 为半加器的符号，A 表示被加数，B 表示加数，S 表示本位和，C 表示向高位的进位数。

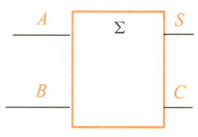

图 6-7 半加器符号

2. 根据逻辑功能，列出半加器的真值表

如表 6-6 所示，从二进制数加法的角度看，真值表中<u>只考虑了两个加数本身求和，没有考虑低位来的进位数</u>，这就是所谓的半加。

表 6-6 真值表

输 入		输 出		输 入		输 出	
A	B	S	C	A	B	S	C
0	0	0	0	1	0	1	0
0	1	1	0	1	1	0	1

3. 列写逻辑表达式

由真值表可列出半加器逻辑表达式。

$$S = \overline{A}B + A\overline{B} = A \oplus B$$

$$C = AB = \overline{\overline{AB}}$$

4. 画逻辑图

由表达式画出半加器的逻辑图，如图 6-8 所示。

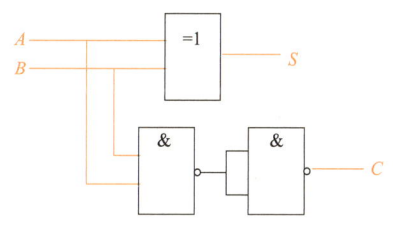

图 6-8 半加器的逻辑图

5. 连接电路

利用异或门 74LS86 及与非门 74LS00 组成半加器。根据半加器的逻辑图进行连线，连接线路如图 6-9 所示。

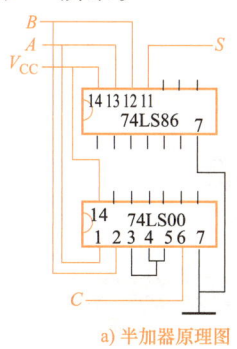

a) 半加器原理图

b) 半加器连线实物图

图 6-9 半加器连接线路

小知识

怎样使用集成电路

在集成电路的使用中应注意以下几点：

1. 认真核实集成电路的型号是否与所需要的型号一样，此型号的集成电路所具备的功能与所求是否一致。

2. 集成电路在装入电路前要核实引脚的排列顺序，并了解各引脚的功能，尤其是电源引脚、信号输入、输出引脚等。一旦接错可能导致电路的损坏。

3. 集成电路在使用前要进行好坏的检查。最简单的检查方法是测量集成电路各引脚对接地脚之间的正、反向阻值，使之与正常值作比较，判断其好坏。

4. 集成电路在插入印制电路板时一定要注意对准孔位，轻轻地插入即可，切忌硬插，以免将引线折弯或折断。

5. 使用大功率集成电路时需要加装散热片，但必须加符合尺寸的散热片，尺寸过小将影响集成电路的正常工作。

6. 验证逻辑功能

验证所设计的半加器电路的逻辑功能，将结果记录在表6-7中。

表 6-7　实验数据

输入		输出		输入		输出	
A	B	S	C	A	B	S	C
0	0			1	0		
0	1			1	1		

想一想

在进行组合逻辑电路设计时，什么是最佳设计方案？

身边的科学

交通信号灯工作状态的监视电路

交通路口通常需要一个监视交通信号灯工作状态的电路。每一组交通信号灯由红、黄、绿三盏灯组成，如图6-10所示。正常工作情况下，任何时刻必有一盏灯点亮，而

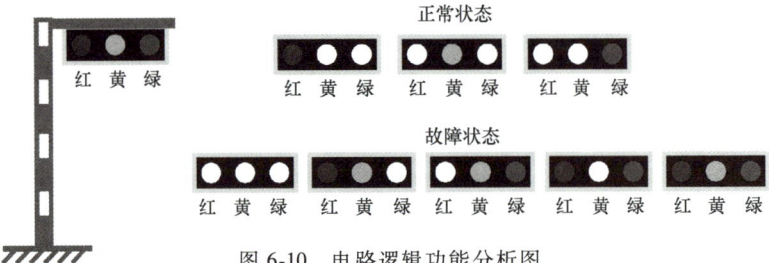

图 6-10　电路逻辑功能分析图

第6章 组合逻辑电路

且只允许一盏灯点亮。而当出现其他五种灯点亮状态时，电路发生故障，即发出故障信号。

如果输入变量为红、黄、绿三盏灯，用 R、Y、G 表示，规定灯亮时为 1、不亮时为 0；输出变量为故障信号，用 Z 表示，规定正常工作时为 0，发生故障时为 1，则该电路的逻辑图如图 6-11 所示。

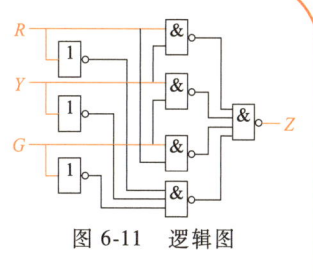

图 6-11 逻辑图

6.2 编 码 器

将十进制数、文字、符号等转换成若干位二进制信息符号的过程称为编码。例如：商品条形码、键盘编码器。在数字电路中用二进制代码表示有关信号称为二进制编码，如图 6-12 所示。实现编码功能的组合逻辑电路称为编码器。

6.2.1 二进制编码器

【二进制概念】 将各种有特定意义的输入信息编成二进制代码的电路称为二进制编码器。编码时，用 n 位二进制代码可对不多于 2^n 个输入信号进行编码，如图 6-13 所示。

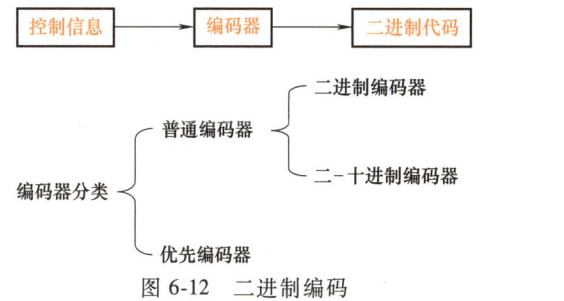

图 6-12 二进制编码

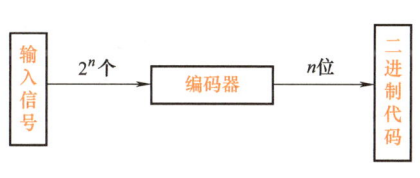

图 6-13 二进制编码器

【二进制特点】 任何时刻只允许输入一个有效信号，不允许同时出现两个或两个以上的有效信号。

【3 位二进制编码器（3 线-8 线二进制编码器）】 如图 6-14 所示。图中 I_0、I_1、$\cdots$、I_7 表示 8 路输入，分别代表十进制数 0、1、2、$\cdots$、7 八个数字。编码器的输出是 3 位二进制代码，用 Y_0、Y_1、Y_2 表示。编码器在任何时刻只能对 0~7 中的一个输入信号进行编号，不允许同时输入两个或两个以上有效信号。由此得出编码器的真值表见表 6-8。

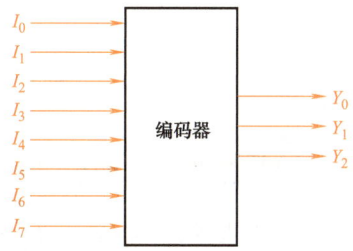

图 6-14 3 位二进制编码器示意图

从真值表可以写出逻辑函数表达式：

$$Y_2 = I_4 + I_5 + I_6 + I_7$$
$$Y_1 = I_2 + I_3 + I_6 + I_7$$
$$Y_0 = I_1 + I_3 + I_5 + I_7$$

表 6-8 真值表

十进制	输入变量								输出		
	I_7	I_6	I_5	I_4	I_3	I_2	I_1	I_0	Y_2	Y_1	Y_0
0	0	0	0	0	0	0	0	1	0	0	0
1	0	0	0	0	0	0	1	0	0	0	1
2	0	0	0	0	0	1	0	0	0	1	0
3	0	0	0	0	1	0	0	0	0	1	1
4	0	0	0	1	0	0	0	0	1	0	0
5	0	0	1	0	0	0	0	0	1	0	1
6	0	1	0	0	0	0	0	0	1	1	0
7	1	0	0	0	0	0	0	0	1	1	1

根据逻辑表达式可画出由 3 个或门组成的 3 位二进制编码器的逻辑图，如图 6-15 所示。

6.2.2 二-十进制编码器

将 0~9 十个十进制数编成二进制代码的电路，称为二-十进制编码器，也称为 10 线-4 线编码器。最常见的二-十进制编码器是 8421 码编码器。$I_0 \sim I_9$ 表示 10 路输入，Y_0、Y_1、Y_2、Y_3 为 4 条输出线，则 8421 码编码器的真值表见表 6-9。

根据真值表写出逻辑表达式：

$$Y_3 = I_8 + I_9 = \overline{\overline{I_8}\,\overline{I_9}}$$

$$Y_2 = I_4 + I_5 + I_6 + I_7 = \overline{\overline{I_4}\,\overline{I_5}\,\overline{I_6}\,\overline{I_7}}$$

$$Y_1 = I_2 + I_3 + I_6 + I_7 = \overline{\overline{I_2}\,\overline{I_3}\,\overline{I_6}\,\overline{I_7}}$$

$$Y_0 = I_1 + I_3 + I_5 + I_7 + I_9 = \overline{\overline{I_1}\,\overline{I_3}\,\overline{I_5}\,\overline{I_7}\,\overline{I_9}}$$

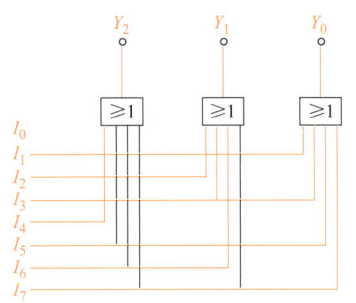

图 6-15 3 位二进制编码器的逻辑图

表 6-9 真值表

输入	输出				输入	输出			
	Y_3	Y_2	Y_1	Y_0		Y_3	Y_2	Y_1	Y_0
0(I_0)	0	0	0	0	5(I_5)	0	1	0	1
1(I_1)	0	0	0	1	6(I_6)	0	1	1	0
2(I_2)	0	0	1	0	7(I_7)	0	1	1	1
3(I_3)	0	0	1	1	8(I_8)	1	0	0	0
4(I_4)	0	1	0	0	9(I_9)	1	0	0	1

根据逻辑表达式画出 8421BCD 编码器逻辑图，如图 6-16 所示。

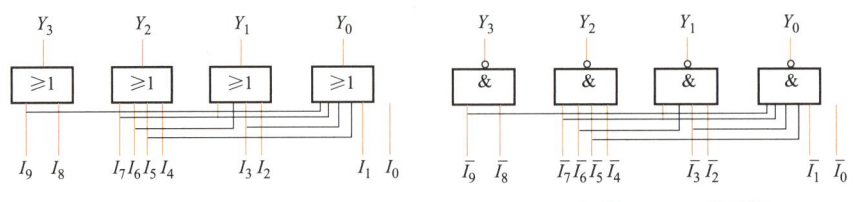

a) 或门 8421BCD 编码器   b) 与非门 8421BCD 编码器

图 6-16 8421BCD 编码器逻辑图

6.2.3 优先编码器

前面讨论的编码器中,在同一时刻仅允许有一个输入信号,如有两个或两个以上信号同时输入,输出就会出现错误的编码。优先编码器允许同时输入两个或两个以上输入信号,电路将对优先级别高的输入信号编码。计算机的键盘输入逻辑电路就是优先编码器的典型应用。图 6-17 所示为 8 线-3 线 74LS148 优先编码器的引脚排列图和实物图,其真值表见表 6-10。

优先编码器
的功能应用

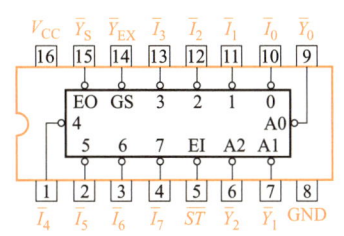
a) 引脚排列图

b) 实物图

优先编码器
的功能验证

图 6-17 优先编码器 74LS148

表 6-10 74LS148 集成电路真值表

$\overline{ST}$	$\overline{I}_0$	$\overline{I}_1$	$\overline{I}_2$	$\overline{I}_3$	$\overline{I}_4$	$\overline{I}_5$	$\overline{I}_6$	$\overline{I}_7$	$\overline{Y}_2$	$\overline{Y}_1$	$\overline{Y}_0$	$\overline{Y}_S$	$\overline{Y}_{EX}$
1	×	×	×	×	×	×	×	×	1	1	1	1	1
0	1	1	1	1	1	1	1	1	1	1	1	0	1
0	×	×	×	×	×	×	×	0	0	0	0	1	0
0	×	×	×	×	×	×	0	1	0	0	1	1	0
0	×	×	×	×	×	0	1	1	0	1	0	1	0
0	×	×	×	×	0	1	1	1	0	1	1	1	0
0	×	×	×	0	1	1	1	1	1	0	0	1	0
0	×	×	0	1	1	1	1	1	1	0	1	1	0
0	×	0	1	1	1	1	1	1	1	1	0	1	0
0	0	1	1	1	1	1	1	1	1	1	1	1	0

> **注意**
>
> 1. $\overline{ST}$ 为输入控制端(或称选通输入端),低电平有效,即当 $\overline{ST}=0$ 时允许编码,当 $\overline{ST}=1$ 时禁止编码。
>
> 2. $\overline{Y}_S$ 为选通输出端,$\overline{Y}_{EX}$ 为扩展端,可用于扩展编码器的功能,如用两片 8 线-3 线编码器可扩展为 16 线-4 线优先编码器。

*6.3 数据选择器与分配器

6.3.1 数据选择器

在数字电路系统中，常常要求从多条线路中选择我们需要的信号并将它们分配到指定的线路中。图 6-18 所示为数据的选择与分配示意图。

【数据选择器概念】 能在多路数据传输中根据地址码的要求，把其中的一路信号挑选出来的电路就是数据选择器，又称多路选择器或多路开关。数据选择器功能示意图如图 6-19 所示。常见数据选择器包括 2 选 1、4 选 1、8 选 1、16 选 1 等。

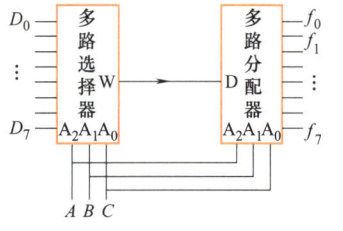

图 6-18 数据的选择与分配示意图

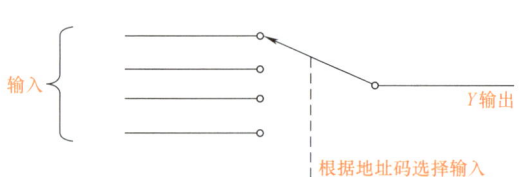

图 6-19 数据选择器功能示意图

【4 选 1 数据选择器】 图 6-20 所示为 4 选 1 数据选择器的功能示意图和逻辑图。其中 $D_3 \sim D_0$ 为数据输入端，A_1、A_0 为地址信号输入端，Y 为数据输出端，$\overline{ST}$ 为使能端，输入低电平有效，其真值表见表 6-11。

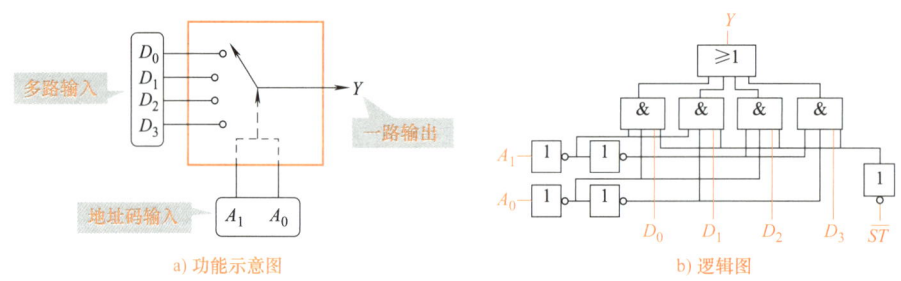

a) 功能示意图   b) 逻辑图

图 6-20 4 选 1 数据选择器

表 6-11 4 选 1 数据选择器真值表

输 入							输 出
$\overline{ST}$	A_1	A_0	D_3	D_2	D_1	D_0	Y
1	×	×	×	×	×	×	0
0	0	0	×	×	×	0	0 D_0
0	0	0	×	×	×	1	1
0	0	1	×	×	0	×	0 D_1
0	0	1	×	×	1	×	1
0	1	0	×	0	×	×	0 D_2
0	1	0	×	1	×	×	1
0	1	1	0	×	×	×	0 D_3
0	1	1	1	×	×	×	1

由真值表可知：当 $\overline{ST}=1$ 时，输出 $Y=0$，数据选择器不工作。当 $\overline{ST}=0$ 时，数据选择器工作，其输出为：

$$Y=\overline{A}_1\overline{A}_0D_0+\overline{A}_1A_0D_1+A_1\overline{A}_0D_2+A_1A_0D_3$$

图 6-21 所示为双 4 选 1 数据选择器 74LS153 的引脚排列图、逻辑功能示意图和实物图，其内部包含两个 4 选 1 数据选择器，两组输入共用一组地址控制端 A_1、A_0。

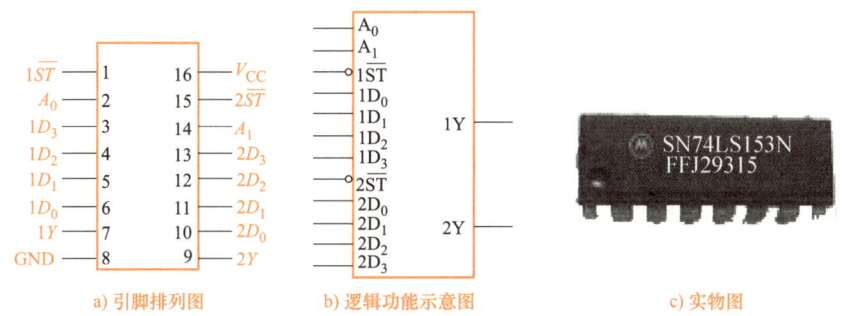

图 6-21 双 4 选 1 数据选择器 74LS153

6.3.2 数据分配器

数据分配是数据选择的逆过程。根据地址信号的要求将公共数据总线上的一路数据分配到指定输出通道上去的电路，称为数据分配器。它有一个输入端、多个输出端，经常和数据选择器一起构成数据传送系统。

图 6-22 所示为由 3 线-8 线译码器 74LS138 构成的 8 路数据分配器。图中 $A_0 \sim A_2$ 为地址信号输入端，$\overline{Y}_0 \sim \overline{Y}_7$ 为数据输出端，可从使能端 ST_A、$\overline{ST}_B$、$\overline{ST}_C$ 中选择一个作为数据输入端 D。如 $\overline{ST}_B$ 或 $\overline{ST}_C$ 作为数据输入端 D 时，输出原码。

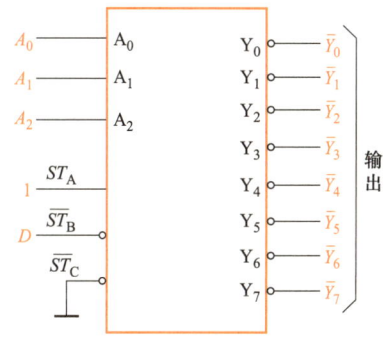

图 6-22 3 线-8 线译码器构成的数据分配器

6.4 译 码 器

6.4.1 译码器的基本功能及正确使用

译码是编码的逆过程。在数字电路中，将具有特定含义的二进制代码变换成一定的输出信号，以表示二进制代码的原意，这一过程称为译码。实现译码功能的组合电路为译码器。译码过程及译码器分类如图 6-23 所示。

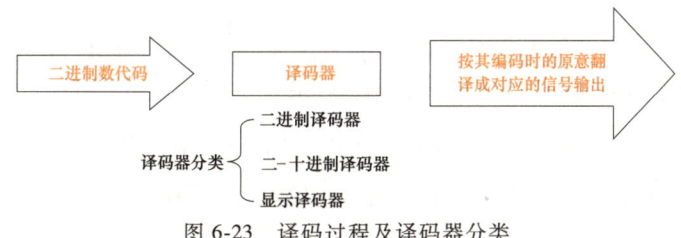

图 6-23 译码过程及译码器分类

【二进制译码器的功能】 将 n 位二进制代码译成 2^n 个十进制数,如图 6-24 所示。n 位二进制代码是输入量,代表 2^n 个十进制输出量。

图 6-24 二进制译码器的功能

【二进制译码器的特点】 每输入一组代码,多个输出端中仅一个输出端有输出信号。
【3 位二进制译码器（3 线-8 线译码器）框图】 3 线-8 线译码器框图如图 6-25 所示。
【3 线-8 线译码器 74LS138 及其应用】

（1）74LS138 的逻辑图、外引脚排列和实物图如图 6-26 所示,它有 3 个输入端、8 个输出端。A_2、A_1、A_0 为二进制代码输入端;$\overline{Y}_7 \sim \overline{Y}_0$ 为输出端,输出低电平有效;ST_A、$\overline{ST}_B$ 和 $\overline{ST}_C$ 为使能端。

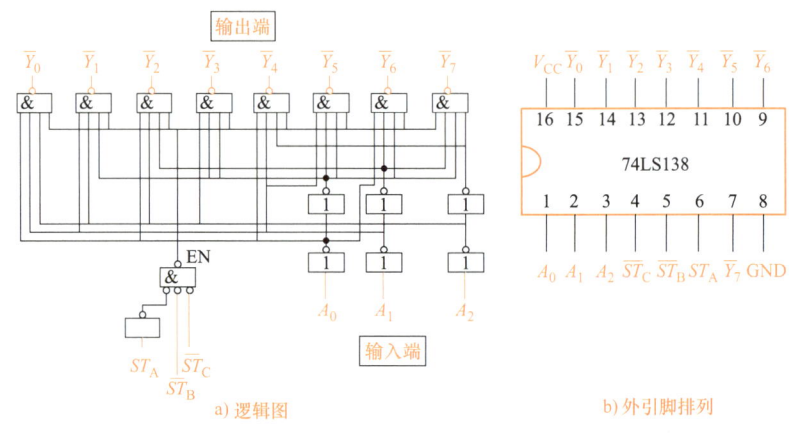

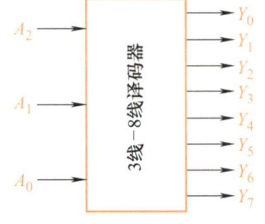

图 6-25 3 位二进制译码器
（3 线-8 线译码器）框图

图 6-26 3 线-8 线译码器 74LS138

（2）74LS138 集成电路处于工作状态时各输出端的逻辑表达式:

$$\overline{Y}_0 = \overline{\overline{A}_2 \overline{A}_1 \overline{A}_0} \quad \overline{Y}_1 = \overline{\overline{A}_2 \overline{A}_1 A_0} \quad \overline{Y}_2 = \overline{\overline{A}_2 A_1 \overline{A}_0} \quad \overline{Y}_3 = \overline{\overline{A}_2 A_1 A_0}$$
$$\overline{Y}_4 = \overline{A_2 \overline{A}_1 \overline{A}_0} \quad \overline{Y}_5 = \overline{A_2 \overline{A}_1 A_0} \quad \overline{Y}_6 = \overline{A_2 A_1 \overline{A}_0} \quad \overline{Y}_7 = \overline{A_2 A_1 A_0}$$

（3）74LS138 集成电路真值表,如表 6-12 所示。

由真值表可知:当 $ST_A = 0$,$\overline{ST}_B + \overline{ST}_C = 1$ 时,EN = 0,译码器不工作,输出 $\overline{Y}_7 \sim \overline{Y}_0$ 都为高电平 1。当 $ST_A = 1$,$\overline{ST}_B + \overline{ST}_C = 0$ 时,EN = 1,译码器工作,输出低电平 0 有效。这时,译码器输出 $\overline{Y}_7 \sim \overline{Y}_0$ 由输入二进制代码决定。

表 6-12　74LS138 集成电路真值表

输入					输出							
ST_A	$\overline{ST_B}+\overline{ST_C}$	A_2	A_1	A_0	$\overline{Y_0}$	$\overline{Y_1}$	$\overline{Y_2}$	$\overline{Y_3}$	$\overline{Y_4}$	$\overline{Y_5}$	$\overline{Y_6}$	$\overline{Y_7}$
×	1	×	×	×	1	1	1	1	1	1	1	1
0	×	×	×	×	1	1	1	1	1	1	1	1
1	0	0	0	0	0	1	1	1	1	1	1	1
1	0	0	0	1	1	0	1	1	1	1	1	1
1	0	0	1	0	1	1	0	1	1	1	1	1
1	0	0	1	1	1	1	1	0	1	1	1	1
1	0	1	0	0	1	1	1	1	0	1	1	1
1	0	1	0	1	1	1	1	1	1	0	1	1
1	0	1	1	0	1	1	1	1	1	1	0	1
1	0	1	1	1	1	1	1	1	1	1	1	0

6.4.2　常用数码显示器

在数字系统中工作的是二进制的数字信号，因此需要用数字显示电路，将二进制数字信号以人们习惯的十进制文字、符号等形式显示出来，以便查看。

【数字显示电路组成】　数字显示电路通常由显示译码器和显示器组成，如图 6-27 所示。其中显示译码器由译码器和驱动器组成，通常两者集成在一块芯片中。

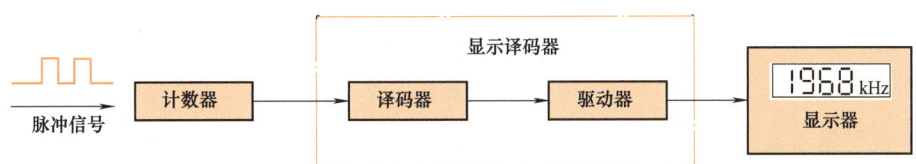

图 6-27　显示译码器和显示器

【数码显示器件】　数码显示器件种类繁多，可用于显示多种数字和符号。日常十进制数的显示多利用分段式数码显示器。

如图 6-28 所示，七段发光线段 a、b、c、d、e、f、g 按一定的形式排列成"日"字形。通过字段发光的不同组合，可显示 0~9 十个数字和 a~f 等英文字母。

显示器的连接示意图如图 6-29 所示。

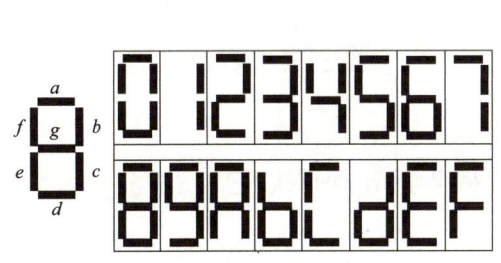

图 6-28　七段数码显示器的示意图

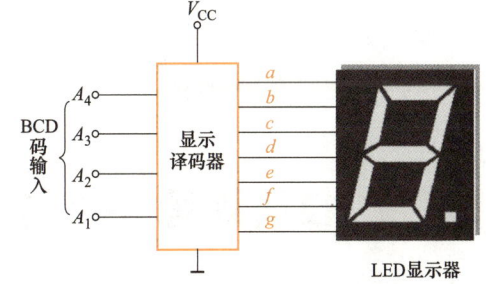

图 6-29　显示器的连接示意图

七段数码显示器主要有半导体数码管、液晶数码显示器和荧光数码管显示器几种。半导体数码管在数字电路中是将发光二极管 LED 排列成"日"字形状制成的。

【半导体数码管】 半导体数码管有共阳极和共阴极两种接法，图 6-30 中 R 为限流电阻。在图 6-30a 接法中，译码器输出低电平来驱动发光二极管发光，而在图 6-30b 接法中，译码器需要输出高电平来驱动各发光二极管发光。

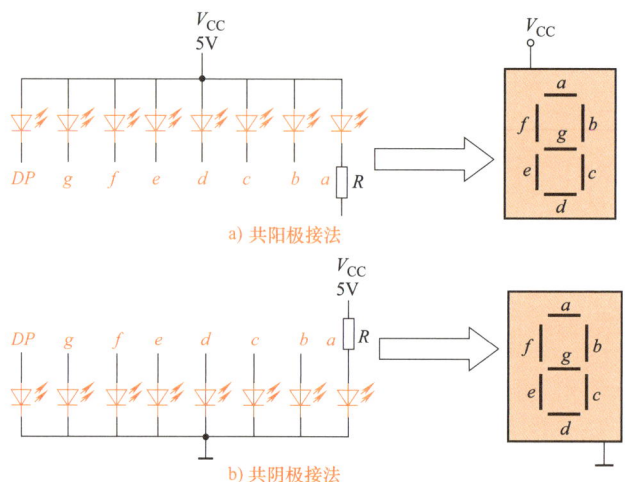

图 6-30 半导体数码管的共阳极和共阴极两种接法

半导体数码管的优点是工作电压较低、体积小、使用寿命长、工作可靠性高、响应速度快、亮度高；缺点是工作电流大，普通小型数码管每个字段的工作电流约为 10mA。

【液晶数码显示器】 液晶是液态晶体的简称。它是一种既具有液体的流动性，又具有某些光学特性的有机化合物。液晶数码显示器如图 6-31 所示。

液晶数码显示器的优点是工作电压低，功耗极小，缺点是显示欠清晰，响应速度慢。

【荧光数码管显示器】 具有工作电压较低、驱动电流小、使用寿命较长、显示清晰、视角大等优点，是目前仍被采用的一种数码管，如图 6-32 所示。

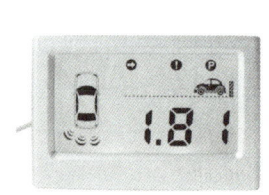

图 6-31 液晶数码显示器

图 6-32 荧光数码管显示器

技能训练 6-2 搭接编码器测试电路

【训练目标】

1. 认识优先编码器、二进制译码器的逻辑功能、特点及典型应用，进一步理解编码器、译码器的原理

2. 学会正确选择、使用编码器、译码器和数码管

【训练材料】 训练材料清单见表 6-13。

表 6-13 材料清单表

代号	名称	实物图	数量
V_{CC}	直流电源(0~30V 可调)	略	1
MF-47	万用表	略	1
V-212	示波器(信号传输探头两条)	略	1
ELB	信号发生器(信号传输线一条)	略	1
MBB	面包板	略	1
74LS148	8 线-3 线优先编码器		1
74LS138	3 线-8 线译码器		1
74LS145	BCD 码-十进制译码器		1
74LS248	7 段(数码)译码器（共阴极数码管译码驱动）		1
LC5011	共阴极数码管		1
	导线	略	若干

【训练内容及步骤】

74LS148 编码器逻辑功能测试

（1）将如图 6-33 所示 74LS148 集成门电路插入面包板中。将第 8 脚接地（GND），第 16 脚接+5V 电源（V_{CC}）。输入端 $\overline{I_0}$、$\overline{I_1}$、$\overline{I_2}$、$\overline{I_3}$、$\overline{I_4}$、$\overline{I_5}$、$\overline{I_6}$、$\overline{I_7}$ 和使能端信号 $\overline{ST}$ 接 9 个逻辑开关，输出端信号 $\overline{Y_2}$、$\overline{Y_1}$、$\overline{Y_0}$、$\overline{Y_S}$、$\overline{Y_{EX}}$ 分别接 5 个 LED 发光二极管。

（2）接通电源，按表 6-14 设置各个输入信号和使能端信号的逻辑电平开关，观察输出结果并填入表 6-14 中。

表 6-14 实验数据表

输入									输出				
$\overline{ST}$	$\overline{I_0}$	$\overline{I_1}$	$\overline{I_2}$	$\overline{I_3}$	$\overline{I_4}$	$\overline{I_5}$	$\overline{I_6}$	$\overline{I_7}$	$\overline{Y_2}$	$\overline{Y_1}$	$\overline{Y_0}$	$\overline{Y_S}$	$\overline{Y_{EX}}$
1	×	×	×	×	×	×	×	×					
0	1	1	1	1	1	1	1	1					
0	×	×	×	×	×	×	×	0					

（续）

			输	入					输 出
0	×	×	×	×	×	×	0	1	
0	×	×	×	×	×	0	1	1	
0	×	×	×	×	0	1	1	1	
0	×	×	×	0	1	1	1	1	
0	×	×	0	1	1	1	1	1	
0	×	0	1	1	1	1	1	1	
0	0	1	1	1	1	1	1	1	

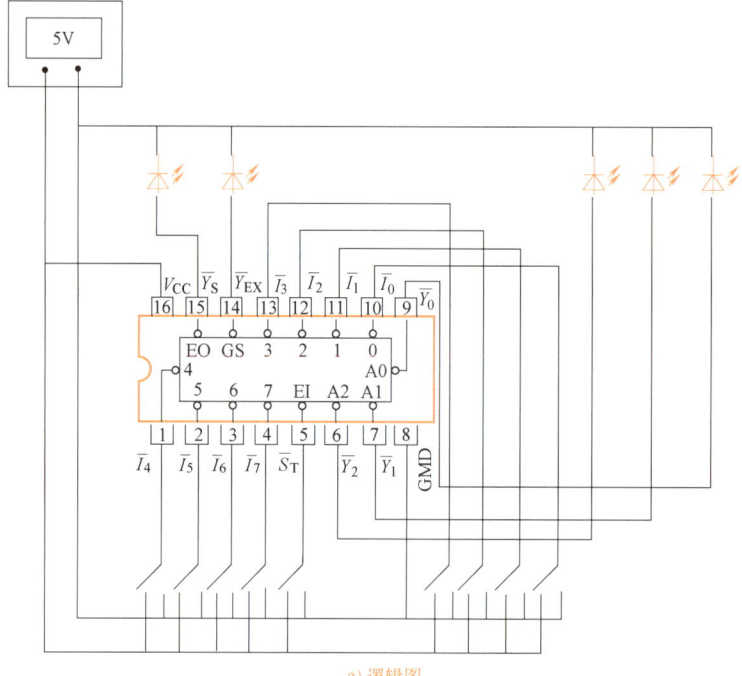

a) 逻辑图

b) 实物图

图 6-33　74LS148 优先编码器的测试电路

技能训练 6-3　搭接显示译码器

【训练目标】
1. 认识二进制译码器的逻辑功能、特点及典型应用,进一步理解译码器的原理
2. 学会正确选择、使用译码器和数码管显示器

【训练材料】　训练材料清单见表 6-15。

表 6-15　材料清单表

代　号	名　称	实物图	数　量
V_{CC}	直流电源(0~30V 可调)	略	1
VC9801A⁺	数字式万用表	略	1
VC2020A	示波器(信号传输探头两条)	略	1
ELB	信号发生器(信号传输线一条)	略	1
MBB	穿孔万用板(面包板)	略	1
74LS138	3 线-8 线译码器	略	1
74LS248	7 段(数码)译码器 (共阴数码管译码驱动)		1
LC5011	共阴极数码管		1
L	导线	略	若干
VL	发光二极管	略	若干
S	拨动开关	略	若干

【训练内容及步骤】

1. 验证 74LS138 译码器显示状态

(1) 将如图 6-34 所示 74LS138 集成门电路芯片插入数面包板中。将第 8 脚接地(GND),第 16 脚接 5V 电源(V_{CC})。输入端信号 A_0、A_1、A_2 和使能端信号 ST_A、$\overline{ST_B}$、$\overline{ST_C}$

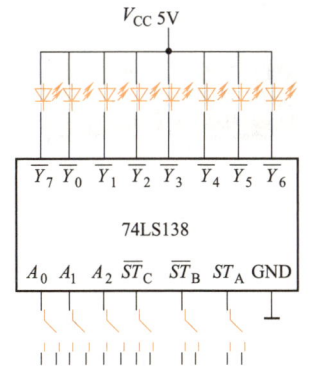
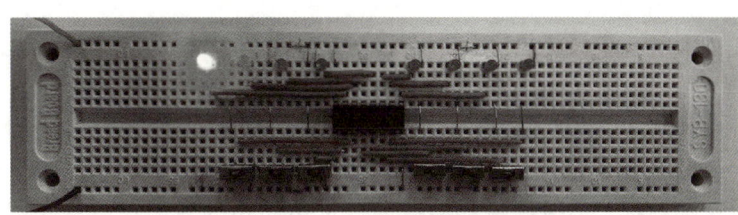

a) 逻辑图　　　　　　　　　　　　　　b) 实物图

图 6-34　74LS138 集成门电路

接 6 个拨动开关，输出端信号 $\overline{Y}_0 \sim \overline{Y}_7$ 分别接 8 个 LED 发光二极管。

（2）接通电源，按表 6-16 设置各个输入信号和使能端信号的逻辑电平开关，观察输出结果并填入表 6-16 中。

表 6-16 实验数据表

输入					输出							
ST_A	$\overline{ST}_B+\overline{ST}_C$	A_2	A_1	A_0	$\overline{Y}_0$	$\overline{Y}_1$	$\overline{Y}_2$	$\overline{Y}_3$	$\overline{Y}_4$	$\overline{Y}_5$	$\overline{Y}_6$	$\overline{Y}_7$
×	1	×	×	×								
0	×	×	×	×								
1	0	0	0	0								
1	0	0	0	1								
1	0	0	1	0								
1	0	0	1	1								
1	0	1	0	0								
1	0	1	0	1								
1	0	1	1	0								
1	0	1	1	1								

2. 搭接显示译码器

用 7 段（数码）译码驱动器 74LS248 和共阴极数码管 LC5011 搭接可以显示 0~9 十个数字的译码数字显示器。

（1）将译码驱动器 74LS248 和共阴极数码管 LC5011 插入面包板中。按图 6-35 连接线路。$\overline{LT}$ 为试灯端，低电平有效；$\overline{RBI}$ 为灭零输入端，低电平有效；$\overline{BI/RBO}$ 为灭灯输出端/灭零输出端，低电平有效；A、B、C、D 为数据输入端，高电平有效；a、b、c、d、e、f、g 为译码输出端，低电平有效。

译码显示电路的制作与测试

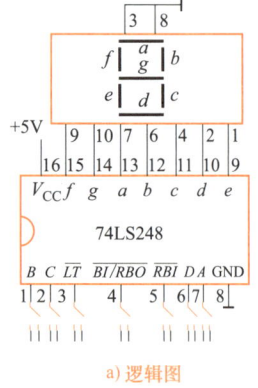

a) 逻辑图

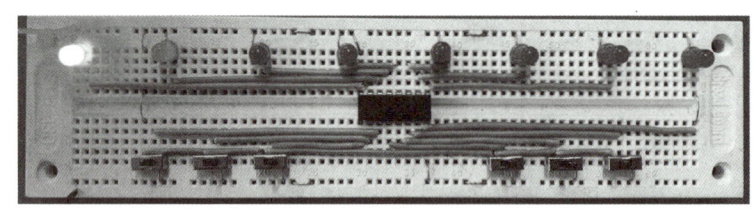

b) 实物图

图 6-35 连接线路

（2）为了检查数码显示器的好坏，使试灯端 $\overline{LT}$ 为 0，其余为任意状态，这时数码管各段全部点亮，否则数码管是坏的。再用一根导线将灭灯输出端/灭零输出端 $\overline{BI/RBO}$ 接地，这时如果数码管全灭，则译码显示是好的。

（3）将 74LS248 的 D、C、B、A 分别接拨动开关，$\overline{LT}$、$\overline{RBI}$ 和 $\overline{BI/RBO}$ 分别接逻辑高电

平。改变拨动开关的逻辑电平，在不同的输入状态下，将从数码管观察到的字形填入表 6-17 中。

表 6-17 实验数据表

输入				输出字型	输入				输出字型
D	C	B	A		D	C	B	A	
0	0	0	0		1	0	0	0	
0	0	0	1		1	0	0	1	
0	0	1	0		1	0	1	0	
0	0	1	1		1	0	1	1	
0	1	0	0		1	1	0	0	
0	1	0	1		1	1	0	1	
0	1	1	0		1	1	1	0	
0	1	1	1		1	1	1	1	

（4）使 $\overline{LT}=1$，$\overline{BI/RBO}$ 接一个发光二极管，在 $\overline{RBI}$ 为 1 和 0 的情况，使拨动开关的输出为 0000，观察灭零功能。

注意

插入或拔取集成块时须切断电源，不能带电操作。

想一想

1. 集成电路 74LS138、74LS248、LC5011 有何功能？
2. 若在 74LS248 的 A、B、C、D 端输入 8421 码 0110 时，数码管 LC5011 的显示状态怎样？

小知识

怎样检测集成电路（一）

由于集成电路内部电路较为复杂，引脚也比较多，故用专门的检测仪进行检测是最理想的，对于初学者，也可以采用简单的方法粗略地判断其好坏。

对于未装入电路前的检测方法如图 6-36 所示：

1. 将万用表调到欧姆挡合适挡位，黑表笔接地脚，红表笔接其他各引脚，测出已经确认是好的集成电路的每个引脚与接地引脚之间的阻值（也可查询相关资料）。

2. 测量待检查的集成电路每个引脚与接地引脚之间的阻值。

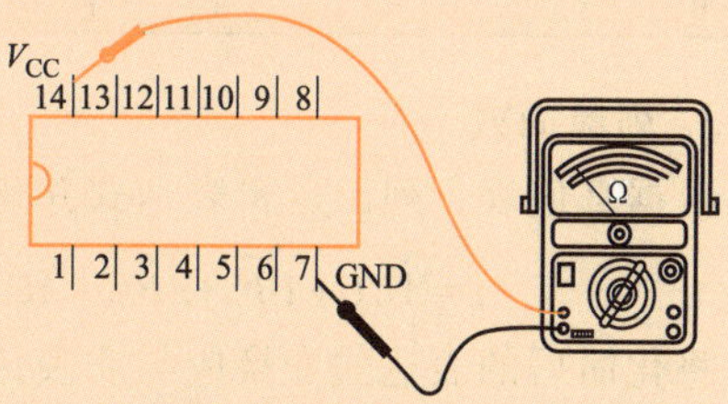

图 6-36 集成电路未装入电路前的检测方法

3. 比较两次测量的阻值，如果相差不多，就认为待查的集成电路是好的；如果相差很悬殊，则认为待查的集成电路是坏的。

项目训练　制作三人表决器

【训练目标】
1. 掌握三人表决器的制作和调试方法
2. 了解数字电路的设计过程

【训练材料】　训练材料清单见表 6-18。

表 6-18　材料清单

代　号	名　称	实　物　图	数　量
V_{CC}	直流电源（0~30V 可调）	略	1 台
VC9801A⁺	数字式万用表	略	1 块
VC2020A	示波器（信号传输探头两条）	略	1 台
ELB	信号发生器（信号传输线一条）	略	1 台
MBB	面包板	略	1 块
74LS00	四 2 输入与非门	略	1 片
HL	发光二极管	略	1 个
S	拨动开关	略	若干
	导线	略	若干

【训练内容及步骤】

1. 分析设计需求

（1）当表决某个提案时，由 A、B、C 三人参加表决。多数人同意，提案通过，同时 A 具有否决权，即 A 不同意则提案不能通过。

（2）用一片 74LS00 实现。

2. 列真值表

根据设计要求，列出真值表。

设 A、B、C 三个人表决同意提案时用 1 表示，不同意时用 0 表示；Y 为表决结果，提案通过用 1 表示，不通过用 0 表示，同时还应考虑 A 具有否决权，其真值表如表 6-19 所示。

表 6-19　真值表

A	B	C	Y	A	B	C	Y
0	0	0	0	1	0	0	0
0	0	1	0	1	0	1	1
0	1	0	0	1	1	0	1
0	1	1	0	1	1	1	1

3. 列最简式

根据真值表，列出逻辑表达式并化简：

$$Y = A\bar{B}C + AB\bar{C} + ABC = AC + AB$$

将化简后的表达式变换成与非表达式：

$$Y = \overline{\overline{AC + AB}} = \overline{\overline{AC} \cdot \overline{AB}}$$

4. 画逻辑图

根据与非逻辑表达式画逻辑图，如图 6-37 所示。

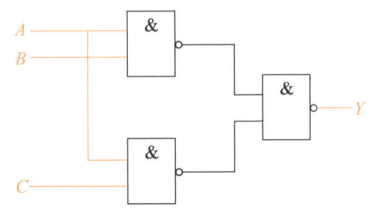

图 6-37　三个人表决逻辑图

5. 画连线图

按图 6-38 连接线路，将第 7 脚接地，第 14 脚接+5V 电源。输入端信号 A、B、C 接 3 个拨动开关，作为三个表决按钮，当与地端相接时输入为低电平，与电源相接时输入为高电平；输出端信号 Y 接发光二极管，作为提案通过指示信号。

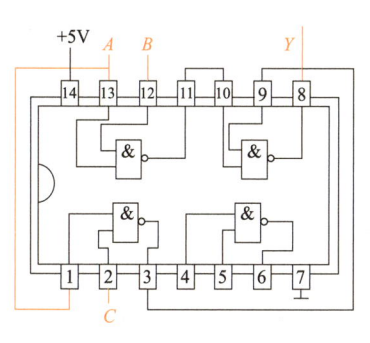

a）74LS00连线路

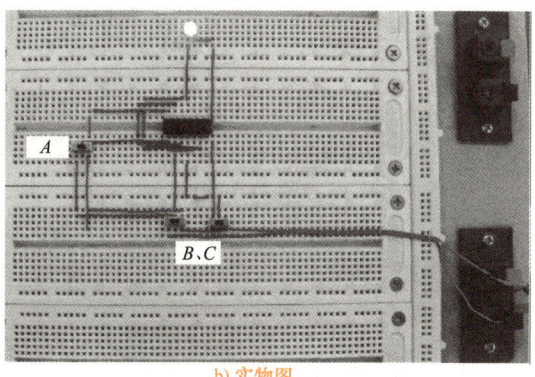

b）实物图

图 6-38　表决器电路

【实训结果】　按设置三个表决按钮的情况，观察发光二极管指示，将结果记录在表 6-20 中。

表 6-20　实验数据表

A	B	C	发光二极管(Y)	A	B	C	发光二极管(Y)
0	0	0		1	0	0	
0	0	1		1	0	1	
0	1	0		1	1	0	
0	1	1		1	1	1	

想一想

举重比赛有三个裁判 A、B、C。杠铃举起的裁决，由每个裁判按一下自己面前的按钮来决定。只有两个或两个以上裁判判明成功时，表明"成功"的灯才亮。设计这个逻辑电路，并用 74LS00 集成电路来制作。

小知识

怎样检测集成电路（二）

对于已装入电路时的检测方法：

1）用万用表欧姆挡检测集成电路各引脚对地的电阻，然后与标准值进行比较，判断其好坏。

2）用万用表直流电压挡测集成电路各引脚对地的电压值与正常比较。（当集成电路供电电压符合规定的情况下）如果有不符合标准值的引脚，先查其外围元件，若无损坏和失效，就认为是该集成电路的问题，如图 6-39 所示。

3）用示波器观察关键引脚的波形与标准波形进行比较，判断其好坏。

4）用同型号的集成电路进行替换试验，这是见效最快的一种方法，但拆焊较麻烦。

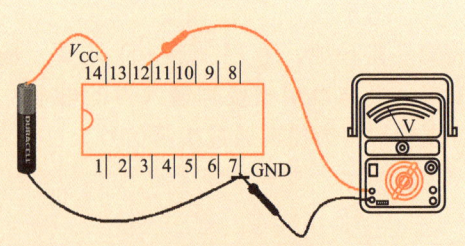

图 6-39　已装入电路的集成电路的检测方法

【自评互评表】　评价表见表 6-21。

表 6-21　自评互评表

班级		姓名		学号		组别		
项目	考核要求		配分	评分标准		自评分		互评分
元器件的识别	正确识别 74LS00 集成电路的功能及各引脚的作用		20	元器件识别，每错一处扣 2 分				
元器件拔插安装情况	正确拔插安装器件		20	1. 拔插安装电路不正确，扣 5 分 2. 拔插电路时损伤器件，扣 10 分				
导线连接	1. 导线挺直，紧贴面包板 2. 板上的连接线成直线或直角，且不能相交		20	1. 导线弯曲、拱起，每处扣 2 分 2. 连接线弯曲、不直，每处扣 2 分 3. 连接线相交，每处扣 2 分				
电源连接	电源连接正确		10	连接错误，扣 5 分				
电路功能调试	1. 三人表决器逻辑功能正确 2. 表 6-20 填写正确		20	1. 电路工作不正常，扣 5 分 2. 工作正常但表 6-20 填写错误，扣 10 分				
安全文明操作	工作台上工具摆放整齐，严格遵守安全操作规程，符合"6S"管理要求		10	违反安全操作，工作台上脏乱，不符合"6S"管理要求，酌情扣 3～10 分				
反思记录（附加 10 分）	项目			记录				
	故障排除		3					
	你会做的		2					
	你能做的		2					
	任务创新方案		3					
合计				100+10				

你完成本次工作任务的体会（学到哪些知识、掌握哪些技能、有哪些收获）：

小组对你完成此次工作任务的评价（工作、学习方面）：

教师对你完成此次工作任务的评价（工作、学习方面）：

本章小结

1. 把逻辑门电路按一定的规律加以组合，可以构成具有各种功能的逻辑电路，称为组合逻辑电路。其特点是：在组合逻辑电路中任意时刻的输出只取决于该时刻的输入，与电路原来的状态无关。电路无记忆功能。分析组合逻辑电路的步骤是：

（1）由逻辑图写表达式；（2）化简表达式；（3）列真值表；（4）描述逻辑功能。

2. 组合逻辑电路现多采用集成电路来实现，组合逻辑电路种类很多，应用也很广泛，常见的有编码器、译码器、数据选择器、数据分配器等。

3. 将十进制数、文字、符号等转换成若干位二进制信息符号的过程称为编码。在数字电路中用二进制代码表示有关的信号称为二进制编码。在多路数据传输中，根据地址码的要求，能把其中的一路信号挑选出来的电路就是数据选择器，又称多路选择器或多路开关。根据地址信号的要求将公共数据总线上的一路数据分配到指定输出通道上去的电路，称为数据分配器。

4. 译码是编码的逆过程。在数字电路中，将具有特定含义的二进制代码变换成一定的输出信号，以表示二进制代码的原意，这一过程称为译码。实现译码功能的组合电路为译码器。用来驱动各种显示器件，从而将用二进制代码表示的数字、文字、符号翻译成人们习惯的十进制数等形式直观地显示出来的电路，称为显示译码器。常见七段显示器主要有半导体数码管、液晶数码显示器和荧光数码管显示器。

第7章 触 发 器

知识目标

1. 了解基本 RS 触发器的电路组成、逻辑功能及特点
2. 了解同步 RS 触发器的电路组成、逻辑功能及特点
3. 熟悉 JK 触发器的电路符号，了解 JK 触发器的逻辑功能和边沿触发方式

能力目标

1. 能正确使用集成触发器
2. 掌握集成触发器逻辑功能的测试方法
3. 能查阅手册合理选用集成触发器
4. 会使用触发器安装电路，实现所要求的逻辑功能

素质目标

1. 培养学生认真、严谨的工作作风
2. 培养学生的沟通能力及团队协作精神
3. 培养学生的安全生产、环保与节能意识

在生活中我们经常在路边见到饮料、咖啡的自动售卖机，而在投币使用时，我们往往不止投一个硬币，这就需要售卖机把前面投放硬币的信息先存起来，然后再将信息进行处理。下面介绍具有记忆功能的电路。

7.1 RS 触发器

在各种复杂的数字系统中也一样，不仅要对数字信号进行运算，常常还要将这些信号和运算结果保存起来。这样，电路中就需要具有记忆功能的基本逻辑单元。触发器就是具有记忆功能、数字信息存储功能的基本单元电路。

【触发器的两种状态】 触发器有两个稳定状态，一个是0状态，另一个是1状态。当没有外界信号作用时，触发器能保持原来的状态不变，所以它具有存储一位二值信号的功能。

触发器有两个输出端，它们的状态总是互补的，通常规定触发器 Q 端的状态为触发器的状态，即 $Q=0$ 与 $\overline{Q}=1$ 时，称触发器为"0"态；$Q=1$ 与 $\overline{Q}=0$ 时，称触发器为"1"态。

【触发器的翻转】 在一定的外界信号作用下，触发器可以从一个稳态翻转为另一个稳态，而且当外界信号消失后，能将新建立的状态保持下来，即为记忆功能。所谓翻转，是指

触发器从 0 状态变化为 1 状态，或从 1 状态变化为 0 状态。

【触发器种类】 触发器种类很多，按触发方式的不同，可以分为同步触发器、主从触发器及边沿触发器等；根据逻辑功能的差异，可分为 RS 触发器、D 触发器、JK 触发器等几种触发器。

7.1.1 基本 RS 触发器的电路组成

基本 RS 触发器是各种触发器中结构形式最简单的一种，同时也是许多电路结构复杂触发器的一个组成部分。基本 RS 触发器电路的逻辑图及逻辑符号如图 7-1 所示。

基本 RS 触发器是由两个与非门 G_1 和 G_2

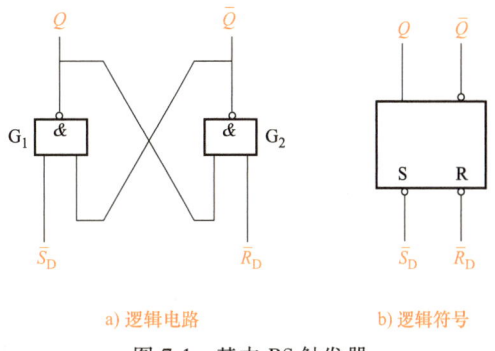

图 7-1 基本 RS 触发器

的输入端与输出端交叉耦合而组成的，如图 7-1a 所示，$\overline{R}_D$、$\overline{S}_D$ 是它的两个输入端，Q、$\overline{Q}$ 是两个输出端。

> **小知识**
>
> ### 由集成与非门构成基本 RS 触发器
>
> 基本 RS 触发器可由集成与非门组成，比如 74LS00、CD4011、CC4011 等，对于 CD4011，只用将 2、4 引脚，3、5 引脚之间各连接一条连接线，就组成了一个基本 RS 触发器，如图 7-2 所示。
>
>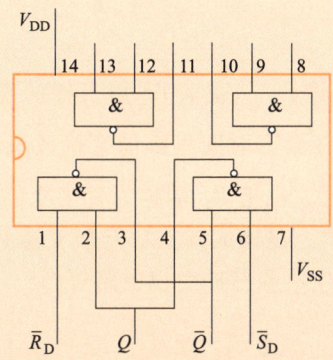
>
> 图 7-2 由集成与非门（CD4011）组成的基本 RS 触发器

7.1.2 基本 RS 触发器的逻辑功能和电路特点

【基本 RS 触发器的逻辑功能】

（1）$\overline{R}_D = 1$、$\overline{S}_D = 1$，触发器保持原状态不变。

当 $\overline{R}_D = 1$、$\overline{S}_D = 1$ 时，若触发器原来处于 0 态，即当 $Q = 0$、$\overline{Q} = 1$ 时，门 G_1 的两个输入 $\overline{S}_D$、$\overline{Q}$ 均为 1 态，触发器保持 0 态不变。同理，若触发器原来处于 1 态，即当 $Q = 1$、$\overline{Q} = 0$ 时，门 G_2 的两个输入 Q、$\overline{R}_D$ 均为 1 态，因此，门 G_2 的输出 $\overline{Q} = 0$，$\overline{Q} = 0$ 必使 G_1 的输出为 1，因此触发器保持 1 态不变。

可见，触发器未输入低电平信号时，总是保持原来状态不变，这就是触发器的记忆功能。

（2）$\overline{R}_D = 1$、$\overline{S}_D = 0$，触发器被置为 1 态。

由于 $\overline{S}_D = 0$，门 G_1 的输出 $Q = 1$，因而门 G_2 的两个输入 Q、$\overline{R}_D$ 全为 1 态，则 $\overline{Q} = 0$，触发器状态为 1 态，故称 $\overline{S}_D$ 端为置 1 端或称置位端。

（3）$\overline{R}_D = 0$、$\overline{S}_D = 1$，触发器被置为 0 态。

由于 $\overline{R}_D = 0$，门 G_2 的输出 $\overline{Q} = 1$，因而门 G_1 的两个输入 $\overline{S}_D$、$\overline{Q}$ 均为 1 态，则 $Q = 0$，触发器状态为 0 态，故称 $\overline{R}_D$ 为置 0 端或称为复位端。

（4）$\overline{R}_D = 0$、$\overline{S}_D = 0$，触发器状态不确定。

在 $\overline{R}_D = 0$、$\overline{S}_D = 0$ 期间，Q 和 $\overline{Q}$ 同时被迫为 1，因而在 $\overline{R}_D$、$\overline{S}_D$ 的低电平触发信号同时消失后，Q 和 $\overline{Q}$ 的状态不能确定，这种情况应当避免，否则会出现逻辑混乱或错误。

综上所述，基本 RS 触发器的逻辑功能见表 7-1，表中 Q^n 表示触发器原来所处状态，称为初态，Q^{n+1} 表示输入信号或时钟脉冲作用后的状态，称为次态。

表 7-1 基本 RS 触发器真值表

输入信号		输出状态		功能说明
$\overline{R}_D$	$\overline{S}_D$	Q^n	Q^{n+1}	
0	0	0 / 1	×	不定
0	1	0 / 1	0	置 0
1	0	0 / 1	1	置 1
1	1	0 / 1	0 / 1	保持

【基本 RS 触发器的特点及用途】 从基本 RS 触发器的电路结构图可看出，输入信号直接加在输出门上，所以输入信号在全部时间里都能直接改变输出端 Q 和 $\overline{Q}$ 的状态，这就是基本 RS 触发器的动作特点。因此，也把 $\overline{R}_D$ 端称为直接复位端，$\overline{S}_D$ 端称为直接置位端。

基本 RS 触发器电路结构简单，是构成其他功能触发器必不可少的组成部分，可用作数码寄存器、无抖动开关单脉冲发生器和脉冲变换电路等。

案例解析

【例 7-1】 已知基本 RS 触发器的 $\overline{R}_D$、$\overline{S}_D$ 的电压波形如图 7-3 所示，设初态 $Q = 0$ 试画出 Q 和 $\overline{Q}$ 端对应的电压波形。

【解析】 根据每个时间里 $\overline{R}_D$、$\overline{S}_D$ 的状态，去查真值表中对应的 Q 和 $\overline{Q}$ 的状态，就可以画出输出波形图。Q 和 $\overline{Q}$ 的波形如图 7-3 所示。

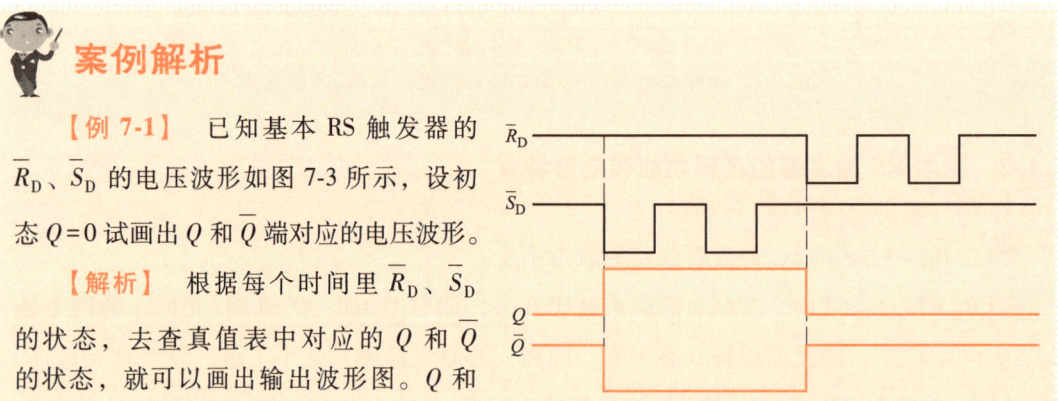

图 7-3 波形图

消除机械开关抖动电路

RS 按键消抖电路

常用的机械开关都有抖动现象,由于振动产生干扰电压或电流,这种干扰信号会导致电路工作出错,所以一般不允许发生这种现象。图 7-4a 所示是采用基本 RS 触发器组成的输出波形无抖动电路,当开关由 A 扳向 B 时,触点 B 则由于开关的弹性回跳,需要过一段时间才能稳定在低电平,造成 $\bar{S}_D$ 在 0、1 之间来回变化,如图 7-4b 中的 $\bar{R}_D$、$\bar{S}_D$ 的波形。尽管如此,在 $\bar{S}_D$ 端出现的第一个低电平时,就能使 Q 端由 0 状态变为 1 状态,如图 7-4b 所示 Q 端的输出波形。一旦 Q 置 1,即使 $\bar{S}_D$ 在 1、0 之间来回变化,输出 Q 端都无抖动,所以消除了开关的抖动现象。

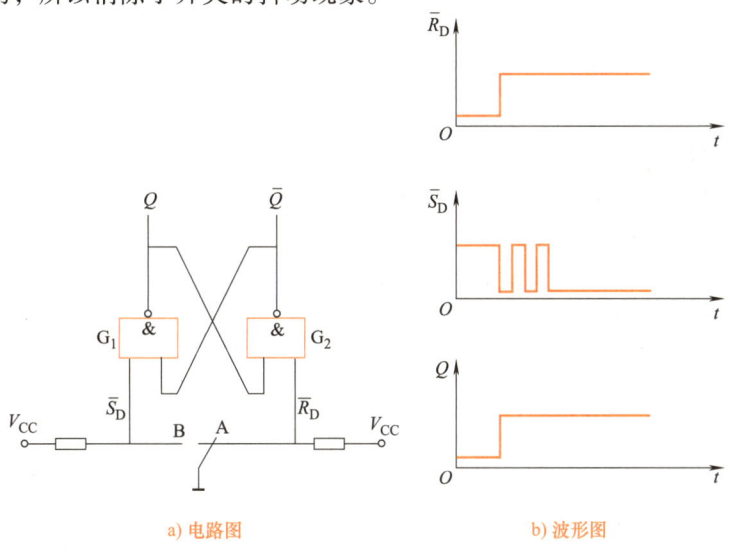

a) 电路图   b) 波形图

图 7-4 基本 RS 触发器输出波形无抖动电路及波形图

7.1.3 同步 RS 触发器的电路组成

在数字系统中,为了保证各部分电路工作协调一致,常常要求一些触发器在同一时刻动作。因此,通常由时钟脉冲 CP 来控制触发器按一定的节拍同步动作,即在时钟脉冲到来时输入触发信号才起作用。由时钟脉冲控制的 RS 触发器称为同步 RS 触发器,也称为钟控 RS 触发器。

同步 RS 触发器是在基本 RS 触发器的基础上增加两个与非门构成的,如图 7-5 所示。

图中 G_1、G_2 门组成基本 RS 触发器。G_3、G_4 构成控制门,在时钟脉冲 CP 控制下,将 R、S 的信号传送到基本 RS 触发器。$\bar{R}_D$、$\bar{S}_D$ 不受时钟脉冲控制,可以直接置 0、置 1,所以 $\bar{R}_D$ 称为异步置 0 端,$\bar{S}_D$ 称为异步置 1 端。R、S 为输入端。

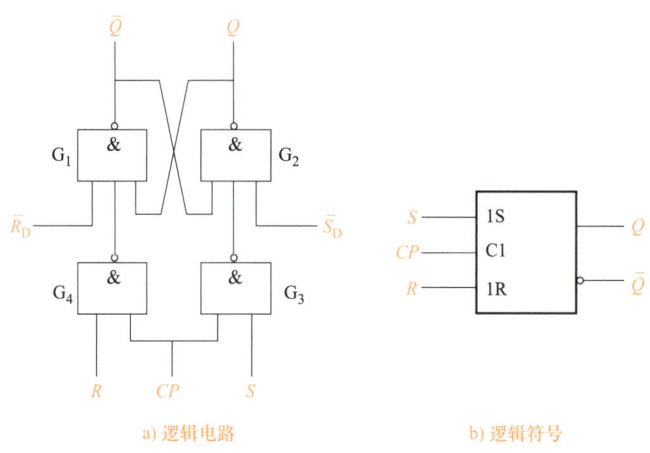

a) 逻辑电路　　　　　　　　b) 逻辑符号

图 7-5　同步 RS 触发器

7.1.4　同步 RS 触发器的逻辑功能和电路特点

【同步 RS 触发器的逻辑功能】

（1）无时钟脉冲作用时（即 $CP=0$），与非门 G_3、G_4 均被封锁，无论 R、S 是什么信号，输出端 Q 和 $\bar{Q}$ 保持原状态不变。

（2）有时钟脉冲作用时（即 $CP=1$），与非门 G_3、G_4 门打开，R、S 输入信号才能分别通过 G_3、G_4 门加在基本 RS 触发器的输入端，从而使触发器翻转。

综上所述，同步 RS 触发器的逻辑功能见表 7-2。

表 7-2　同步 RS 触发器真值表

时钟脉冲 CP	输入信号 R	S	输出状态 Q^n	Q^{n+1}	功能说明
0	×	×	0 1	0 1	保持
1	0	0	0 1	0 1	保持
1	0	1	0 1	1	置1
1	1	0	0 1	0	置0
1	1	1	0 1	×	不定

【同步 RS 触发器的特点及用途】　在 $CP=1$ 的所有时间里，R、S 的变化都将引起触发器输出端状态的变化，这就是同步 RS 触发器的动作特点。因此，在 $CP=1$ 的时间里，输入信号多次变化，触发器也随之多次变化，这种现象称空翻。"空翻现象"会造成逻辑混乱，使电路无法正常工作。这也是同步 RS 触发器除了存在不确定的缺点外，存在的另一个缺点——"空翻现象"。

想一想

你能说出基本 RS 触发器与同步 RS 触发器的主要差异吗？

技能训练 7-1 74LS00 触发器的功能测试

【训练目标】
1. 了解 74LS00 的引脚分布
2. 掌握 74LS00 的功能及其测试

【训练材料】 材料清单见表 7-3。

表 7-3 材料清单表

代 号	名 称	实物图	规 格	数 量
MBB	面包板	略		3 块
IC	集成电路	略	74LS00	1 块
	导线	略		若干
S	拨动开关	略	两挡	2 个
VL	发光二极管	略	红	2 个
V_{CC}	直流稳压电源	略	0～36V	1 台

【训练内容及步骤】

1. 电路原理（见图 7-6）

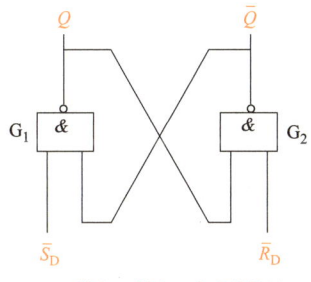
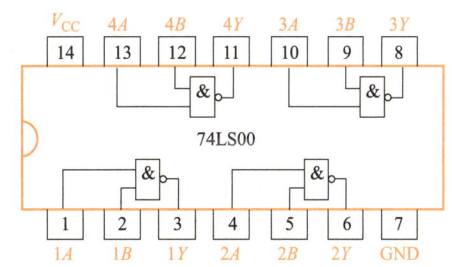

a) 基本RS触发器电路结构图　　　　　　b) 74LS00引脚功能图

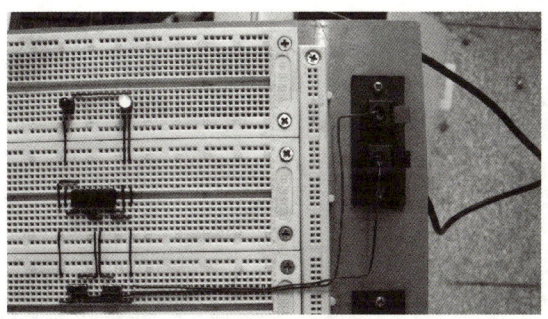

c) 74LS00实物图　　　　　　d) 测试电路连线图

图 7-6 RS 触发器电路结构、74LS00 引脚功能、实物图及连线图

2. 连接电路

（1）按照图 7-6d 所示，将 74LS00 插入面包板中，并连接成基本 RS 触发器。

 注意

识别第 1 脚位置（集成块正面放置且缺口向左，则左下角为第 1 脚）。

（2）$\overline{R}_D$、$\overline{S}_D$ 为输入信号，接高、低电平；输出 Q 和 $\overline{Q}$ 分别接发光二极管，改变输入，观察输出 Q 和 $\overline{Q}$ 端状态。

【实训结果】 将测量数据填入表 7-4 中。

表 7-4 测试数据表

输入信号		输出状态		功能说明
$\overline{R}_D$	$\overline{S}_D$	Q	$\overline{Q}$	
0	0			
0	1			
1	0			
1	1			

7.2 JK 触发器

前面介绍的 RS 触发器存在不确定状态，为了避免不确定状态，在 RS 触发器的基础上发展了其他几种触发器，其中一种是 JK 触发器。JK 触发器是一种逻辑功能完善、通用性强的集成触发器，在结构上可分为主从 JK 触发器和边沿 JK 触发器。

主从结构触发器是由两级触发器构成的。其中一级直接接收输入信号，称为主触发器，另一级接收主触发器的输出信号，称为从触发器。两级触发器的时钟信号互补，主触发器接收输入与从触发器改变输出状态分开进行，从而有效地克服了空翻。

为了提高触发器的可靠性，增强抗干扰能力，希望触发器的次态仅取决于时钟脉冲的下降沿或上升沿时刻输入信号的状态。为实现这一设想，研制出各种边沿触发器电路。

7.2.1 主从 JK 触发器的电路组成

图 7-7 所示为主从 JK 触发器的电气符号。

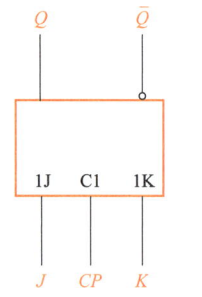

图 7-7 主从 JK 触发器电气符号

7.2.2 主从 JK 触发器的逻辑功能和电路特点

JK 触发器的逻辑功能与 RS 触发器的逻辑功能基本相同，不同之处是 JK 触发器没有约束条件，在 $J=K=1$ 时，每输入一个时钟脉冲后，触发器的状态翻转一次。主从 JK 触发器真值表如表 7-5 所示。

表 7-5　主从 JK 触发器真值表

输入信号		输出状态		功　能
J	K	Q^n	Q^{n+1}	
0	0	0 1	0 1	保持
0	1	0 1	0 0	置0
1	0	0 1	1 1	置1
1	1	0 1	1 0	翻转

案例解析

【例 7-2】 已知主从 JK 触发器的输入 CP、J 和 K 的波形，如图 7-8 所示，试画出 Q 端对应的电压波形。设触发器的初始状态为 0 态。

【解析】 根据每个时间里 J、K 的状态所对应的 Q 的状态，即可画出波形。

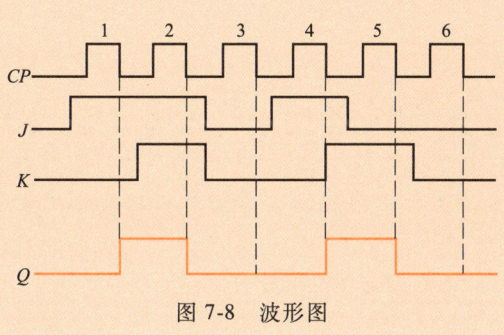

图 7-8　波形图

7.2.3　边沿 JK 触发器的电路组成

图 7-9 所示为边沿 JK 触发器。在图中 J、K 为信号输入端，CP 为时钟脉冲。在符号图中 CP 一端标有"∧"和小圆圈，表示脉冲下降沿有效；如果图中 CP 一端标有"∧"而无小圆圈，表示脉冲上升沿有效。$\overline{R}_D$ 是直接复位端，$\overline{S}_D$ 是直接置位端，$\overline{R}_D$ 端、$\overline{S}_D$ 端全都是低电平有效。

7.2.4　边沿 JK 触发器的逻辑功能和电路特点

下降沿触发的 JK 触发器的逻辑功能与主从 JK 触发器相同，除了对 CP 的要求不同以外，J、K、Q^n、Q^{n+1} 之间的逻辑关系则是完全相同的。

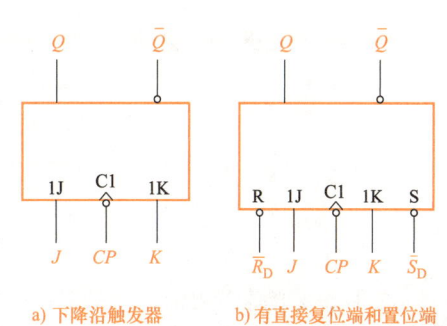

a) 下降沿触发器　　b) 有直接复位端和置位端

图 7-9　边沿 JK 触发器

案例解析

【例7-3】 已知下降沿 JK 触发器的输入 CP、J 和 K 的波形，如图 7-10 所示，试画出 Q 端对应的电压波形。设触发器的初始状态为 0 态。

【解析】 根据每个时间里 J、K 的状态所对应的 Q 的状态，即可画出波形。

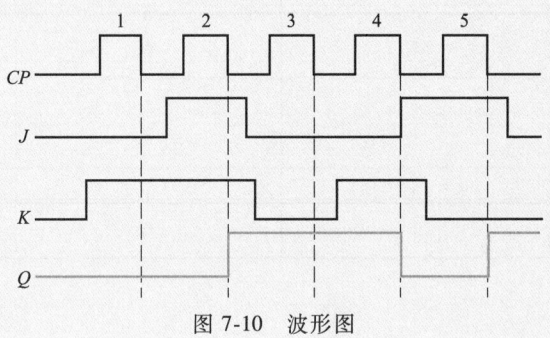

图 7-10 波形图

 想一想

你能说出 JK 触发器与 RS 触发器的逻辑功能有何不同吗？

 **小知识**

用 JK 触发器构成计数型 T′触发器

JK 触发器是市场上中规模集成触发器的常见产品，为了得到其他功能的触发器，可将 JK 触发器通过简单的连线或附加一些逻辑门电路来实现转换。将 JK 触发器的 J、K 端相连作为一个输入端，并记作 T，就构成了只具有保持和翻转功能的 T 触发器，如图 7-11a 所示。T 触发器的特性表如图 7-11b 所示。

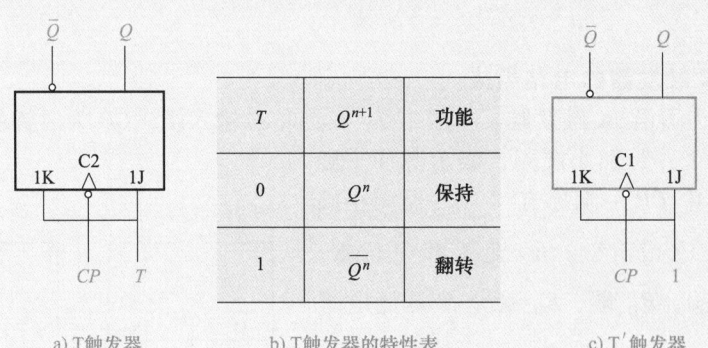

a) T触发器　　b) T触发器的特性表　　c) T′触发器

图 7-11 用 JK 触发器构成计数型 T′触发器

在 T 触发器的基础上，如果 $T=1$，则 T 触发器就处于计数状态，每来一个 CP 脉冲，触发器的状态就翻转一次，这种触发器称为计数触发器，即 T′触发器，如图 7-11c 所示。

技能训练 7-2　74LS112 触发器的功能测试

【训练目标】

1. 了解 74LS112 的引脚分布
2. 掌握 74LS112 的功能及其测试方法

【训练材料】　材料清单见表 7-6。

JK 触发器的制作与测试

表 7-6　材料清单表

代　号	名　称	实物图	规　格	数　量
MBB	面包板	略		3 块
IC	集成电路	略	74LS112	1 块
	导线	略		若干
S	拨动开关	略	两挡	若干
HL	发光二极管	略	红	2 个
V_{CC}	直流稳压电源	略	0~36V	1 台
SB	微动按钮开关	略		1 个

【训练内容及步骤】

1. 认识芯片

74LS112 芯片的引脚功能及外形如图 7-12 所示，其内部包含 2 个有直接复位端和直接置位端的边沿 JK 触发器，其电路符号如图 7-12a 所示。

2. 连接电路

（1）按照图 7-12d 所示，将 74LS112 插入面包板中。

> **注意**
>
> 识别第 1 脚位置（集成块正面放置且缺口向左，则左下角为第 1 脚）。

（2）任取 74LS112 芯片中一组 JK 触发器，$1J$、$1K$、$1\overline{R}_D$、$1\overline{S}_D$ 为输入信号，接拨动开关 S_1、S_2、S_3、S_4，接高、低电平；输出 $1Q$ 和 $1\overline{Q}$ 分别接发光二极管，$1CP$ 接脉冲信号，改变输入，进行测试。

【实训结果】　将测量数据填入表 7-7 中。

（1）测试 $1\overline{R}_D$、$1\overline{S}_D$ 的复位、置位功能：改变 $1\overline{R}_D$、$1\overline{S}_D$，（$1J$、$1K$、$1CP$ 处于任意状态），并在 $1\overline{R}_D=0$（$1\overline{S}_D=1$）或 $1\overline{R}_D=1$（$1\overline{S}_D=0$）作用期间任意改变 $1J$、$1K$ 及 $1CP$ 的状态，观察 $1Q^{n+1}$ 状态，将实验结果记入表 7-7 中。

表 7-7　JK 触发器 $1\overline{R}_D$ 复位和 $1\overline{S}_D$ 置位的测试表

$1CP$	$1J$	$1K$	$1\overline{R}_D$	$1\overline{S}_D$	$1Q^{n+1}$
×	×	×	0	1	
×	×	×	1	0	

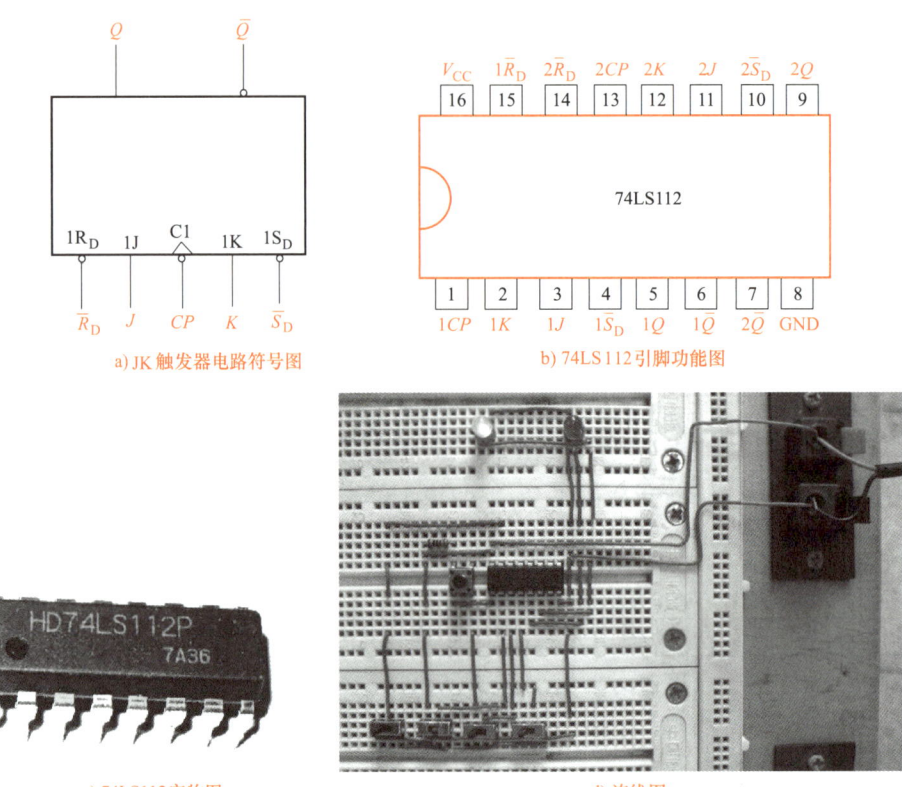

图 7-12　JK 触发器符号、74LS112 引脚功能图、实物图及连线图

（2）测试 JK 触发器的逻辑功能：在 $1\overline{R}_D = 1$、$1\overline{S}_D = 1$ 的情况下，按表 7-8 要求改变 $1J$、$1K$、$1CP$ 状态，观察 $1Q$ 和 $1\overline{Q}$ 状态变化，观察触发器状态更新是否发生在 $1CP$ 脉冲的下降沿（即 $1CP$ 由 $1\rightarrow 0$），记录到表 7-8 中。

表 7-8　JK 触发器的逻辑功能

输入			输出	
1CP	1J	1K	$1Q^{n+1}$	
			$1Q^n = 0$	$1\overline{Q^n} = 1$
0→1	0	0		
1→0				
0→1	0	1		
1→0				
0→1	1	0		
1→0				
0→1	1	1		
1→0				

第7章 触发器

身边的科学

静电的危害与防护

电子元器件因其种类不同,受静电破坏的程度也不一样,最低的 100V 静电压也会对其造成破坏。近年来随着电子元器件发展趋于集成化,集成电路元器件的线路缩短,耐压降低,线路面积减小,使得集成电路元器件耐静电冲击能力减弱。人体平常所感应的静电电压在 2~4kV 以上,这通常是由于人体的轻微动作或与绝缘物的摩擦而引起的。也就是说,倘若我们日常生活中所带的静电电位与集成电路芯片接触,那么几乎所有的集成电路芯片都将被破坏,我们必须采取有效的静电防护措施来减轻这种危害。如图 7-13 所示,通常采取以下几种静电防护措施:

(1) 操作现场静电防护,对静电敏感器件应在防静电的工作区域内操作。
(2) 人体静电防护,操作人员穿戴防静电工作服、手套、工鞋、工帽、手腕带。
(3) 储存运输过程中静电防护,静电敏感器件的储存和运输不能在有电荷的状态下进行。
(4) 元器件采用防静电包装。

a) 工作台面上的静电席

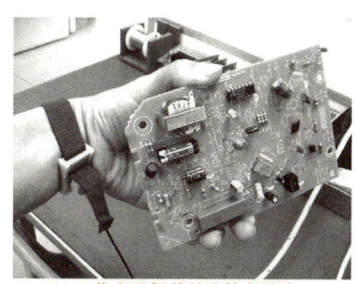
b) 工作人员佩戴的防静电手腕

c) 防静电包装

d) 防静电工作服

图 7-13 静电防护图

7.3 D 触发器

D 触发器只有一个信号输入端,时钟脉冲 CP 未到来时,输入端的信号不起任何作用;只在 CP 信号到来的瞬间,输出立即变成与输入相同的电平,即 $Q^{n+1}=D$。

7.3.1 D 触发器的电路组成

D 触发器可以由 JK 触发器演变而来,如图 7-14 所示。从中可知,JK 触发器的 K 端串接一个非门后再与 J 端相连，作为输入端 D，即构成 D 触发器。

7.3.2 D 触发器的逻辑功能和电路特点

如图 7-14 所示，D 为信号输入端，CP 为时钟脉冲控制端。$\overline{R}_D$ 为直接复位端，$\overline{S}_D$ 为直接置位端。CP 一端标有"∧"，表示脉冲上升沿有效。

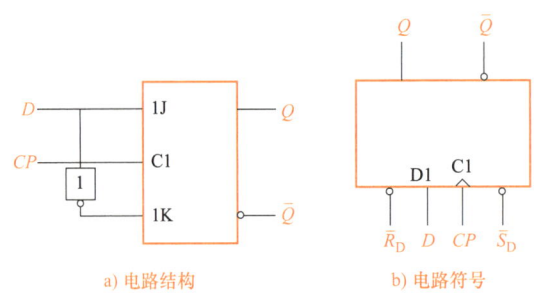

a) 电路结构　　　　b) 电路符号

图 7-14　D 触发器

边沿触发的 D 触发器逻辑功能见表 7-9。

表 7-9　D 触发器的真值表

输入信号	输出状态		功　能
D	Q^n	Q^{n+1}	
0	0 1	0	置 0
1	0 1	1	置 1

同步 D 触发器的逻辑功能与边沿 D 触发器的逻辑功能基本相同，区别仅在于对 CP 的要求不同。

 案例解析

【例 7-4】 已知同步触发的 D 触发器的输入 CP、D 的波形，如图 7-15 所示，试画出 Q 端对应的电压波形。设触发器的初始状态为 0 态。

【解析】 根据每个时间里 D 的状态所对应的 Q 状态，即可画出波形。

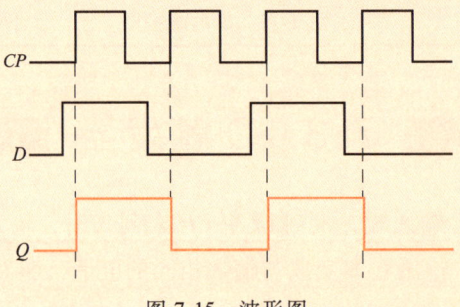

图 7-15　波形图

> **小知识**

用 D 触发器构成计数型 T′触发器

T′触发器除了由 JK 触发器转换而来，也可以由 D 触发器构成。如果将 D 触发器的 $\bar{Q}$ 端与输入 D 端相连，便构成计数型 T′触发器，如图 7-16 所示。

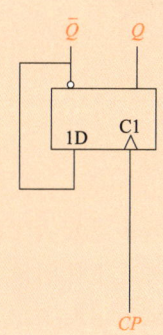

图 7-16 T′触发器

技能训练 7-3 制作 D 触发器定时电路

【训练目标】
1. 认识 CD4013 双 D 触发器，了解其使用方法
2. 会制作 D 触发器定时电路
3. 会用万用表和示波器测 CD4013 双 D 触发器的引脚 2 的信号波形

【训练目标】 材料清单见表 7-10。

D 触发器的制作与测试

表 7-10 材料清单表

代号	名称	实物图	规格	数量
HL	发光二极管	略	红色 φ3	1
R_1	色环电阻	略	470kΩ	1
R_2	色环电阻	略	4.7kΩ	1
R_3	色环电阻	略	10kΩ	1
R_4	色环电阻	略	100kΩ	1
RP	电位器	略	1MΩ	1
C_1	电解电容	略	1000μF	1
C_2	瓷介电容	略	1000pF	1
VD	二极管	略	1N4148	1
VT	晶体管	略	9013	1
IC	触发器		CD4013	1

（续）

代号	名称	实物图	规格	数量
H	蜂鸣器			1
SB	按键开关		自锁	1
MBB	面包板	略	略	1

【电路组成及工作原理】

1. 定时器简述

定时器是一项了不起的发明，使相当多需要人工控制时间的工作变得简单了许多。现在不少家用电器都安装了定时器来控制开关或工作时间，比如饮水机、热水器的定时控制。现在也有了大功率定时器可以控制定时开机、定时关机，达到节能、安全、健康的效果。定时器也可以用于军事方面，制成定时炸弹、定时雷管。

2. 电路原理

电路原理图及实物连线图如图7-17所示。按下开关SB以后，D触发器置位端S="1"，这时Q端输出为"1"，二极管反偏截止，$\bar{Q}$端为"0"，晶体管截止，发光二极管熄灭，蜂鸣器不响。从按下开关SB起，电容C_1通过R_1和电位器RP充电，当D触发器上R端的电位上升到足以使D触发器复位，Q端便翻转至"0"状态，$\bar{Q}$即呈"1"状态，晶体管导通，发光二极管点亮，蜂鸣器出声。

延时时间取决于R_1+RP和C_1的数值，C_1漏电越小，定时越准确，如果想有更长或更短的控制时间，则可改变C_1和R_1的数值。

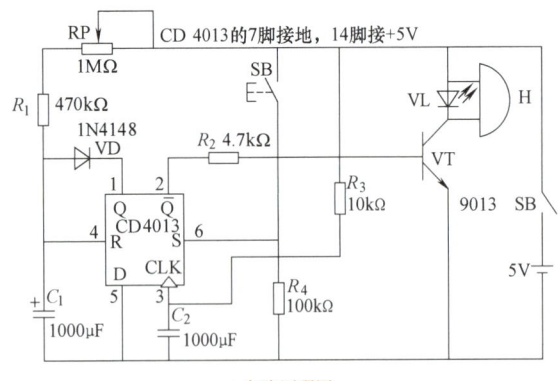
a) 电路原理图

b) 实物连线图

图7-17 电路原理图及实物连线图

【训练内容及步骤】

1. 电路元器件的检测

（1）色环电阻、瓷介电容、电解电容、发光二极管、蜂鸣器的检测方法参考前面相关章节内容。

（2）CD4013 双 D 触发器引脚识别：将 CD4013 集成电路表面缺口朝左，正向放置，逆时针方向数引脚，左下角为第 1 脚。

2. 电路制作与调试

（1）按工艺要求对元器件的引脚进行成型加工，参考图 7-17b 所示实物图在面包板上摆放元器件并焊接电路。

（2）用万用表测 CD4013 集成电路的各引脚电压填入表 7-11 中。

（3）用示波器观测 CD4013 集成电路引脚 2 的电压并画出波形图。

【实训结果】 将测量结果填入表 7-11 中。

表 7-11　CD4013 双 D 触发器测试结果记录表

检测 CD4013 集成电路引脚	引脚 1	引脚 2	引脚 3	引脚 4	引脚 5	引脚 6	引脚 7	引脚 8
用万用表检测各引脚电压/V								
用示波器观察引脚 2 的电压并画出其波形								

小知识

74LS 系列芯片介绍

在很多数字电路中，我们经常用到 74LS 系列的芯片。74LS 系列是"低功耗肖特基 TTL"，属于 TTL 类型的集成电路，统称 74LS 系列。它们的工作频率都在 30MHz 以下，工作电压为 5V。下面介绍一些 74LS 系列芯片的功能：

74LS00 TTL 2 输入端四与非门
74LS02 TTL 2 输入端四或非门
74LS04 TTL 六反相器
74LS08 TTL 2 输入端四与门
74LS09 TTL 集电极开路 2 输入端四与门
74LS10 TTL 3 输入端 3 与非门
74LS107 TTL 带清除主从双 JK 触发器
74LS109 TTL 带预置清除正触发双 JK 触发器
74LS11 TTL 3 输入端 3 与门
74LS112 TTL 带预置清除负触发双 JK 触发器
74LS13 TTL 4 输入端双与非施密特触发器
74LS132 TTL 2 输入端四与非施密特触发器
74LS133 TTL 13 输入端与非门
74LS136 TTL 四异或门
74LS20 TTL 4 输入端双与非
74LS21 TTL 4 输入端双与门
74LS22 TTL 集电极开路输出 4 输入端双与非门
74LS260 TTL 5 输入端双或非门
74LS266 TTL 2 输入端四异或非门
74LS27 TTL 3 输入端三或非门
74LS273 TTL 带公共时钟复位八 D 触发器
74LS283 TTL 4 位二进制全加器
74LS30 TTL 8 输入端与非门
74LS32 TTL 2 输入端四或门
74LS54 TTL 四路输入与或非门
74LS55 TTL 4 输入端二与或非门
74LS573 TTL 八位数据锁存器
74LS574 TTL 八位三态输出 D 触发器
74LS73 TTL 带清除负触发双 JK 触发器
74LS74 TTL 带置位复位正触发双 D 触发器
74LS76 TTL 带预置清除双 JK 触发器
74LS86 TTL 2 输入端四异或门

项目训练 四人抢答器电路

【训练目标】

1. 掌握集成触发器的使用
2. 会用触发器设计简单电路

【训练材料】

表 7-12 所示为本项目电路设计所需要的电子元器件，请根据所给的元器件来设计并完成电路制作。

表 7-12 元器件清单

代 号	名 称	实 物 图	规 格	数 量
LED	发光二极管	略	红色 φ3	4 个
R	色环电阻	略	各种阻值	9 个
$SB_1 \sim SB_5$	开关	略		5 个
	导线	略		若干
M	直流稳压电源	略	0~36V	1 台
IC_1, IC_2	触发器	 略	边沿 JK 触发器 74LS112	2 片
IC_3	与非门	 略	双 4 输入与非门 74LS20	1 片
IC_4	反相器	 略	六反相器 74LS04	1 片

【训练内容及步骤】

1. 抢答器简述

智力竞赛是一种集知识性、趣味性于一体的生动活泼的教育形式和方法，通过抢答能引起参赛者和观众的极大兴趣，且在较短的时间内使人们增加一些科学知识和生活常识。

实际进行智力竞赛时，参赛者分为若干组，抢答时抢答器能判定出优先抢答者，并予以显示。

2. 电路功能

（1）可同时供四个人参加比赛，各用一个抢答按钮。

（2）当四人中有人抢答有效时，其对应的显示灯亮，此时其他参赛者开关不起作用。

（3）主持人前的操作开关可使抢答有效显示灯熄灭。

3. 设计方案提示

根据设计要求，可将抢答器分为两部分，主体电路和扩展电路。先完成主体电路，再完成扩展电路。

（1）主体电路部分完成基本抢答功能，即选手抢答时，其对应的显示灯亮。

（2）扩展电路部分完成扩展抢答功能，即当有选手抢答时，其对应的显示灯亮，但其他参赛者开关不起作用。

（3）这两部分都是在主持人的控制下完成的。

4. 电路元器件的识别与检测

（1）色环电阻器：识读其标称阻值，并用万用表测量其实际阻值。

（2）发光二极管：识别其引脚，并用万用表检测其质量的好坏。

（3）边沿 JK 触发器 74LS112，如图 7-12 所示。

（4）双 4 输入与非门 74LS20，如图 7-18 所示。

（5）六反相器 74LS04，如图 7-19 所示。

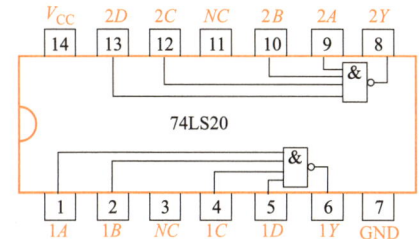

图 7-18 双 4 输入与非门 74LS20

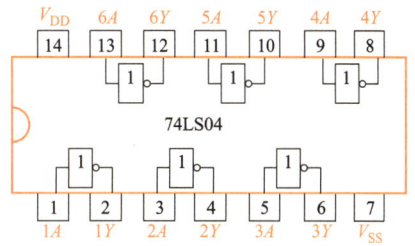

图 7-19 六反相器 74LS04

5. 电路的制作与调试

（1）按图 7-20 所示电路原理图绘制布局草图。

（2）按工艺要求对元器件引脚进行成型加工。

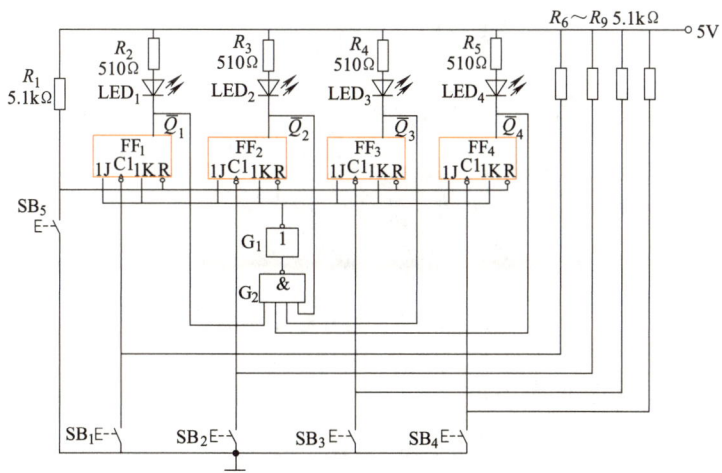

图 7-20 四人抢答器电路原理图

元器件的引线不要齐根弯折，应该留有一定的距离，不少于 2mm，以免损坏元器件。

（3）按图 7-21 所示布局图插装、排列元器件。

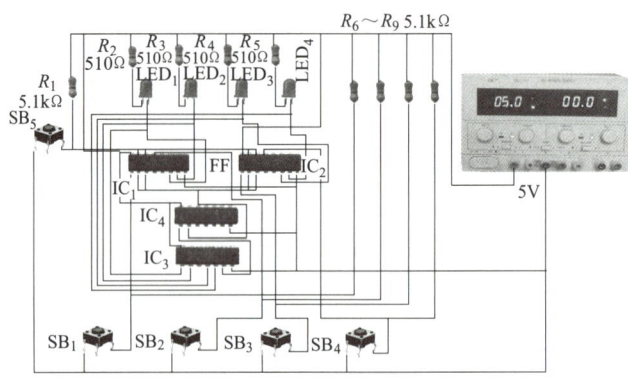

图 7-21　四人抢答器布局图

（4）按焊接工艺要求对元器件进行焊接。

> **注意**
>
> 焊接集成电路时，一般采用 20W 功率的内热式电烙铁为宜，并注意将电烙铁外壳良好接地。对每个引脚的焊接时间不宜过长，一般 2~3s 即可，如果一次焊接不成功，间歇后可进行两三次焊接。焊接时注意焊点要小，千万不能与临近的引脚短路。

（5）焊接各项端子。焊接完成后的电路板正面如图 7-22 所示。
（6）调试已制作好的电路主板，达到指标要求。

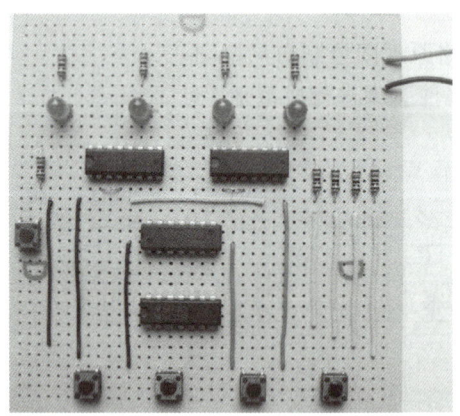

图 7-22　四人抢答器实物图

【自评互评表】　评价表见表 7-13。

表 7-13　自评互评表

班级		姓名		学号		组别		
项目	考核要求		配分		评分标准		自评分	互评分
元器件的识别	按要求对所有元器件进行识别		20		元器件识别，每错一个扣 2 分			

第7章 触发器

(续)

班级		姓名		学号		组别		
项目	考核要求		配分	评分标准			自评分	互评分
元器件成型、插装与排列	1. 元器件按工艺要求成型 2. 元器件符合插装工艺要求 3. 元器件排列整齐、标记方向一致		20	1. 成型不合要求,每处扣1分 2. 插装位置、工艺不合要求,每处扣2分 3. 排列、标记不合理,扣3分				
导线连接	1. 导线挺直、紧贴电路板 2. 板上的连接线呈直线或直角,且不能相交		10	1. 导线弯曲、拱起,每处扣2分 2. 连接线弯曲、不直,每处扣2分 3. 连接线相交每处扣2分				
焊接质量	1. 焊点均匀、光滑、一致、无毛刺、无假焊等现象 2. 焊点上引脚不能过长		20	1. 有搭锡、假焊、虚焊、漏焊、焊盘脱落等现象,每处扣2分 2. 出现毛刺、钎料过多或过少、焊接点不光滑、引脚过长等现象,每处扣2分				
电路调试	1. 四人抢答器逻辑功能是否正常,能排除简单故障 2. 连线正确		20	1. 不按要求进行调试,扣1~5分 2. 调试结果不正常,扣5~20分				
安全文明操作	工作台上工具排放整齐,严格遵守安全操作规程,符合"6S"管理要求		10	违反安全操作、工作台上脏乱、不符合"6S"管理要求,酌情扣3~10分				
反思记录 (附加10分)	项目			记录				
	故障排除		3					
	你会做的		2					
	你能做的		2					
	任务创新方案		3					
	合计		100+10					

你完成本次工作任务的体会(学到哪些知识、掌握哪些技能、有哪些收获):

小组对你完成此次工作任务的评价(工作、学习方面):

教师对你完成此次工作任务的评价(工作、学习方面):

本章小结

1. 触发器是一种具有记忆功能，而且在触发脉冲作用下状态会翻转的电路。触发器具有两种可能的状态，即 0 或 1。当无触发脉冲作用时，触发器状态仍维持不变，因此触发器是具有记忆功能的单元电路。

2. 基本 RS 触发器是构成各种触发器的基础，它不受时钟脉冲 CP 的控制。时钟触发器则受时钟脉冲 CP 控制。按逻辑功能分，时钟触发器可分为同步 RS 触发器、JK 触发器、D 触发器、T 触发器四种类型。按触发方式分，时钟触发器又可分为同步式触发器、边沿式触发器、主从触发器等。

第8章　时序逻辑电路

知识目标

1. 了解寄存器的功能、基本构成和常见类型
2. 了解典型集成移位寄存器的应用
3. 了解计数器的功能
4. 掌握二进制、十进制等典型计数器的外特性及应用

能力目标

1. 学会识读常用寄存器和计数器集成电路的引脚并能测试其逻辑功能
2. 会安装电路，安装并调试秒计数器，实现计数器逻辑功能
3. 会初步查阅集成电路手册，能正确选用寄存器、计数器集成电路

素质目标

1. 培养学生勇于创新、敬业乐业的工作作风
2. 培养学生的沟通能力及团队协作精神
3. 培养学生的安全生产、环保与节能意识

数字电路按逻辑功能和电路组成特点不同可分为组合逻辑电路和时序逻辑电路两大类。

【时序逻辑电路的特点】　电路任一时刻的输出状态不仅与该时刻的输入状态有关，而且与电路的原状态有关，这种电路称为**时序逻辑电路**。前面所讨论的触发器就是一种简单的时序逻辑电路。

【时序逻辑电路的组成】　时序逻辑电路是由组合逻辑电路和存储电路两部分组成的，如图 8-1 所示。

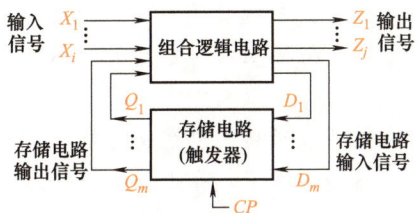

图 8-1　时序逻辑电路的组成框图

典型时序逻辑电路的仿真

【时序逻辑电路的分类】　时序逻辑电路按时钟信号输入方式不同，可分为同步时序逻

辑电路和异步时序逻辑电路两大类。同步时序逻辑电路中，各触发器受同一时钟控制，其状态转换与所加的时钟脉冲信号都是同步的；异步时序逻辑电路中，各触发器状态的变化不是同时发生的。常见的时序逻辑电路有寄存器和计数器等。

8.1 寄 存 器

8.1.1 寄存器的功能、基本构成及常见类型

【寄存器的功能】 寄存器是一种非常重要的时序逻辑电路部件，它主要用来接收、暂存、传递数码、指令等信息。

【寄存器的基本构成】 寄存器主要由触发器和一些控制门电路组成。一个触发器能存放一位二进制数码，要存放 N 位二进制数码，就应有 N 个触发器。

【寄存器的常见类型】 寄存器按照功能的不同，可分为数码寄存器和移位寄存器。

8.1.2 数码寄存器

数码寄存器是简单的存储器，具有接收、暂存数码和清除数码的功能。图 8-2 所示是用 D 触发器组成的四位数码寄存器。在存数指令（CP 脉冲上升沿）的作用下，可将预先加在各 D 触发器输入端的数码，存入相应的触发器中，并可从各触发器的 Q 端同时输出，所以称其为并行输入、并行输出寄存器。

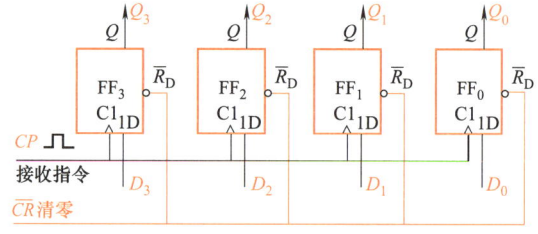

图 8-2 四位数码寄存器

例如，要将四位二进制数码 $D_3D_2D_1D_0 = 1010$ 存入寄存器中，工作过程如下：

（1）清零：令 $\overline{CR}$（总清零端）= 0，则 $Q_3Q_2Q_1Q_0 = 0000$，清除原有数码。

（2）寄存数码：令 $\overline{CR} = 1$。在寄存器 D_3、D_2、D_1、D_0 输入端分别输入 1、0、1、0。CP 脉冲（接收数码的控制端）的上升沿一到，寄存器的状态 $Q_3Q_2Q_1Q_0 = 1010$，只要使 $\overline{CR} = 1$，$CP = 0$，寄存器就处在保持状态，从而完成了数码的接收和暂存功能。

RAM 存储器

由许多数码寄存器组合起来的大规模集成电路可构成静态存储器 RAM，每个寄存器是 RAM 中的一个存储单元。如果将基本的数码寄存器比作一个货柜，那么 RAM 就是一个大仓库。

数码寄存器能方便地存入新的数码和输出存储的数码，可是一旦停电，所存储的数码便全部丢失，因此数码寄存器通常用于暂存工作过程中的数据和信息。

8.1.3 移位寄存器

移位寄存器除了有数码存放的功能外，还有数码移位功能。根据移动情况不同，可分为

单向移位寄存器（又可分为左移寄存器和右移寄存器）和双向移位寄存器。

【单向移位寄存器】 由 D 触发器构成的四位左移寄存器如图 8-3 所示。$\overline{CR}$ 为总清零端。触发器的输出接至左边相邻触发器的输入端 D，输入数据由最右边触发器 FF_0 的输入端 D 接入。

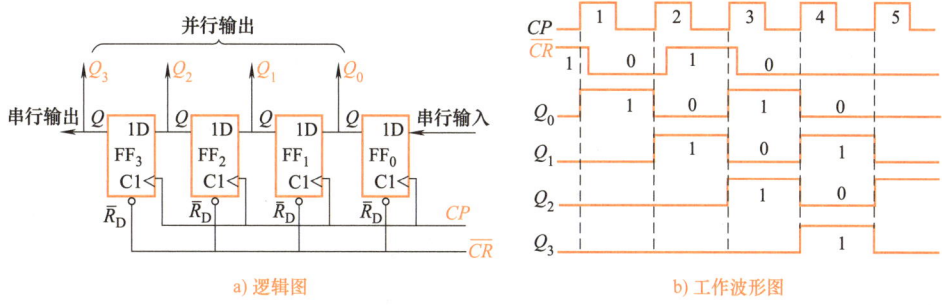

图 8-3 四位左移寄存器

工作原理：例如要寄存数码 $D_3D_2D_1D_0 = 1010$，从高位到低位依次串行送到串行输入端。在第一个 CP 脉冲上升沿到来后，$Q_0 = D_3 = 1$，在第二个 CP 脉冲上升沿到来后，$Q_0 = D_2 = 0$，$Q_1 = 1$……依此类推，在四个脉冲作用下，$Q_3Q_2Q_1Q_0 = 1010$，串行输入的四位数码全部置入移位寄存器中，同时，在四个触发器的输出端得到了并行输出的数码。实现了数码的串入—并出。四位左移寄存器工作波形如图 8-3b 所示。

【双向移位寄存器】 将右移寄存器和左移寄存器组合起来，并引入控制端便构成既可左移又可右移的双向移位寄存器。

累 加 器

能够连续进行多次运算的电路称为累加器。累加器是计算机中央处理单元 CPU 的一个组成部分。图 8-4 所示是累加器的结构，由寄存器（称为累加寄存器）和组合逻辑电路组成。图中数据线是一组导线，所含导线数目等于并行传输数据位数。若组合逻辑电路是加法器，则该累加器能实现多个数的相加求和。

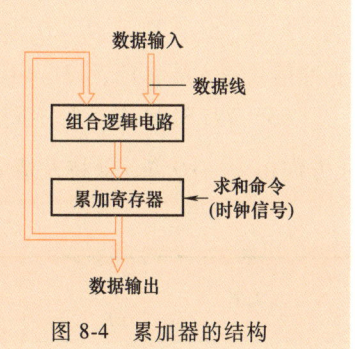

图 8-4 累加器的结构

技能训练 8-1 74LS194 的逻辑功能测试

【训练目标】

1. 学会识读 74LS194 引脚并能测试其逻辑功能

2. 了解 74LS194 的应用方法

【训练材料】 训练材料清单见表 8-1。

表 8-1 材料清单表

代号	名称	实物图	规格	数量
IC	集成电路（四位双向移位寄存器）	略	74LS194	1 块
MBB	面包板	略		1 块
S	拨动开关	略	两档	若干
VL	发光二极管	略	红色	4 个
	导线	略		若干
V_{CC}	直流稳压电源	略	0～36V	1 台
SB	微动开关	略		1 个

【训练内容及步骤】

1. 74LS194 引脚顺序及引脚功能识别

（1）找到集成块标识，读出 1～16 引脚顺序。

集成电路 74LS194 是一块四位双向移位寄存器，如图 8-5 所示。

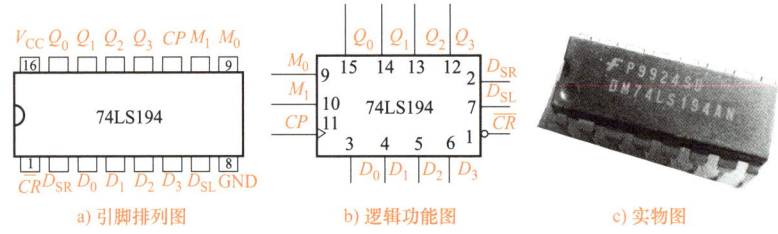

a) 引脚排列图　　　　b) 逻辑功能图　　　　c) 实物图

图 8-5　双向移位寄存器 74LS194

（2）根据图 8-5a 找出 1 脚，此引脚为总清零端，7 脚和 2 脚分别是左移和右移串行输入端，3、4、5、6 脚是 $D_0 \sim D_3$ 四个并行输入端，9、10 脚是工作方式控制端，11 脚是 CP 时钟脉冲信号输入端，12、13、14、15 是 $Q_3 \sim Q_0$ 四个输出端，8 脚是接地端，16 脚是电源端。

（3）74LS194 有 5 种不同操作模式即：并行送数寄存、右移（方向由 $Q_0 \rightarrow Q_3$）、左移（方向由 $Q_3 \rightarrow Q_0$）、保持及清零。M_1、M_0 和 $\overline{CR}$ 端的控制作用见表 8-2。

表 8-2　M_1、M_0 和 $\overline{CR}$ 端的控制作用

功能	输入									输出			
	CP	$\overline{CR}$	M_1	M_0	D_{SR}	D_{SL}	D_0	D_1	D_2	D_3	Q_0	Q_1	Q_2	Q_3
清零	×	0	×	×	×	×	×	×	×	×	0	0	0	0
送数	↑	1	1	1	×	×	a	b	c	d	a	b	c	d
右移	↑	1	0	1	D_{SR}	×	×	×	×	×	D_{SR}	Q_0	Q_1	Q_2
左移	↑	1	1	0	×	D_{SL}	×	×	×	×	Q_1	Q_2	Q_3	D_{SL}
保持	↑	1	0	0	×	×	×	×	×	×	Q_0^n	Q_1^n	Q_2^n	Q_3^n
保持	↓	1	×	×	×	×	×	×	×	×	Q_0^n	Q_1^n	Q_2^n	Q_3^n

2. 测试 74LS194 的逻辑功能

集成块 74LS194 逻辑功能接线如图 8-6 所示，$\overline{CR}$、M_1、M_0、D_{SL}、D_{SR}、D_0、D_1、D_2、D_3 分别接至拨动开关；Q_0、Q_1、Q_2、Q_3 接至发光二极管。CP 端接单次脉冲源。按表 8-3 规定的输入状态逐项进行测试。

图 8-6 74LS194 逻辑功能测试电路连线图

（1）清零：令 $\overline{CR}=0$，其他输入均为任意态，这时寄存器输出 Q_0、Q_1、Q_2、Q_3 应均为 0。观察情况并记录到表 8-3 中。清除后，$\overline{CR}$ 置 1。

（2）送数：令 $\overline{CR}=M_1=M_0=1$，送入任意四位二进制数，如 $D_0D_1D_2D_3=1010$，加 CP 脉冲，观察 $CP=0$、CP 由 $0\rightarrow 1$、CP 由 $1\rightarrow 0$ 三种情况下寄存器输出状态的变化，观察寄存器输出状态变化是否发生在 CP 脉冲的上升沿。观察情况并记录到表 8-3 中。

（3）右移：清零后，令 $\overline{CR}=1$，$M_1=0$，$M_0=1$，由右移输入端 D_{SR} 送入二进制数码如 0100，由 CP 端连续加四个脉冲，观察输出情况并记录到表 8-3 中。

（4）左移：先清零，再令 $\overline{CR}=1$，$M_1=1$，$M_0=0$，由左移输入端 D_{SL} 送入二进制数码如 1111，连续加四个 CP 脉冲，观察输出端情况并记录到表 8-3 中。

（5）保持：寄存器预置任意四位二进制数码 abcd，令 $\overline{CR}=1$，$M_1=M_0=0$，加 CP 脉冲，观察寄存器输出状态并记录到表 8-3 中。

表 8-3 74LS194 逻辑功能测试

清零	模式		时钟	串行		输	入			输	出			功能
$\overline{CR}$	M_1	M_0	CP	D_{SR}	D_{SL}	D_0	D_1	D_2	D_3	Q_0	Q_1	Q_2	Q_3	总结
0	×	×	×	×	×	×	×	×	×					
1	1	1	↑	×	×	1	0	1	0					
1	0	1	↑	0	×	×	×	×	×					
1	0	1	↑	1	×	×	×	×	×					
1	0	1	↑	0	×	×	×	×	×					
1	0	1	↑	0	×	×	×	×	×					
1	1	0	↑	×	1	×	×	×	×					
1	1	0	↑	×	1	×	×	×	×					
1	1	0	↑	×	1	×	×	×	×					
1	1	0	↑	×	1	×	×	×	×					
1	0	0	↑	×	×	×	×	×	×					

小知识

74LS194 功能应用

移位寄存器应用很广，可构成移位寄存器型计数器、环形脉冲发生器、串行累加器；可用于数据转换，即把串行数据转换为并行数据或把并行数据转换为串行数据等。这里只讨论移位寄存器 74LS194 用作环形脉冲发生器。如图 8-7 所示，电路在 CP 脉冲的连续作用下，输出端 $Q_0 \sim Q_3$ 将轮流出现高电平 1，所以称为环形脉冲分配器。

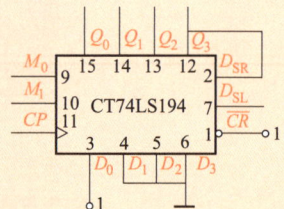

图 8-7　环形脉冲发生器

工作情况如下：

(1) 使 $M_0 M_1 = 11$，电路处在并行输入工作方式。令 $\overline{CR} = 1$，当 CP 脉冲上升沿到来后，输入端 $D_0 \sim D_3$ 的信号状态被移入寄存器，即 $Q_0 Q_1 Q_2 Q_3 = 1000$。

(2) 进入工作时，$M_0 M_1 = 10$，电路处在右移工作状态。因为 $D_{SR} = Q_3$，所以 Q_3 的状态移入 Q_0，Q_0 的高电平 1 将随 CP 脉冲的不断输入，在 $Q_3 \sim Q_0$ 之间依次轮流出现，若用 $Q_3 \sim Q_0$ 去控制四组彩灯，那么各组彩灯将按程序定时闪烁发光，会给节日之夜增添喜庆欢乐的气氛。

想一想

如果要寄存六位二进制数码，通常要用几个触发器来构成呢？

8.2　计　数　器

8.2.1　计数器的功能及类型

【计数器的功能及应用】　能累计输入脉冲个数的时序逻辑电路称为计数器。计数器不仅能用于计数，还可用于定时、分频和程序控制等。图 8-8 所示为计数器的应用。

【计数器的类型】　常用的计数器种类非常多，按计数进制可分为二进制计数器和非二进制计数器（如十进制、N 进制计数器等）；按数字的增减趋势可分为加法计数器、减法计

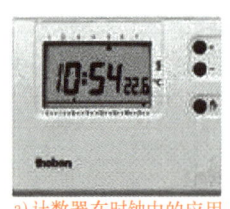
a) 计数器在时钟中的应用

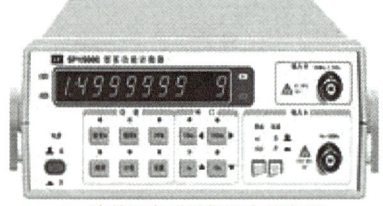
b) 计数器在测量仪器中的应用

图 8-8　计数器的应用

第8章 时序逻辑电路

数器和可逆计数器；按计数器中各触发器翻转是否与计数脉冲同步可分为同步计数器和异步计数器。

8.2.2 异步计数器

【异步集成计数器 74LS290】

（1）74LS290 功能介绍。二-五-十进制异步加法计数器 74LS290 的逻辑功能图、引脚排列图及实物图如图 8-9 所示。异步集成计数器 74LS290 的功能表见表 8-4。

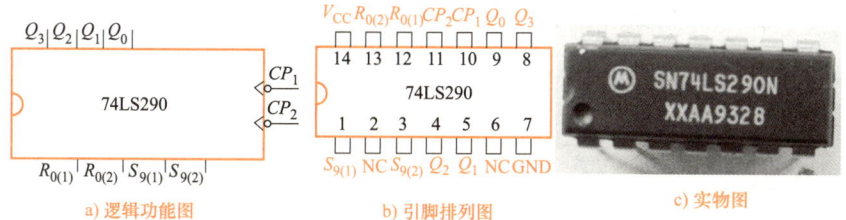

图 8-9 74LS290 逻辑功能图、引脚排列图及实物图

表 8-4 异步集成计数器 74LS290 的功能表

输入				输出			
$R_{0(1)}$	$R_{0(2)}$	$S_{9(1)}$	$S_{9(2)}$	Q_3	Q_2	Q_1	Q_0
1	1	0	×	0	0	0	0
1	1	×	0	0	0	0	0
×	×	1	1	1	0	0	1
0	×	0	×	二进制计数			
×	0	×	0	五进制计数			
0	×	×	0	8421BCD 码十进制计数			
×	0	0	×	5421 码十进制计数			

（2）74LS290 的应用。74LS290 通过输入输出端子的不同连接，可组成不同进制的计数器。图 8-10 所示为分别用 74LS290 组成的二进制、五进制和十进制计数器（带箭头的端子为使用端子）。

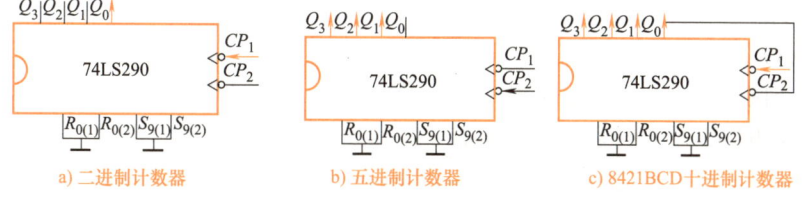

图 8-10 74LS290 的应用

8.2.3 同步计数器

为提高计数速度，将计数脉冲送到每个触发器的时钟脉冲输入端 CP 处，使各个触发器的状态变化与计数脉冲同步，这种方式的计数器称为同步计数器。

【同步集成计数器 74LS161】

（1）74LS161 功能介绍。74LS161 是同步的可预置四位二进制加法计数器。图 8-11 分别是它的逻辑电路图和引脚排列图。同步集成计数器 74LS161 的功能表见表 8-5。

（2）74LS161 的应用：74LS161 是同步集成四位二进制计数器，也就是模 16 计数器，用它可构成任意进制计数器。

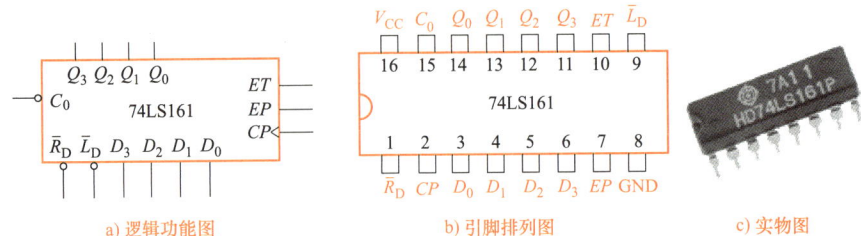

图 8-11 同步集成计数器 74LS161 逻辑功能图、引脚排列图及实物图

表 8-5 同步集成计数器 74LS161 的功能表

输 入					输 出			
$\overline{R}_D$	$\overline{L}_D$	EP	ET	CP	Q_3	Q_2	Q_1	Q_0
0	×	×	×	×	0	0	0	0
1	0	×	×	↑	D_3	D_2	D_1	D_0
1	1	1	1	↑	计数			
1	1	0	×	×	保持			
1	1	×	0	×	保持			

想一想

你能用 74LS161 构成十二进制计数器吗？

项目训练　制作秒计数器

【训练目标】

1. 熟悉常用集成电路的使用方法和电子仪器的使用方法
2. 学会查阅技术手册和文献资料
3. 会安装电路，实现计数器逻辑功能

【训练准备】

查阅技术手册和文献资料，按原理图找出所需要的电子元器件，并完成电路制作。

【训练内容及步骤】

1. 秒计数器简述

秒计数器即是一种六十进制计数器，经常在秒表、数字钟等电路的使用中出现。

2. 电路元器件的引脚识别与功能检测

（1）对所选集成电路的引脚进行识别。

（2）对所选集成电路进行功能测试。

3. 电路的制作与调试

（1）按电路原理图绘制布局草图。

(2）按工艺要求对元器件引脚进行成型加工。
(3）按布局插装、排列元器件。
(4）调试已制作好的电路主板，达到指标要求。

4. 秒计数器参考电路

秒计数器参考电路如图 8-12 所示。

秒计数器都是六十进制，试用两片 74LS290（二-五-十进制计数器）连成六十进制电路。

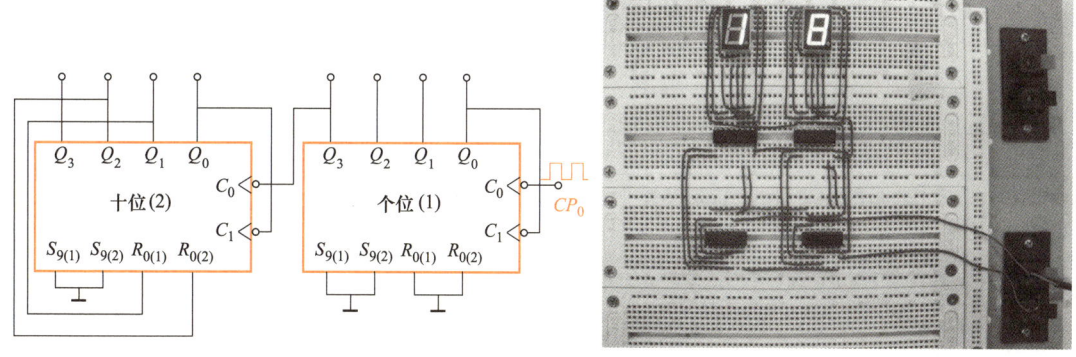

a）原理图   b）连线图

图 8-12 秒计数器参考电路图

六十进制计数器由两位组成，个位（1）为十进制，十位（2）为六进制。个位的最高位 Q_3 连到十位的 CP_0，个位十进制计数器经过十个脉冲循环一次，每当第十个脉冲来到后 Q_3 由 1 变为 0，相当于一个下降沿，使十位的六进制计数器计数。经过 60 个脉冲，个位和十位计数器都恢复为 0000。

【自评互评表】 评价表见表 8-6。

表 8-6 自评互评表

班级		姓名		学号		组别	
项目	考核要求		配分	评分标准		自评分	互评分
元器件的识别	按要求对所有元器件进行识别		20	元器件识别错一个，扣 2 分			
元器件成型、插装与排列	1. 元器件按工艺要求成型 2. 元器件符合插装工艺要求 3. 元器件排列整齐、标记方向一致		20	1. 成型不合要求，每处扣 1 分 2. 插装位置、工艺不合要求，每处扣 2 分 3. 排列、标记不合理，扣 3 分			
导线连接	1. 导线挺直、紧贴面包板 2. 板上的连接线呈直线或直角		20	1. 导线弯曲、拱起，每处扣 2 分 2. 连接线弯曲、不直，每处扣 2 分 3. 连接线相交，每处扣 2 分			
电路调试	1. 计数是否正常 2. 连线正确		30	1. 不按要求进行调试，扣 1~5 分 2. 调试结果不正常，扣 5~20 分			

（续）

班级		姓名		学号		组别		
项目	考核要求		配分	评分标准			自评分	互评分
安全文明操作	工作台上工具排放整齐,严格遵守安全操作规程,符合"6S"管理要求		10	违反安全操作、工作台上脏乱、不符合"6S"管理要求,酌情扣3~10分				
反思记录（附加10分）	项目			记录				
	故障排除		3					
	你会做的		2					
	你能做的		2					
	任务创新方案		3					
合计				100+10				

你完成本次工作任务的体会（学到哪些知识、掌握了哪些技能、有哪些收获）：

小组对你完成此次工作任务的评价（工作、学习方面）：

教师对你完成此次工作任务的评价（工作、学习方面）：

身边的科学

数 字 钟

日常生活中常见的数字钟就利用了计数电路。数字钟的基本电路包括信号源、计数器、译码器、显示器四部分，如图8-13所示。

信号源部分由石英晶体振荡器经过逐级分频产生一个精度符合要求的1Hz脉冲信号作为计数脉冲信号。计数器部分是数字钟的核心部分，由三个计数器组成，分别是时计数器（24进制计数器）、分计数器（60进制计数器）、秒计数器（60进制计数器）。译码器部分产生驱动显示器正常显示所需的电平信号。

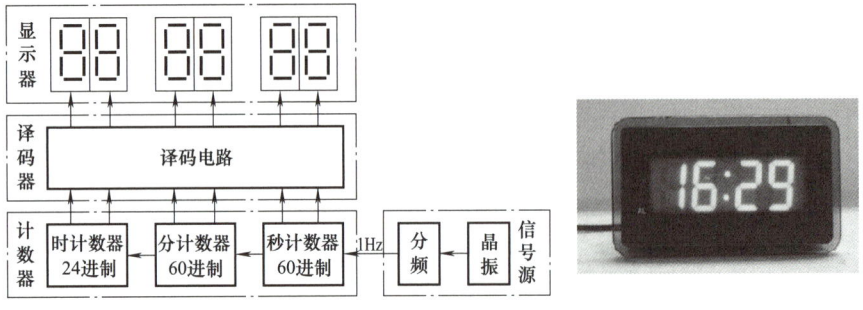

a) 数字钟组成框图　　　　b) 数字钟实物图

图8-13　数字钟组成框图及实物图

本章小结

1. 电路的输出状态不仅与该时刻的输入状态有关，而且与电路的原有状态有关，具备这种逻辑功能特点的电路叫时序逻辑电路。时序逻辑电路由组合逻辑电路和存储电路两部分组成，存储电路的输出状态必须反馈到组合逻辑电路的输入端，与输入信号一起，共同决定组合逻辑电路的输出。

2. 寄存器是一种非常重要的时序逻辑电路部件，它主要用来暂存数码和指令。它能将一些数码和指令存放起来，等待处理，寄存器主要由触发器和一些控制门电路组成。

3. 能累计输入脉冲个数的时序电路称为计数器。计数器不仅能用于计数，还可用于定时、分频和程序控制等。常用的计数器种类非常多，按计数器中各触发器翻转是否与计数脉冲同步可分为同步计数器和异步计数器。目前，集成计数器品种多，功能全，价格低廉，得到广泛应用。

第9章　脉冲波形的产生与变换

知识目标

1. 了解多谐振荡器、单稳态电路的电路特点，理解电路工作原理
2. 掌握施密特触发器的电路特点及其工作原理
3. 熟悉555集成定时器的引脚功能

能力目标

1. 会用555集成定时器构成施密特触发器、单稳态触发器和多谐振荡器
2. 会装配、测试555集成定时器的应用电路

素质目标

1. 培养学生的辩证思维能力以及实事求是、严肃认真的科学态度与工作作风
2. 培养学生在分析和解决问题时学以致用、独立思考的能力
3. 培养学生的安全生产、环保与节能意识

在日常生活中，我们经常看到或使用一些电子产品，如图9-1所示。触摸式定时控制开

a) 触摸式定时控制开关实物图　　　　b) 防盗报警器

c) 救护车警笛　　　　d) 梦幻彩灯

图9-1　应用脉冲信号的实例

第9章 脉冲波形的产生与变换

关为什么能在触摸开关后起定时控制灯亮的作用,它能定时灯亮多长时间?防盗报警器是如何发出报警声的?救护车为何能边闪烁边发出救护警笛声?梦幻彩灯为何能闪烁得忽快忽慢?——是因为这些声光电路中受到不同频率、不同宽度脉冲信号的控制。

在数字电路中,经常需要各种不同频率、不同要求的脉冲信号,而获得脉冲信号的方法一般有两种:

一是利用振荡电路直接产生所需要的波形,这种电路不需要外加触发脉冲信号,只要电源电压和电路参数合适,电路就能自动产生脉冲信号,这一类电路称为多谐振荡器。

二是利用脉冲变换电路,将已有的性能不符合要求的脉冲信号变换成符合要求的脉冲信号。变换电路本身不产生脉冲信号,它所做的工作仅是变换波形,这一类电路包括单稳态触发器和施密特触发器。

9.1 555集成定时器介绍

555集成定时器是一种将模拟电路与数字电路结合在一起的中小规模集成电路,该电路功能灵活、适用广泛,只要外部配上几个阻容元件,就可以构成多谐振荡器、单稳态触发器及施密特触发器等多种电路。555集成定时器型号很多,但基本上可分为TTL型和CMOS型两种,属于TTL型的有NE555、LM555等,属于CMOS型的有CC7555、CC7556等,虽型号不同,但内部结构、工作原理和外部引线排列基本一致,功能完全相同。

9.1.1 555集成定时器的组成

图9-2所示为555集成定时器的外形、内部结构和外部引线排列图。

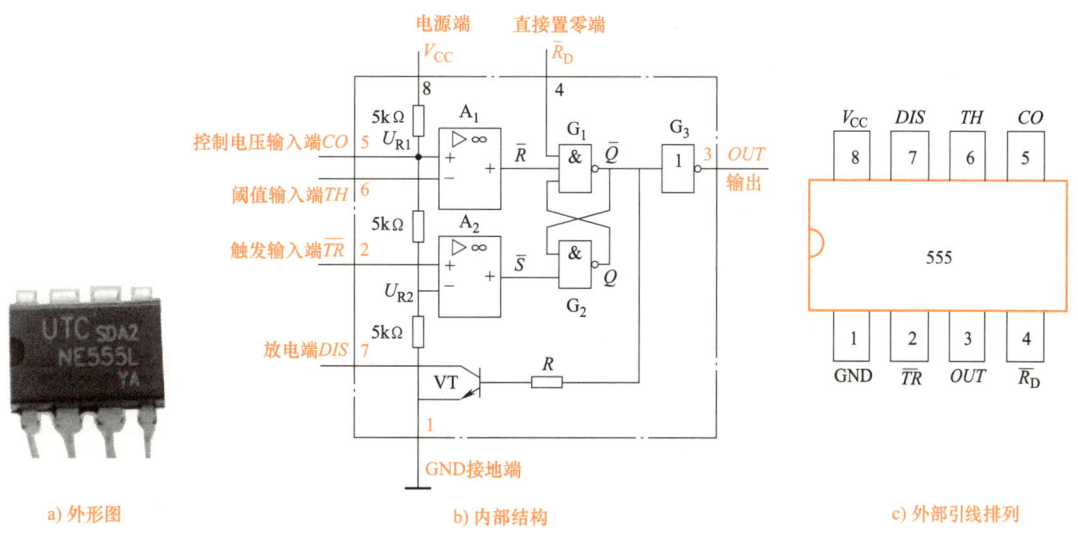

图9-2 555集成定时器

电路包括三个等值电阻组成的分压器、两个电压比较器A_1和A_2、一个带清零端的基本RS触发器、一个放电晶体管(或MOS场效应晶体管)和一个反相器。

> **小知识**
>
> 555集成电路的含义：一般集成电路型号中的数字只是一种编号，而555集成电路的三个5是有一定含义的，它们代表集成块内部基准电压电路中的三个电阻阻值完全相同，TTL器件中的三个电阻的阻值均为5kΩ（CMOS型器件中的三个电阻均为200kΩ），所以称为555电路。

9.1.2　555集成定时器的基本功能

555集成定时器的功能见表9-1，表中0表示低电平，1表示高电平，×表示任意电平。

表9-1　555集成定时器功能表

复位端($\overline{R_D}$)	高触发端(TH)	低触发端($\overline{TR}$)	Q	输出(OUT)	晶体管(VT)
0	×	×	0	0	导通
1	>$2V_{CC}/3$	>$V_{CC}/3$	0	0	导通
1	<$2V_{CC}/3$	>$V_{CC}/3$	保持	保持	保持
1	<$2V_{CC}/3$	<$V_{CC}/3$	1	1	截止

例如：当$\overline{R_D}=1$时，如果高触发端电压高于$2V_{CC}/3$、低触发端的电压高于$V_{CC}/3$，那么OUT端会输出低电平"0"，此时内部晶体管VT处于导通状态；当低触发端的电压低于$V_{CC}/3$时，OUT端输出高电平"1"，内部晶体管VT处于截止状态。

*9.2　555集成定时器的应用

9.2.1　555集成定时器组成多谐振荡器

【电路及工作波形】　如图9-3所示，电容C_1循环充电和放电，使电路产生振荡，从而输出矩形脉冲。

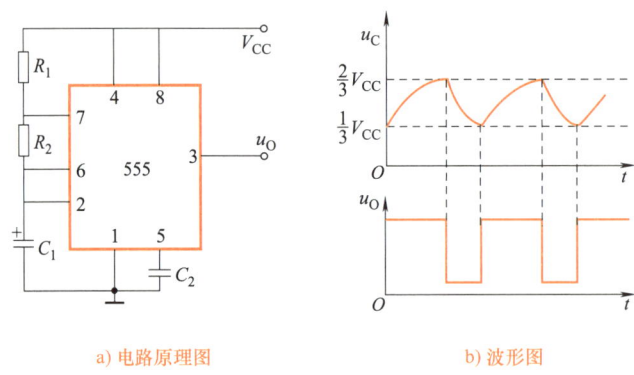

a) 电路原理图　　　　　b) 波形图

图9-3　555集成定时器组成的多谐振荡器

【振荡周期】

（1）充电时间t_{WH}和放电时间t_{WL}分别为

$$t_{WH} \approx 0.7(R_1+R_2)C_1 \tag{9-1}$$

$$t_{WL} \approx 0.7R_2C_1 \tag{9-2}$$

（2）振荡周期为

$$T = t_{WH} + t_{WL} \approx 0.7(R_1+2R_2)C_1 \tag{9-3}$$

【多谐振荡器特点】 多谐振荡器是产生矩形脉冲的自激振荡器，其特点是：电路一旦起振，就没有稳态，只有两个暂稳态，电路在两个暂稳态间交替变化，输出连续的矩形脉冲信号。因此，它又叫无稳态电路，常用作脉冲信号源。

案例解析

【例9-1】 指出图9-4中控制扬声器鸣响与否和调节音调高低的分别是哪个电位器？若原来无声，如何调节才能鸣响？欲提高音调，又该如何调节？

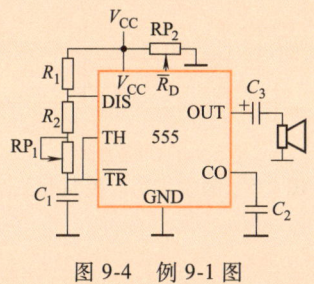

图9-4 例9-1图

【解析】 （1）调节 RP_2 可控制 $\overline{R}_D$ 为 0 或 1，即控制了振荡器是否工作，从而能控制扬声器是否鸣响。调节 RP_2 使触头左移至适当位置，可使 $\overline{R}_D = 1$，使扬声器鸣响。

（2）R_1、R_2、RP_1 和 C_1 共同构成定时元件，决定充电时间，因此调节 RP_1 可调节音调高低。欲提高音调，则应减小 RP_1，因此触头应下移。

9.2.2 555集成定时器组成单稳态触发器

【电路及工作波形】 555集成定时器构成的触摸式定时控制开关电路原理图、实物图及工作波形如图9-5所示。

【单稳态触发器特点】 单稳态触发器电路是一种只有一个稳定状态的触发器，在无外触发信号时，电路处于稳态，在外触发信号作用下，电路翻转为暂稳态，然后自动返回到稳态。暂稳态的持续时间取决于 RC 定时元件的参数，与外加触发信号无关。

【应用举例】

（1）脉冲信号整形：把波形不规则的脉冲信号 u_I 输入单稳态触发器，在输出端获得具有一定宽度和幅度的、前后沿比较陡峭的矩形脉冲波 u_O，如图9-6所示。

（2）脉冲信号延时：单稳态触发器在输入信号 u_I 的下降沿被触发，输出一个正脉冲，输出信号的下降沿比输入信号的下降沿延迟了 T_W 时间，改变时间常数 RC 即可改变延时时间，如图9-7所示。

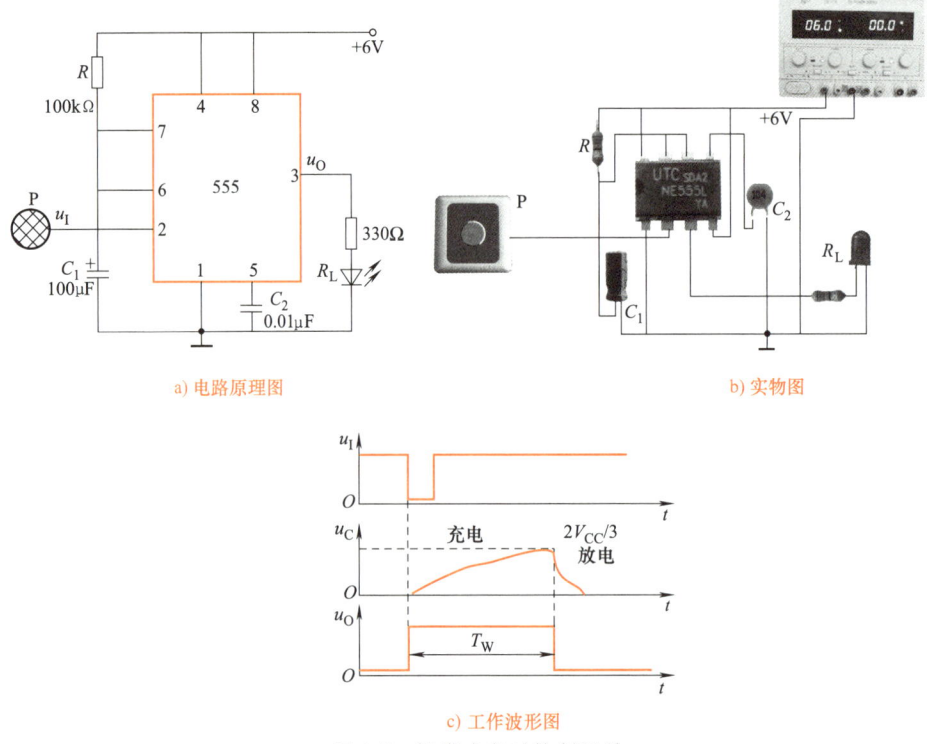

a) 电路原理图　　　　　　　　　　　　b) 实物图

c) 工作波形图

图 9-5　触摸式定时控制开关

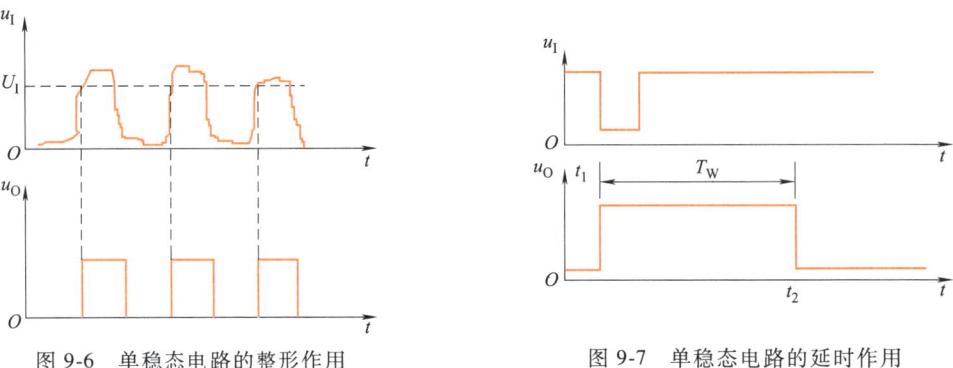

图 9-6　单稳态电路的整形作用　　　　图 9-7　单稳态电路的延时作用

（3）定时控制：利用电路的暂稳态脉冲信号可控制电子开关在规定的时间内动作，达到定时的目的，如图 9-8 所示。定时控制可用于自动熄灭路灯、数码照相机的延时自动拍照等电路中。

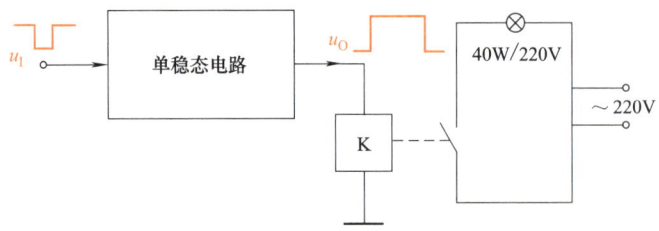

图 9-8　单稳态电路的定时控制

9.2.3 555集成定时器组成施密特触发器

【**电路及工作波形**】 图9-9所示为555集成定时器组成施密特触发器的电路原理及工作波形图。

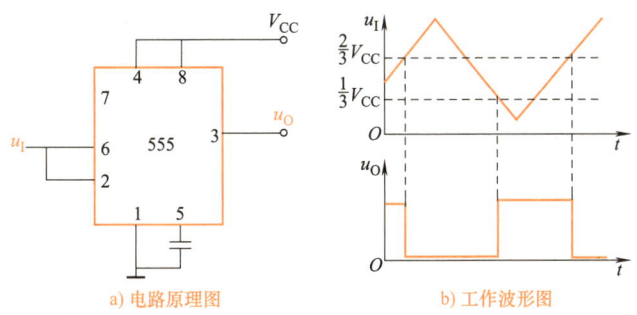

a) 电路原理图　　　　　　b) 工作波形图

图9-9　555电路构成的施密特触发器

【**滞回特性**】

(1) 上限门槛电压（U_{T+}）：在输入电压上升过程中，施密特触发器的输出电平由高变低时的输入电压，又称上触发电平，用U_{T+}表示。

(2) 下限门槛电压（U_{T-}）：在输入电压下降过程中，施密特触发器的输出电平由低变高时的输入电压，又称下触发电平，用U_{T-}表示。

(3) 滞回电压（ΔU）：U_{T+}与U_{T-}之间的差值称为滞回电压（或回差电压），即$\Delta U = U_{T+} - U_{T-}$。

必须指出，滞回特性（回差现象）是施密特触发器的固有特性，可以根据实际需要适当减小或增大ΔU。图9-10为施密特触发器电压传输特性曲线，由U_O随U_I变化的电平高低关系可知，施密特触发器是一个具有滞回特性的反相器，如果在施密特反相器的输入端加与门就构成与非施密特触发器，其逻辑符号如图9-11b所示。

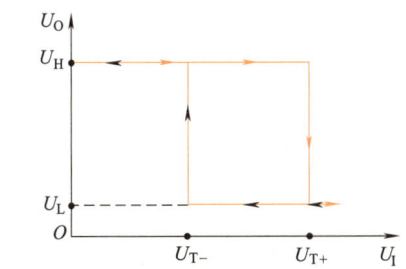

图9-10　施密特触发器的电压传输特性曲线

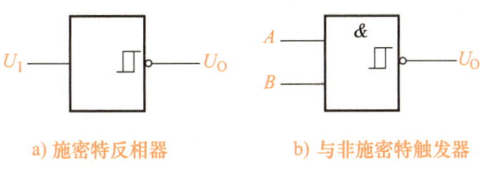

a) 施密特反相器　　　b) 与非施密特触发器

图9-11　施密特触发器的逻辑符号

【**施密特触发器的特点**】 电路有两个稳态，从第一稳态翻到第二稳态时及从第二稳态再回到第一稳态时，均需外触发电平，而且两次触发电平存在一定的差值，即有回差现象，这是与一般双稳态电路的区别之处。

技能训练 9-1 制作 555 多谐振荡器

【训练目标】
1. 认识 555 集成定时器，了解其使用方法
2. 会制作 555 多谐振荡器
3. 会用万用表和示波器测 555 集成定时器的引脚 2、引脚 6 和引脚 3 的信号波形

【训练材料】 材料清单见表 9-2。

表 9-2 材料清单表

代 号	名 称	实 物 图	规 格	数 量
R_1	色环电阻	略	2kΩ	1个
R_2			100kΩ	1个
R_3、R_4			200Ω	2个
C_1	电解电容	略	4.7μF/16V	1个
C_3			10μF/25V	1个
C_2	涤纶电容		0.01μF	1个
IC	集成电路		NE555	1个
VL_1、VL_2	发光二极管	略	（红\绿）	2个
BL	扬声器		8Ω/0.5W	1个
V_{CC}	直流电源	略	6V	1台
仪器仪表	万用表	略	MF-47	1块
仪器仪表	示波器	略	VC2020A	1台
其他	面包板、连接导线等			若干

【电路组成及工作原理】

1. 电路功能

本电路的核心器件是 555 集成定时器，它工作于无稳态工作方式。接通电源后，555 集成定时器的输出端引脚 3 电平不断地出现高低变化。当引脚 3 为高电平时，VL_1 熄灭、VL_2 发光，同时电容 C_2 被充电，扬声器发出"嗒"的响声；当引脚 3 为低电平时，VL_2 熄灭，VL_1 发光，同时电容 C_2 通过扬声器 BL 向集成电路引脚 3、引脚 1 放电，扬声器又发出一声"嗒"的响声。所以发光二极管 VL_1、VL_2 交替发光，扬声器 BL 就发出"嗒嗒"的节拍声。

2. 电路图

电路原理图如图 9-12a 所示。

第9章 脉冲波形的产生与变换

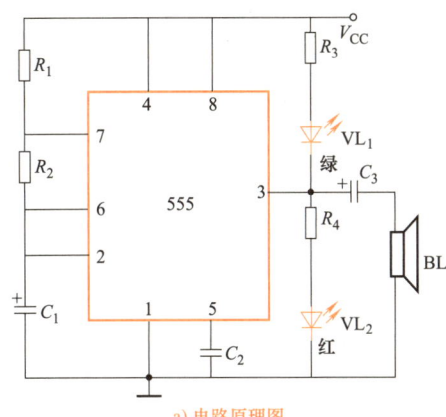
a) 电路原理图

b) 实物图

图 9-12 制作 555 多谐振荡器

【训练内容及步骤】

1. 电路元器件的检测

（1）色环电阻、涤纶电容、电解电容、发光二极管、扬声器的检测方法参考前面相关章节内容。

555 断线报警器的制作与调试

（2）NE555 集成电路引脚的识别：将 555 电路表面缺口朝左，正向放置，逆时针方向数引脚，依次为引脚 1~引脚 8。

2. 电路制作与调试

（1）按工艺要求对元器件的引脚进行成型加工，参考图 9-12b 所示实物图在面包板上摆放元器件并焊接电路。

（2）连接电源及检测端子。

（3）用万用表测 NE555 集成块的各引脚电压。

（4）用示波器观测 NE555 集成块的引脚 2（或引脚 6）的电压并画出波形。

【实训结果】 测试结果记入表 9-3 中。

表 9-3 NE555 多谐振荡器测试结果记录表

检 测 点	NE555 集成电路引脚							
	1	2	3	4	5	6	7	8
用万用表检测各脚电压/V								
用示波器观察并画出电压波形		2引脚（或6引脚）				3引脚		

【自评互评表】 评价表见表 9-4。

表 9-4 自评互评表

班级		姓名		学号		组别	
项目	考核要求		配分	评分标准		自评分	互评分
元器件的识别	按要求对所有元器件进行识别		20	元器件识别,每错一个扣2分			

(续)

班级		姓名		学号		组别			
项目	考核要求		配分	评分标准				自评分	互评分
元器件成型、插装与排列	1. 元器件按工艺要求成型 2. 元器件符合插装工艺要求 3. 元器件排列整齐、标记方向一致		20	1. 成型不合要求,每处扣1分 2. 插装位置、工艺不合要求,每处扣2分 3. 排列、标记不合理,扣3分					
导线连接	1. 导线挺直、紧贴万能板 2. 板上的连接线呈直线或直角,且不能相交		10	1. 导线弯曲、拱起,每处扣2分 2. 连接线弯曲、不直,每处扣2分 3. 连接线相交,每处扣2分					
焊接质量	1. 焊点均匀、光滑、一致、无毛刺、无假焊等现象 2. 焊点上引脚不能过长		20	1. 有搭锡、假焊、虚焊、漏焊、焊盘脱落等现象,每处扣2分 2. 出现毛刺、钎料过多或过少、焊接点不光滑、引脚过长等现象,每处扣2分					
电路调试	1. 工作时,二极管是否交替发光,扬声器是否发声 2. 连线正确		20	1. 不按要求进行调试,扣1~5分 2. 调试结果不正常,扣5~20分					
安全文明操作	工作台上工具排放整齐,严格遵守安全操作规程,符合"6S"管理要求		10	违反安全操作、工作台上脏乱、不符合"6S"管理要求,酌情扣3~10分					
反思记录(附加10分)	项目			记录					
	故障排除		3						
	你会做的		2						
	你能做的		2						
	任务创新方案		3						
	合计			100+10					

你完成本次工作任务的体会(学到哪些知识、掌握了哪些技能、有哪些收获):

小组对你完成此次工作任务的评价(工作、学习方面):

教师对你完成此次工作任务的评价(工作、学习方面):

本章小结

1. 555定时器是一种多用途的集成电路。只需外接少量阻容元件便可构成施密特触发器、单稳态触发器和多谐振荡器等。

2. 多谐振荡器没有稳定状态，只有两个暂稳态。暂稳态间的相互转换完全靠电路本身电容的充电和放电自动完成。因此，多谐振荡器接通电源后就能输出周期性的矩形脉冲。改变 R、C 定时元件数值的大小，可调节振荡频率。

3. 单稳态触发器有一个稳定状态和一个暂稳态。输入信号只起到触发电路进入暂稳态的作用。改变 R、C 定时元件的数值可调节输出脉冲的宽度。单稳态触发器可将输入的触发脉冲变换为宽度和幅度都符合要求的矩形脉冲，因此，常用于定时、脉冲的整形和展宽等。

4. 施密特触发器和单稳态触发器是两种常用的整形电路，可将输入的周期信号整形成符合要求的同周期矩形脉冲。施密特触发器具有回差特性，它有两个稳态，两个不同的触发电平。施密特触发器可将任意波形变换成矩形脉冲，输出脉冲宽度取决于输入信号的波形和回差电压的大小。

第10章　A-D转换与D-A转换

知识目标

1. 了解 A-D、D-A 转换器的基本概念和在实际中的典型应用
2. 了解集成 ADC0804 和集成 DAC0832 的引脚功能和实现模-数、数-模转换的方法

能力目标

1. 会搭接 A-D 转换器、D-A 转换器的典型应用电路
2. 会观察现象并测试相关数据

素质目标

1. 培养学生在分析和解决问题时学以致用、独立思考的能力
2. 培养学生的沟通能力及团队协作精神
3. 培养学生的安全生产、环保与节能意识

10.1　A-D 转换器

10.1.1　A-D 转换器的基本概念

电信号分为两种——模拟信号（或称模拟量）和数字信号（或称数字量）。模拟量是随时间连续变化的量，而数字量是非连续变化的量，所以传递和处理电信号的电路也分为模拟电路和数字电路，它们分别处理模拟信号和数字信号。在实际应用中常常需要对模拟量和数字量进行相互转换。

将模拟量转换成数字量的装置称为模数转换器，简称 A-D 转换器或 ADC，如图 10-1 所示。一个完整的 A-D 转换过程必须包括采样、保持、量化、编码 4 部分电路，在具体实施时，常把这 4 个步骤合并进行。例如：采样和保持是利用同一电路连续完成的，量化和编码是在转换过程中同步实现的，而且所用的时间又是保持的一部分。

图 10-1　A-D 转换器

如图 10-2 所示，模拟电子开关 S 在采样脉冲 CP 的控制下重复接通、断开。S 接通时，$u_i(t)$ 对电容 C 充电，这是采样过程；S 断开时，电容 C 上的电压保持不变，这是

第10章 A-D转换与D-A转换

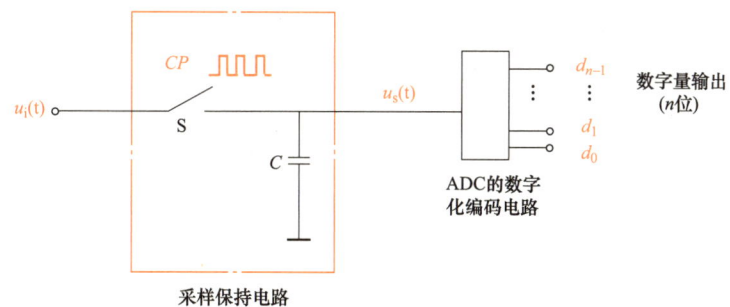

图 10-2 A-D 转换器的工作原理示意图

保持过程。在保持过程中，采样的模拟电压经过 A-D 转换器的数字化编码电路转换成一组 n 位的二进制数输出。随着 S 的不断接通、断开，输入的模拟电压将不断转换成 n 位二进制数输出。

ADC 有以下几个主要技术指标：

【分辨率】 通常用 ADC 输出的二进制码的位数 N 来表示。它表明该转换器可以用 2^N 个二进制数对输入模拟量进行量化，或者说分辨率反映了 ADC 能对输出数字量产生影响的最小输入量。ADC 位数越多，分辨率就越高。

【相对转换精度】 相对转换精度表示 ADC 实际输出数字量与理想输出数字量之间的差别，常用相对误差的形式给出，ADC 的位数越多，量化单位越小，分辨率越高，转换精度越高。

【转换速度】 ADC 从接收到转换控制信号开始，到输出端得到稳定的数字量为止所需要的时间，即完成一次 A-D 转换所需要的时间称为转换速度。采用不同的转换电路，其转换速度是不同的，低速 ADC 的转换时间为 $1\sim3\text{ms}$，中速 ADC 的转换时间在 $50\mu\text{s}$ 左右，高速 ADC 的转换时间约 50ns，常用的 ADC0809 的转换时间为 $100\mu\text{s}$。

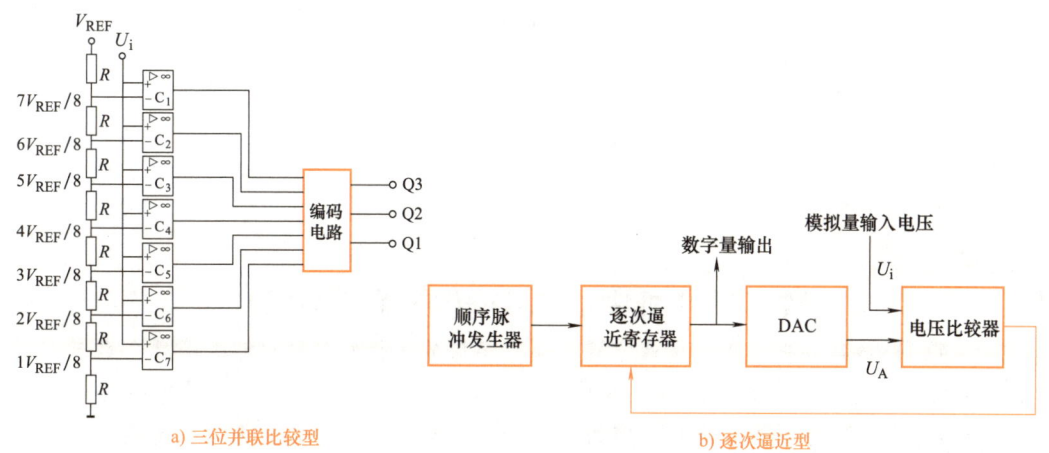

图 10-3 ADC 的常见类型

【电源电压抑制比】 指在输入模拟电压不变的前提下，当转换电路的电源电压发生变化时对输出产生的影响，一般用输出数字量的绝对变化量来表示。

数字系统的精度和速度最终取决于 A-D 转换器的转换精度和转换速度，因此转换精度和转换速度是衡量 A-D 转换器性能的两个重要指标。

【ADC 的常见类型】　常见的 ADC 分并联比较型和逐次逼近型，如图 10-3 所示。图 10-3a 为三位并联比较型，图 10-3b 为逐次逼近型。

10.1.2　A-D 转换器的典型应用

ADC0804 是一种常见的集成 A-D 转换器，采用逐次逼近型 A-D 转换原理，为 CMOS 单片 20 引脚双列直插式封装，能实现 8 位 A-D 转换。

【引脚排列图及各引脚功能说明】

$\overline{CS}$、$\overline{RD}$、$\overline{WR}$（引脚 1、2、3）：是数字控制输入端，满足标准 TTL 逻辑电平。其中 $\overline{CS}$、$\overline{WR}$ 用来控制 A-D 转换的启动信号。$\overline{CS}$、$\overline{RD}$ 用来读 A-D 转换的结果，当它们同时为低电平时，输出数据锁存器 $DB_0 \sim DB_7$ 各端上出现 8 位并行二进制数码。

CLK IN（引脚 4）和 CLK R（引脚 19）：ADC0801~0805 片内有时钟电路，只要在"CLK IN"和"CLK R"两端外接一对电阻电容即可产生 A-D 转换所要求的时钟，也可外接时钟信号。

$\overline{INTR}$（引脚 5）：中断请求信号输出，低电平有效。输出跳转为低电平表示本次转换已经完成，可作为微处理器的中断或查询信号。

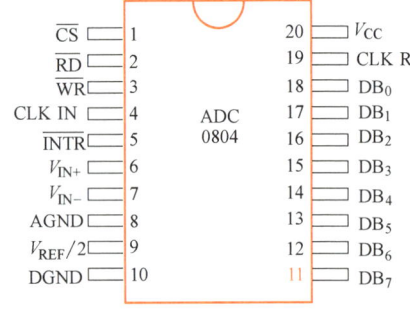

图 10-4　ADC0804 转换器引脚图

V_{IN+}（引脚 6）和 V_{IN-}（引脚 7）：差动模拟电压输入。输入单端正电压时，V_{IN-} 端接地。差动输入时，直接接 V_{IN+} 和 V_{IN-}。

AGND（引脚 8）和 DGND（引脚 10）：AGND 代表模拟信号接地，DGND 代表数字信号接地。

$V_{REF}/2$（引脚 9）：辅助参考电压。参考电压 $V_{REF}/2$ 应是输入电压范围的 1/2，所以输入电压的范围可以通过调整 $V_{REF}/2$ 引脚处的电压加以改变，转换器的零点无调整。

$DB_0 \sim DB_7$（引脚 18~引脚 11）：8 位数据输出端。

V_{CC}（引脚 20）：电源供应以及作为电路的参考电压。

小知识

数字录音机中的 A-D 转换器（ADC）

录音的时候需要把声音经送话器转换成数字信号进行处理和存储，一般在声卡上都带有 ADC，声音从传声器经过传声器功放再进声卡，这部分信号一直是模拟信号。模拟信号是不能被数字系统处理和存储的，例如计算机、硬盘录音机等需要转换成数字信号，通过声卡上的 ADC，模拟信号输入声卡就能被采集成数字信号了，当然也可以通过独立的 ADC，转换的数字信号通过一些数字接口传输到别的数字系统，例如带数字接口的声卡。输入到 ADC 的电信号是有幅度限制的，超过这个幅度就会失真，声音的好坏和 ADC 的品质有很大关系，一般声卡的 ADC 不够好，转换效果较好的是单独的 ADC。

第10章 A-D转换与D-A转换

技能训练 10-1　用 ADC0804 构成 A-D 转换器

【训练目标】
1. 了解集成 A-D 转换器 ADC0804 的性能及工作原理
2. 掌握 A-D 转换器 ADC0804 的正确使用方法

【训练材料】 实训材料清单见表 10-1。

表 10-1　材料清单

代号	名称	实物图	规格	数量
U_1	A-D 转换芯片	略	ADC0804	1
U_2	集成运算放大器	略	TL084	1
RP_1、RP_2	电位器	略	10kΩ	2
R_1、R_{11}	电阻	略	10kΩ	2
$R_2 \sim R_9$	电阻	略	470Ω	8
R_{10}	电阻	略	2.5kΩ	1
C_1	瓷片电容	略	0.001μF	1
C_2	瓷片电容	略	150pF	1
$D_1 \sim D_8$	发光二极管	略	红色/绿色	8
MBB	面包板	略		1
L	导线			若干
V_{CC}	直流电源		5V	

【训练内容及步骤】

1. 电路制作

按图 10-5 是一个简易的电压指示器电路，图 10-6 是 ADC0804 实现 A-D 转换实物图。

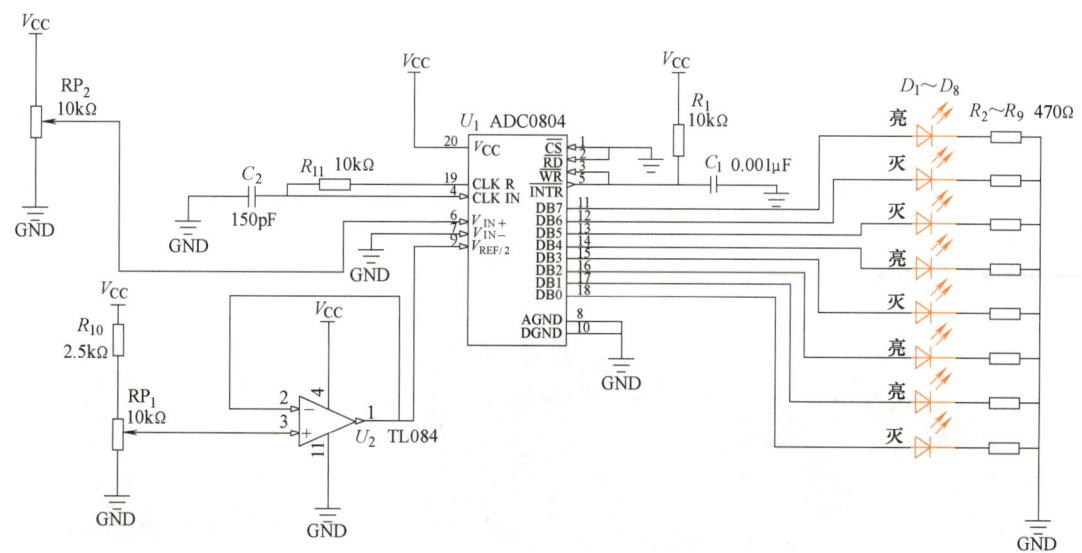

图 10-5　运用 ADC0804 实现 A-D 转换

电位器 RP_2 给 ADC0804 的 V_{IN+}（引脚 6）输入一个电压信号，这个电压信号可由 RP_2 调节来模拟变化。ADC0804 的 $DB_0 \sim DB_7$（引脚 18~引脚 11）是 ADC 的输出端，这 8 个管脚的状态代表输出的 8 位数字信号，也说明 ADC0804 是一个 8 位 ADC 转换器。当 V_{IN+} 端电压变化时，ADC0804 就会实时转换 V_{IN+} 的电压值，并在 $DB_0 \sim DB_7$ 以二进制形式输出代表电压值的数据。由于图 10-5 中由 8 只发光二极管与 $DB_0 \sim DB_7$ 端相连，所以调节电位器 RP_2 就会发现 8 只发光二极管在同步变换状态。

图 10-5 中的电阻 R_{11}、电容 C_2 与 ADC0804 的 CLK R（引脚 19）和 CLK IN（引脚 4）组成了 ADC 器件的时钟电路，这个结构使用的是 ADC0804 内部的时钟。其时钟频率的计算公式为：

$$f_{CLK} = \frac{1}{1.1RC}$$

其中 R、C 分别代表电阻 R_{11}、电容 C_2 的参数。所以，图中 ADC 的时钟频率约为 606kHz。如果使用外部时钟信号，则把时钟脉冲信号输入 CLK IN 端即可。无论使用内部或外部时钟，其频率范围都为 $100\text{kHz} \leq f_{CLK} \leq 1460\text{kHz}$。

2. 电路调试

（1）按照图 10-5 连接电路。

（2）连接电路检查无误后接通电源，通过调节电位器 RP_1 使（$V_{REF}/2$）= 2.56V，则分辨率为

$$A_t = \frac{2 \times (V_{REF}/2)}{256} = \frac{2 \times 2.56}{256}\text{V} = 20\text{mV}$$

其中，$V_{REF}/2$ 代表 $V_{REF}/2$（引脚 9）上的电压。比如在图 10-5 中，这个分辨率代表了使 ADC 数字输出端最低有效位改变状态的最小值，或者说是 ADC 所能反映的最小模拟输入电压变化值。

另外，$V_{REF}/2$ 端电压还决定了 ADC 能有效转换的最大模拟输入电压值为 $V_{REF}/2$ 的 2 倍。按照这个计算方法，最大输入模拟电压值为 $2 \times 2.56\text{V} = 5.12\text{V}$，已经超过 ADC0804 的模拟输入电压范围，所以即使 $V_{REF}/2 = 2.56\text{V}$，图 10-5 中的简易电压指示器的量程仍为 +5V，有效转换的最大模拟输入电压为 +5V。

（3）观察 8 只发光二极管的亮灭状态。

由于参考电压 2.56V 决定了理想的最大模拟输入电压为 5.12V，此时 ADC0804 的输出端 $DB_0 \sim DB_7$ 为 $(1111\ 1111)_2$，换算成十进制为 256。所以当调节电位器 RP_2 使 $V_{IN+} = 3\text{V}$ 时，输出端 $DB_0 \sim DB_7$ 的状态用十进制表示为 166，换成二进制为 $(1001\ 0110)_2$。发光二极管的亮灭状态如图 10-5 中文字标注所示。

图 10-6 运用 ADC0804 实现 A-D 转换实物图

第10章 A-D转换与D-A转换

> **注意**
> 1. 检查电源电压时,一定要准确无误,极性不能接错;
> 2. 调试时,用万用表的直流电压挡测量直流电压;
> 3. 由于本章实例对精度要求不高,可以把 AGND 和 DGND 都接入同一个地中。而在实际应用中,应该把 AGND 和 DGND 分别与模拟地线和数字地线相连。

10.2 D-A 转换器

10.2.1 D-A 转换器的基本概念

D-A 转换器是将数字量转换成模拟量的装置。因为数字量是使用二进制代码按数位组合起来表示的,对于有权码,每位代码都有一定的权,所以为了将数字量转换成模拟量必须将每一位的代码按其权的大小转换成相应的模拟量,然后将代表各位的模拟量相加,所得的总模拟量就与数字量成正比,这样就实现了从数字量到模拟量的转换,这就是 D-A 转换器的基本原理。

D-A 转换器有以下几个重要指标:

【分辨率】 指 D-A 转换器分辨最小输出电压的能力,通常用最小输出电压与最大输出电压的比值表示。

D-A 转换器位数越多分辨输出最小电压的能力越强。因此,有些器件也用输入数字量的有效位数表示分辨率。

【转换精度】 指输出模拟电压的实际值与理想值之差,即最大静态转换误差,该误差是由于参考电压偏离标准值、运算放大器的零点漂移,模拟开关的压降以及电阻阻值的偏差等原因所引起的。

【比例系数误差】 实际转换特性曲线的斜率与理想特性曲线斜率之间的偏差。

【输出建立时间】 从输入数字信号起到输出电压或电流达到稳定值时所需要的时间,称为输出建立时间。在不包含参考电压源和运算放大器的单片集成 D-A 转换器中,建立时间一般不超过 1μs。输出建立时间是描述 D-A 转换器转换速度的重要性能指标。

10.2.2 D-A 转换器的典型应用

D-A 转换器的种类很多,按输入二进制数的位数分类有 8 位、10 位、12 位和 16 位等,按器件内部的电路组成又可分为两大类:一类器件内部只包含电阻网络和模拟开关,另一类器件内部还包含了参考电压源发生器和运算放大器。D-A 转换器在日常生活中应用非常广泛,主要用于手机、有线数字电视、网络信息传输等,如图 10-7 所示。

【集成 D-A 转换器 DAC0832】

1. 引脚排列及各引脚功能

DAC0832 是 8 分辨率的 D-A 转换集成电路,与微处理器完全兼容。这个 D-A 转换电路以其价格低廉、接口简单、转换控制容易等优点,在单片机应用系统中得到广泛的应用,其引脚排列如图 10-8a 所示。

a) 手机

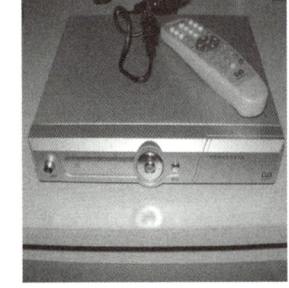
b) 有线数字电视

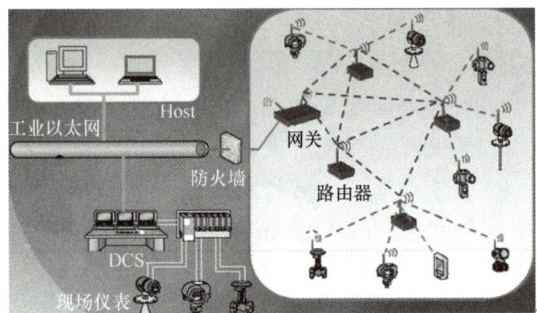
c) 网络信息传输

图 10-7　D-A 转换器的应用

a) DAC0832 引脚排列　　　　　　　　　　　　　b) 实物图

图 10-8　集成电路 DAC0832

2. 应用电路

DAC0832 常用电路举例如图 10-9 所示。

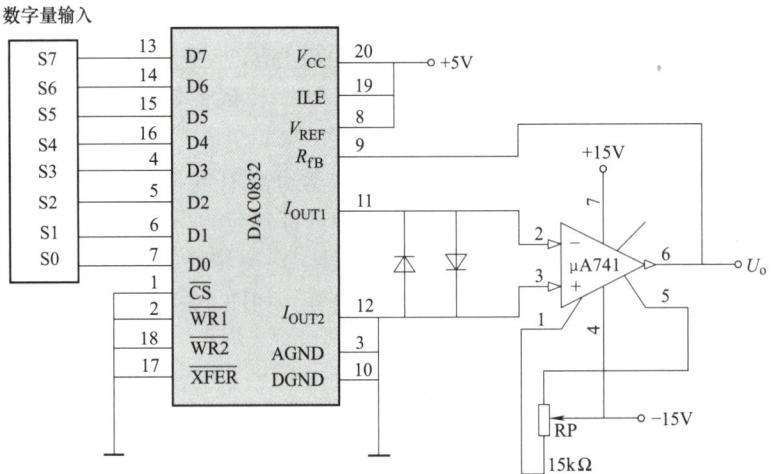

图 10-9　D-A 转换电路

第10章　A-D转换与D-A转换

*拓展项目训练　DAC0832 及 μA741 组成 D-A 转换器

【训练目标】
1. 了解 D-A 转换器的基本工作原理和基本结构
2. 掌握集成 D-A 转换器 DAC0832 实现 D-A 转换的方法

【训练材料】　训练材料清单见表 10-2。

表 10-2　材料清单

代号	名称	规格	实物图	数量
IC_1	集成电路 U1	DAC0832	略	1
IC_2	集成电路 U2	μA741	略	1
VD	二极管	2CK13	略	2
RP	电位器	15kΩ	略	1
MBB	面包板	5cm×7cm	略	1
V_{CC}	直流稳压电源	0~36V	略	1
	导线		略	1
仪器仪表	万用表	MF-47	略	1
仪器仪表	双踪示波器	VC2020A	略	1
	接线端子		略	若干
S	钮子开关		略	8

【训练内容及步骤】

1. 连接电路

按图 10-9 所示原理图连好电路，图 10-10 所示为连接好的实物照片。

其中 $\overline{CS}$、$\overline{WR1}$、$\overline{WR2}$、$\overline{XFER}$ 接地，ILE、V_{CC}、V_{REF} 接 +5V 电源，运放电源接 ±15V，D_0~D_7 接钮子开关的输出插口，输出端 U_o 接万用表，检查无误后接通电源。

2. 调试电路

调零，令 D_0~D_7 全清零，调节运放的电位器，使 μA741 输出为零。

3. 测试数据

通过钮子开关改变输入数据 D_7~D_0，用万用表测相应的模拟输出电压，将结果填入表 10-3 中。

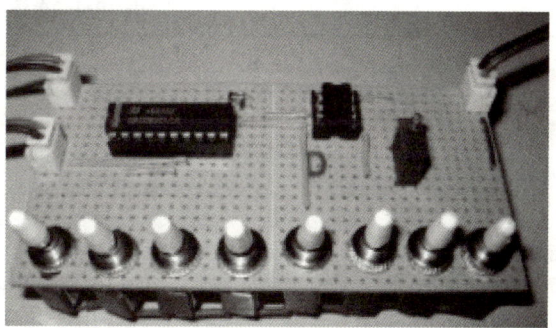

图 10-10　D-A 转换电路实物照片

表 10-3　DAC0832 输入输出关系表

十进制数	输入数字量								输出模拟电压	
	D_7	D_6	D_5	D_4	D_3	D_2	D_1	D_0	理论	实测
	0	0	0	0	0	0	0	0		
	0	0	0	0	0	0	0	1		
	0	0	0	0	0	0	1	1		
	0	0	0	0	0	1	1	1		
	0	0	0	0	1	1	1	1		
	0	0	0	1	1	1	1	1		
	0	0	1	1	1	1	1	1		
	0	1	1	1	1	1	1	1		
	1	1	1	1	1	1	1	1		

注意

1. 注意电源极性的正确连接，仔细检查电路，确认无误后方可通电。
2. CMOS 电路不用的输入端不能悬空，要将其接地或接+5V 电源。

想一想

1. 现有 DAC0832、CD40161 芯片（4 位二进制加法计数器）各一块及信号发生器，如何构成梯形波发生器，画出电路图并写出电路制作过程。
2. 上述电路中，如果改变输入信号的频率，DAC0832 输出端的电压波形会有什么变化？

【自评互评表】　评价表见表 10-4。

表 10-4　自评互评表

班级		姓名		学号		组别			
项目	考核要求		配分	评分标准				自评分	互评分
元器件的识别	按要求对所有元器件进行识别		20	元器件识别，每错一个扣 2 分					
元器件成型插装与排列	1. 元器件按工艺要求成型 2. 元器件符合插装工艺要求 3. 元器件排列整齐标记方向一致		20	1. 成型不合要求，每处扣 1 分 2. 插装位置、工艺不合要求，每处扣 2 分 3. 排列、标记不合理，扣 3 分					
导线连接	1. 导线挺直紧贴电路板 2. 板上的连接线呈直线或直角，且不能相交		10	1. 导线弯曲、拱起，每处扣 2 分 2. 连接线弯曲、不直，每处扣 2 分 3. 连接线相交，每处扣 2 分					

第10章 A-D转换与D-A转换

（续）

班级		姓名	学号	组别		
项目	考核要求	配分	评分标准		自评分	互评分
焊接质量	1. 焊点均为光滑、一致、无毛刺、无假焊等现象 2. 焊点上引脚不能过长	20	1. 有搭锡、假焊、虚焊、漏焊、焊盘脱落等现象，每处扣2分 2. 出现毛刺、钎料过多或过少、焊接点不光滑、引脚过长等现象，每处扣2分			
电路调试	1. 工作是否正常 2. 连线正确	20	1. 不按要求进行调试，扣1~5分 2. 调试结果不正常，扣5~20分			
安全文明操作	工作台上工具排放整齐，严格遵守安全操作规程，符合"6S"管理要求	10	违反安全操作，工作台上脏乱、不符合"6S"管理要求，酌情扣3~10分			
	合计		100			

你完成本次工作任务的体会（学到哪些知识、掌握哪些技能、有哪些收获）：

小组对你完成此次工作任务的评价（工作、学习方面）：

教师对你完成此次工作任务的评价（工作、学习方面）：

知识拓展

大国制造——中国芯

集成电路不仅广泛应用在工业、农业、家用电器中，而且广泛应用在军事、科学、教育、通信、交通、金融等领域，与我们的日常生活息息相关。芯片作为集成电路的载体，是能够影响一个国家现代工业发展水平的重要因素。

中国是世界上最大的芯片市场，但芯片自给率却严重不足，而且很多芯片的技术透明度非常低，因此我国国家政策大力支持芯片行业发展。

目前，我国在芯片领域长期依赖进口、缺乏自主研发的局面已逐渐被打破。芯片产业将以自主创新、规模发展为重点，不断提升芯片设计、制造封测、装备材料产业链能级。

本章小结

1. A-D 和 D-A 转换器是现代数字系统中最重要的组成部分，在计算机控制、快速检测和信号处理等系统中的应用日益广泛，随着各种新型电子电路的不断出现，A-D、D-A 转换器的种类也较多，本章对 A-D、D-A 的基本概念、工作原理和典型应用电路做了介绍。

2. 集成芯片 ADC0809 和 DAC0832 是实现 A-D、D-A 转换的常用器件，本章着重介绍了如何运用 ADC0809 和 DAC0832 制作 A-D、D-A 的转换电路。

数电综合训练 声光控制节能灯电路的安装与调试

【训练目标】
1. 会检测光敏电阻和驻极体等元器件的好坏
2. 了解与非门输入端的控制作用、声光控制及延时的基本原理
3. 初步掌握声光控制电路的装配工艺及技巧

【训练材料】 训练材料清单见数综表1。

数综表1 材料清单表

代号	名称	规格型号	实物图	数量
IC	集成电路	CD4011	略	1
VT_1	单向晶闸管	BT151	略	1
VT_2	晶体管	9014	略	1
$VD_1 \sim VD_4$	二极管	1N4007	略	4
VS	稳压二极管	1N4733A	略	1
VD_5、VD_6	二极管	1N4148	略	2
R_1	电阻器	200Ω	略	1
R_2	电阻器	10kΩ	略	1
R_3	电阻器	270kΩ	略	1
R_4	电阻器	33kΩ	略	1
R_5	电阻器	100kΩ	略	1
R_6	电阻器	10MΩ	略	1
R_7	电阻器	470Ω	略	1
R_G	光敏电阻	GL5626D	略	1
RP_1	电位器	22kΩ	略	1
RP_2	电位器	1MΩ	略	1
RP_3	电位器	100kΩ	略	1
C_1	电解电容	220μF	略	1
C_2	电解电容	10μF	略	1
C_3	瓷片电容	0.1μF	略	1
EL	小灯泡	10W/15V	略	1
	面包板		略	
BM	驻极体送话器	CZN-15EN		1

数电综合训练 声光控制节能灯电路的安装与调试

【相关原理介绍】

1. 认识声光控制节能灯电路

声光控制节能灯电路是利用声音和光线作为控制源的新型智能控制开关,它不需要人工开灯,且具有自动延时熄灭的功能,更加节能,且无机械触点、无火花、使用寿命长,广泛应用于各种建筑的楼道等公共场所。

数综图1所示为声光控制节能灯电路的组成框图,其工作原理为:当光敏电阻检测到光线不足且驻极体送话器检测到足够大的声音信号时,它们将这种声光变化转换成电信号并传送给逻辑控制芯片CD4011。根据事先定好的触发条件判断,CD4011是否触发单向晶闸管VT_1导通。如果单向晶闸管VT_1受到触发导通,灯泡点亮。其中电阻R_6和电容C_2起到延时作用,它们的参数决定了灯亮的时间长短。

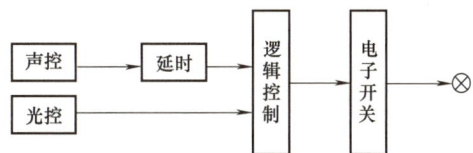

数综图1 声光控制节能灯电路组成框图

2. 电路原理图

声光控制节能灯电路原理图如数综图2所示。

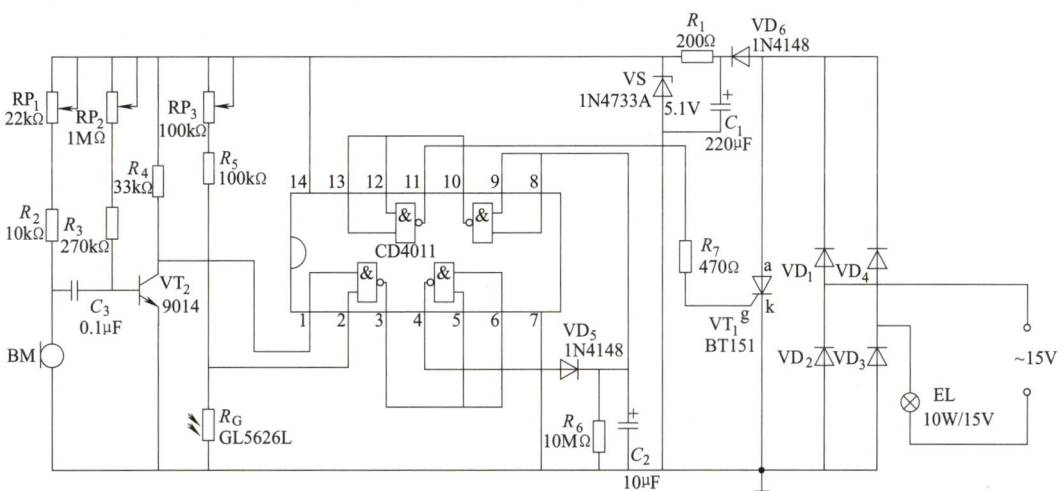

数综图2 声光控制节能灯电路原理图

【电路的装配流程】

电路的装配流程如下:

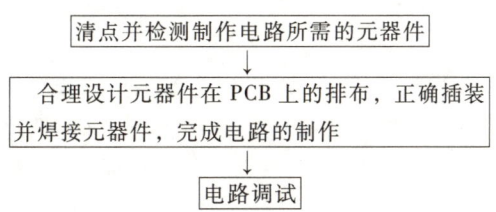

【装配步骤及工艺要求】

1. 元器件检测

（1）光敏电阻的检测。如数综图 3 所示，光敏电阻选用的是 GL5626D 型，若有光线照射时万用表检测电阻为 5kΩ 以下，无光照时电阻值大于 5MΩ，说明该元件是完好的。请按上述方法，将检测结果填入数综表 2 中。

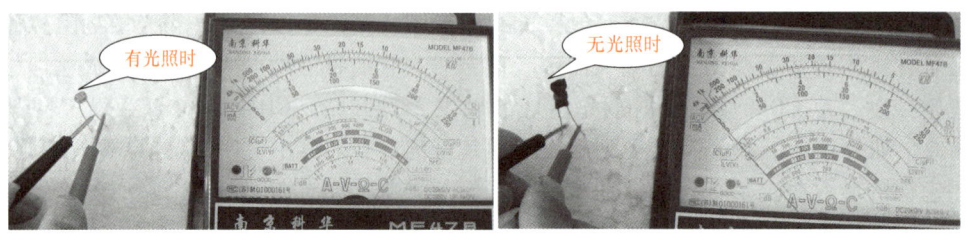

数综图 3　光敏电阻的检测

数综表 2　光敏电阻的检测

状　　态	有　光　照　时	无　光　照　时
光敏电阻阻值/Ω		

（2）驻极体话筒的检测。驻极体话筒简称驻极体。如数综图 4 所示，驻极体选用收音机用的电容式驻极体，可用万用表 R×100 挡，将红表笔接外壳的 S、黑表笔接 D，用嘴对着驻极体吹气，若表针摆动，说明该驻极体完好，摆动越大灵敏度越高。请按上述方法，将检测结果填入数综表 3 中。

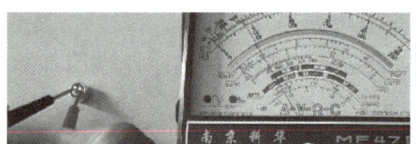

数综图 4　驻极体的检测

数综表 3　驻极体的检测

项　　目	结　　果
指针是否摆动	

（3）其他元器件的检测。请按数综表 1 所示的训练材料清单检测其他需要焊接的元器件。

2. 电路的制作

（1）合理设计元器件在 PCB 上的排布。

小知识

元器件排布的要求

① 元器件的标志方向应符合规定要求：电阻第一色环从左往右、从上往下安装；瓷片电容的标识要顺着一个方向。

② 注意有极性的元器件不能装错。

③ 安装高度应符合规定要求，同一规格的元器件应尽量安装在同一高度上。

④ 面包板装配顺序一般是根据原理图，先装核心元件，后装分散元件，尽量保证连线最少、不要交叉。

数电综合训练 声光控制节能灯电路的安装与调试

（2）元器件的插装与焊接。

1）元器件焊前成型的工艺要求。为保证引线成型的质量和一致性，应使用专用工具。在加工少量元器件时，可使用镊子或尖嘴钳等工具进行手工成型操作，如数综图5所示。

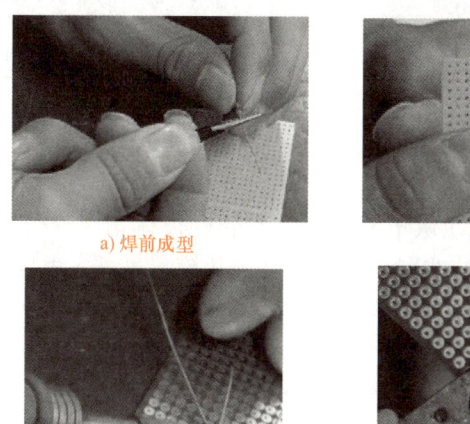

a) 焊前成型　　　　　　b) 元器件插装

c) 元器件焊接　　　　　　d) 剪脚

数综图5　元器件插装与焊接

① 立式电容的加工：用镊子先将电容引线沿电容主体向外弯成斜角，离电容4~5mm处再弯成直角，但在万能电路板上的安装要根据面包板孔距和安装空间的要求确定成型尺寸。

② 卧式电容的加工：用镊子分别将电解电容的两根引线在离电容主体3~5mm处弯成角，但在万能电路板上的安装要根据面包板的孔距和安装空间的要求确定成型尺寸。

③ 瓷片电容的加工：用镊子将电容引线向外整形，并与电容主体成一定角度。也可用镊子将电容的引线离电容1~3mm处向外弯成斜角，再在离斜角1~3mm处弯成直角。在万能电路板上的安装需视面包板孔距和具体要求确定引线的尺寸。

④ 晶体管引线的成型加工：小功率晶体管在面包板上一般采用直插式的方式，只需用镊子将塑封管引线拉直即可，三个电极引线分别成一定角度。有时也可以根据需要将中间引线向后弯曲成一定角度，应由面包板上的安装孔距来确定引线的尺寸。

2）元器件的插装与焊接的工艺要求

① 电容的插装焊接：瓷片电容应在离电路板4~6mm处插装焊接，电解电容应在离万能电路板1~2mm处插装焊接。

② 晶体管的插装焊接：应在离面包板4~6mm处插装焊接。

③ 集成电路芯片的插装焊接：集成电路插座应紧贴电路板插装焊接。

④ 电位器的插装焊接：应按照要求的方向紧贴电路板插装焊接。

3）元器件剪脚。焊接完成后剪脚，如数综图5d所示。

4）电路制作完成，如数综图6所示。

【通电试验及电路测试】

1. 通电试验

通电试验前应对电路进行检测，为避免电源及电路的损坏，必须检测电路中的 V_{CC} 与 GND 之间是否短路，再接通电源。调试时请先用绝缘胶布对光敏电阻遮光，对着驻极体拍

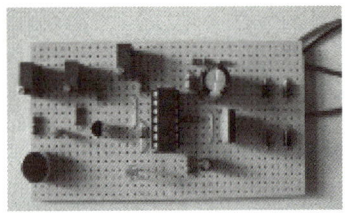
a) 正面

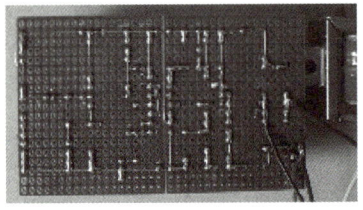
b) 反面

数综图 6　声光控制节能灯电路制作完成图

手，这时灯应亮；若在有光照射在光敏电阻上时，对着驻极体拍手，灯不亮，表示制作成功，可进入电路测试环节。否则，应先排除电路存在的故障，再进入电路测试环节。

2. 电路测试

（1）电源与灯相连并接通，如数综图 7 所示，用绝缘胶布遮住光敏电阻，对着驻极体拍手，灯亮；有光线照射光敏电阻，对着驻极体拍手，灯不亮。

（2）光敏电阻在自然光线照射时，用指针式万用表依次测试集成电路 CD4011 数综表 4 中各引脚的电压值，如数综图 8 所示；用绝缘胶布遮住光敏电阻，对着驻极体拍手，灯亮，估算灯发光持续时间，将结果填入数综表 4 中。

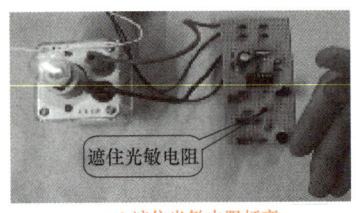
a) 遮住光敏电阻灯亮

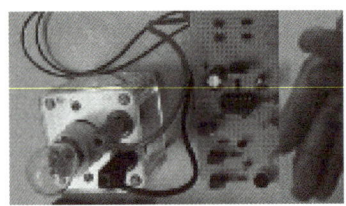
b) 有光线照射光敏电阻灯不亮

数综图 7　电源与灯相连并接通

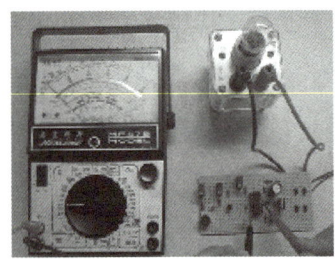

数综图 8　测试集成电路 CD4011 各引脚的电压

数综表 4　各引脚电压记录表

CD4011 各引脚电压值/V								灯发光持续时间/s
第 1 引脚	第 2 引脚	第 3 引脚	第 4 引脚	第 8 引脚	第 10 引脚	第 11 引脚		

【电路的简单故障及维修】

1. 接通电源后灯常亮不灭可能的原因

1）检查驻极体极性是否连接正确。

2）检查晶体管是否正常工作。

3）检测单向晶闸管是否正常工作。

2. 用绝缘胶布遮住光敏电阻，对着驻极体拍手，灯不亮

1）检测集成电路引脚 11 是否为高电平。

2）若集成电路引脚 11 是为高电平，则检查 R_7 是否开路。

3）若 R_7 没有开路，则可适当减小 R_7 的值，R_7 的调整范围为 10% ~ 20%。

数电综合训练 声光控制节能灯电路的安装与调试

3. 光敏电阻在自然光线照射时，对着驻极体拍手，灯亮

1）应检查光敏电阻是否开路。

2）若光敏电阻没有开路，则可适当增加 R_7 的值，R_7 的调整范围为 10%~20%。

【自评互评表】 评价表见数综表 5。

数综表 5　自评互评表

班级			姓名		学号		组别		
项目	考核要求		配分	评分标准				自评分	互评分
元器件的识别	按要求对所有元器件进行识别		20	元器件识别，每错一个扣 2 分					
元器件成型、插装与排列	1. 元器件按工艺要求成型 2. 元器件符合插装工艺要求 3. 元器件排列整齐、标记方向一致		20	1. 成型不合要求，每处扣 1 分 2. 插装位置、工艺不合要求，每处扣 2 分 3. 排列、标记不合理，扣 3 分					
导线连接	1. 导线挺直、紧贴 PCB 2. 板上的连接线呈直线或直角，且不能相交		10	1. 导线弯曲、拱起，每处扣 2 分 2. 连接线弯曲、不直，每处扣 2 分 3. 连接线相交，每处扣 2 分					
焊接质量	1. 焊点均匀、光滑、一致、无毛刺、无假焊等现象 2. 焊点上引脚不能过长		20	1. 有搭锡、假焊、虚焊、漏焊、焊盘脱落等现象，每处扣 2 分 2. 出现毛刺、钎料过多或过少、焊接点不光滑、引脚过长等现象，每处扣 2 分					
电路调试	1. 工作是否正常 2. 连线正确		20	1. 不按要求进行调试，扣 1~5 分 2. 调试结果不正常，扣 5~20 分					
安全文明操作	工作台上工具排放整齐，严格遵守安全操作规程，符合"6S"管理要求		10	违反安全操作、工作台上脏乱、不符合"6S"管理要求，酌情扣 3~10 分					
反思记录 （附加 10 分）	项目			记录					
	故障排除		3						
	你会做的		2						
	你能做的		2						
	任务创新方案		3						
合计				100+10					

你完成本次工作任务的体会（学到哪些知识、掌握哪些技能、有哪些收获）：

小组对你完成此次工作任务的评价（工作、学习方面）：

教师对你完成此次工作任务的评价（工作、学习方面）：

参 考 文 献

[1] 陈雅萍. 电子技能与实训：项目式教学 [M]. 北京：高等教育出版社，2007.
[2] 陈雅萍. 电子技能与实训 [M]. 2版. 北京：高等教育出版社，2020.
[3] 赵景波，周祥龙，于亦凡. 电子技术基础与实训 [M]. 北京：人民邮电出版社，2008.
[4] 杨承毅，肖诗海，邹友志. 脉冲与数字电子技术 [M]. 北京：人民邮电出版社，2008.
[5] 王慧玲. 电子技术实验：低频、高频、数字、集成 [M]. 北京：机械工业出版社，2004.
[6] 周宝善. 经典电子设计与实践DIY [M]. 北京：人民邮电出版社，2008.
[7] 柳淳. 电子制作技能与技巧 [M]. 北京：中国电力出版社，2008.
[8] 谢兰清. 电子技术项目教程 [M]. 北京：电子工业出版社，2009.
[9] 高卫斌. 电子线路 [M]. 3版. 北京：电子工业出版社，2009.
[10] 卞小梅. 电子技术与基础 [M]. 北京：电子工业出版社，2004.
[11] 于建华. 电工电子技术基础 [M]. 2版. 北京：人民邮电出版社，2011.
[12] 赵景波. 电子技术基础与实训 [M]. 2版. 北京：人民邮电出版社，2011.
[13] 林理明. 电子线路实验与实训 [M]. 北京：高等教育出版社，2004.
[14] 孙义芳，庄慕华. 电子技术基础实验指导 [M]. 北京：高等教育出版社，2002.
[15] 桂井诚. 电工实用手册 [M]. 吕砚山，马杰，译. 北京：科学出版社，2007.
[16] 陈振源，褚丽歆. 电子技术基础 [M]. 2版. 北京：人民邮电出版社，2011.
[17] 张龙兴. 电子技术基础 [M]. 2版. 北京：高等教育出版社，2007.
[18] 陈振源. 电子技术基础 [M]. 2版. 北京：高等教育出版社，2006.
[19] 李秀玲. 电子技术基础项目教程 [M]. 北京：机械工业出版社，2013.
[20] 胡峥. 电工电子技术 [M]. 2版. 武汉：华中科技大学出版社，2006.
[21] 胡斌，胡松. 图表细说元器件及实用电路 [M]. 2版. 北京：电子工业出版社，2011.
[22] 胡斌，胡松. 图表细说电子工程师速成手册 [M]. 2版. 北京：电子工业出版社，2011.
[23] 郎永强. 静电安全防护要诀 [M]. 2版. 北京：机械工业出版社，2011.
[24] 黑田彻. 晶体管电路设计与制作 [M]. 周南生，译. 北京：科学出版社，2006.
[25] 蔡杏山. 电子元器件知识与实践课堂 [M]. 3版. 北京：电子工业出版社，2017.
[26] 宋焕明. 模拟集成电路 [M]. 北京：机械工业出版社，2009.
[27] 陈其纯. 电子线路学习辅导与练习 [M]. 2版. 北京：高等教育出版社，2008.
[28] 杨少光. 电子技术基础与技能 [M]. 南宁：广西教育出版社，2009.
[29] 孔凡才，周良权. 电子技术综合应用创新实训教程 [M]. 北京：高等教育出版社，2008.

电子技术基础与技能习题册

第 4 版

班级: _____

姓名: _____

学号: _____

机械工业出版社

目 录

第1章 习题	1
第1章 测试题	5
第2章 习题	7
第2章 测试题	11
第3章 习题	15
第3章 测试题	20
第4章 习题	23
第4章 测试题	27
第5章 习题	29
第5章 测试题	34
第6章 习题	37
第6章 测试题	41
第7章 习题	44
第7章 测试题	49
第8章 习题	52
第8章 测试题	57
第9章 习题	59
第9章 测试题	63
第10章 习题	66

第1章 习 题

1. 填空题

（1）二极管具有_____特性，外加正向电压时，二极管_____，外加反向电压时，二极管_____。

（2）二极管按材料不同可分为_____、_____，前者正向工作电压为_____ V，后者正向工作电压为_____ V。

（3）在选择整流二极管时，主要考虑的两个参数是_____和_____。

（4）发光二极管的功能是_____；光电二极管的功能是_____。

（5）直流稳压电源的功能是_____。

（6）半波整流与桥式整流相比，输出电压脉动成分较小的是_____电路。

（7）整流电路的功能是_____；滤波电路的功能是_____。

2. 判断题

（1）在 P 型半导体中，少数载流子是空穴，多数载流子是电子。（   ）

（2）PN 结反向偏置时，其内外电场方向一致。（   ）

（3）半导体的导电能力在不同条件下有很大差别，若降低环境温度导电能力会减弱。（   ）

（4）使用稳压管时应阳极接正，阴极接负。（   ）

（5）PN 结正向偏置时，其内外电场方向一致。（   ）

（6）稳压管在正常稳压工作区域里，它的电流变化很大，而电压变化很小。（   ）

（7）二极管和晶体管都是非线性器件。（   ）

（8）电容滤波器，电容越大，则滤波效果越好。（   ）

（9）普通二极管只要工作在反向击穿区，一定会被击穿。（   ）

（10）整流电路由二极管组成，利用二极管的单向导电性把交流电变为脉动直流电。（   ）

（11）二极管加反向电压时，形成很小的反向电流，在电压不超过某一范围时，二极管的反向电流随反向电压的增加而基本不变。（   ）

（12）用两只二极管就可实现单相全波整流，而单相桥式整流电路却用了四只二极管，这样做虽然多用了两只二极管，但降低了二极管承受的反向电压。（   ）

（13）光电晶体管只有两个引脚，其基极做成了光栅。（   ）

（14）双向二极管两引脚有阳极和阴极之分。（   ）

（15）半导体的导电能力在不同条件下有很大差别，若提高环境温度导电能力会减弱。（　　）

（16）本征半导体温度升高后两种载流子浓度仍然相等。（　　）

（17）N型半导体中，主要依靠自由电子导电，空穴是少数载流子。（　　）

（18）点接触型二极管只能使用于大电流和整流。（　　）

（19）制作直流稳压电源元器件中，整流二极管按照制造材料可分为硅二极管和锗二极管。（　　）

（20）整流二极管在最高反向工作电压下工作时，反向电流越大，说明整流二极管的单向导电性能越好。（　　）

3. 选择题

（1）用万用表欧姆挡测量小功率二极管性能好坏时，应把欧姆挡拨到（　　）。

  A. R×1 挡 B. R×10 挡 C. R×100 或 R×1k 挡 D. R×10k 挡

（2）某硅二极管反向击穿电压为 150V，则其最高反向工作电压为（　　）。

  A. 不得大于 40V B. 等于 75V C. 约等于 150V D. 可略大于 150V

（3）在桥式整流电路中，若有一只二极管断开，则负载两端的直流电压将（　　）。

  A. 变为零 B. 降低 C. 升高 D. 保持不变

（4）在单相桥式整流电路中，接入电容滤波器后，输出直流电压将（　　）。

  A. 变为零 B. 降低 C. 升高 D. 保持不变

（5）要获得 9V 的稳定电压，集成稳压器的型号应选用（　　）。

  A. CW7809 B. CW7812 C. CW7909 D. CW7912

（6）CW7900 系列稳压器 1 脚为（　　）。

  A. 输入端 B. 输出端 C. 调整端 D. 接地端

（7）三端可调式稳压器 CW317 的 1 脚为（　　）。

  A. 输入端 B. 输出端 C. 调整端 D. 接地端

（8）型号为 1N4007 的二极管，其管体一端有一白色色环，则该白色环表示（　　）。

  A. 二极管阳极 B. 仅仅表示该管为二极管

  C. 二极管阴极 D. 无任何意义

（9）P 型半导体的多数载流子是（　　）。

  A. 电子 B. 空穴 C. 电荷 D. 电流

（10）晶体硅或锗中，参与导电的是（　　）。

  A. 离子 B. 自由电子 C. 空穴 D. B 和 C

（11）下列说法正确的是（　　）。

  A. N 型半导体带负电

  B. P 型半导体带正电

C．PN 结型半导体为电中性体

D．PN 结内存在着内电场，短接两端会有电流产生

(12) 关于二极管的功能，下列说法错误的是（　　）。
　　A．整流　　　B．滤波　　　C．钳位　　　D．小范围稳压

(13) 某稳压二极管，其管体上标有"5V6"字样，则该字样表示（　　）。
　　A．该稳压管稳压值为 5.6V　　　B．该稳压管稳压值为 56V
　　C．该稳压管稳压值为 5V　　　　D．该稳压管稳压值为 6V

(14) 半导体的导电能力随温度升高而（　　），金属导体的电阻随温度升高而（　　）。
　　A．降低　降低　　　B．降低　升高
　　C．升高　降低　　　D．升高　升高

(15) PN 结呈现正向导通的条件是（　　）。
　　A．P 区电位低于 N 区电位　　　B．P 区电位高于 N 区电位
　　C．P 区电位等于 N 区电位　　　D．都不对

(16) 二极管的反向电流随着温度降低而（　　）。
　　A．升高　　　B．减小　　　C．不变　　　D．不确定

(17) 二极管的主要功能之一是（　　）。
　　A．电压放大　　　B．线路电流放大
　　C．功率放大　　　D．整流

(18) 稳压管进行稳压工作时，其两端应加（　　）。
　　A．正向电压　　　B．反向电压　　　C．A 和 B　　　D．A 或 B

(19) 半导体 PN 结是构成各种半导体器件的工作基础，其主要特性是（　　）。
　　A．具有单向导电性　　　B．具有放大性
　　C．具有改变电压特性　　　D．其他几个都不对

(20) P 型半导体是在本征半导体中加入微量的（　　）元素构成的。
　　A．三价　　　B．四价　　　C．五价　　　D．六价

(21) 在单相半波整流电路中，所用整流二极管的数量是（　　）。
　　A．四只　　　B．三只　　　C．两只　　　D．一只

(22) 在整流电路中，设整流电流平均值为 I_0，则流过每只二极管的电流平均值 $I_D = I_0$ 的电路是（　　）。
　　A．单相桥式整流电路　　　B．单相半波整流电路
　　C．单相全波整流电路　　　D．以上都不行

(23) 用 MF-47 型万用表测量普通小功率二极管性能好坏时，应把万用表拨到欧姆挡的（　　）挡。
　　A．R×1　　　B．R×100
　　C．R×1k　　　D．R×100 或 R×1k

(24) 当硅二极管加上 0.2V 正向电压时，该二极管相当于（　　）。
　　　A. 小阻值电阻　　　　　　　B. 一根导线
　　　C. 内部短路　　　　　　　　D. 阻值很大的电阻
(25) 半导体 PN 结是构成各种导体器件的工作基础，其主要特性是（　　）。
　　　A. 具有放大特性　　　　　　B. 具有改变电压特性
　　　C. 具有单向导电性　　　　　D. 具有增强内电场性
(26) 使用稳压管时应（　　）。
　　　A. 阳极接正，阴极接负　　　B. 阳极接负，阴极接正
　　　C. 任意连接　　　　　　　　D. A 或 B
(27) P 型半导体的多数载流子是（　　）。
　　　A. 电子　　　B. 空穴　　　C. 电荷　　　D. 电流
(28) 硅二极管导通时，它两端的正向导通压降约为（　　）。
　　　A. 0.1V　　　B. 0.7V　　　C. 0.3V　　　D. 0.5V
(29) 二极管的主要功能之一是（　　）。
　　　A. 电压放大　　　　　　　　B. 线路电流放大
　　　C. 功率放大　　　　　　　　D. 整流
(30) 二极管的正极电位是-8V，负极电位是-2V，则该二极管处于（　　）。
　　　A. 反偏　　　B. 正偏　　　C. 零偏　　　D. 不可判断
(31) 二极管的正极电位是-10V，负极电位是-16V，则该二极管处于（　　）。
　　　A. 反偏　　　B. 正偏　　　C. 零偏　　　D. 不可判断
(32) 二极管的反向电阻（　　）。
　　　A. 小　　　B. 大　　　C. 中等　　　D. 不确定
(33) 稳压二极管的正常工作状态是（　　）。
　　　A. 导通状态　　　　　　　　B. 截止状态
　　　C. 反向击穿状态　　　　　　D. 饱和状态
(34) 整流电路的目的是（　　）。
　　　A. 将交流变为直流　　　　　B. 将高频变为低频
　　　C. 将正弦波变为方波　　　　D. 将直流变为交流
(35) 在桥式整流电容滤波电路中，若有一只二极管断路，则负载两端的直流电压将会（　　）。
　　　A. 下降　　　B. 升高　　　C. 变为 0　　　D. 保持不变
(36) 硅二极管的正向导通电压比锗二极管的正向导通电压（　　）。
　　　A. 大　　　B. 小　　　C. 相等　　　D. 无法判断
(37) 半导体二极管按结构不同可分为点接触型和面接触型，点接触型二极管能承受的正向电流较（　　），面接触型二极管能承受的正向电流较（　　）。
　　　A. 小/小　　　B. 小/大　　　C. 大/小　　　D. 大/大

(38) 两个硅稳压管，$U_{z1}=6V$，$U_{z2}=9V$，下面（　　）不是两者串联时可能得到的稳压值。

A. 15V　　　　B. 6.7V　　　　C. 9.7V　　　　D. 3V

4. 分析与计算

分析题图 1-1 所示电路中，各二极管是导通还是截止？试求 AO 两点间的电压 u_{AO}（设所有二极管均为理想型，即正偏时正向压降为 0，正向电阻为 0；反偏时反向电流为 0，反向电阻为 ∞）。

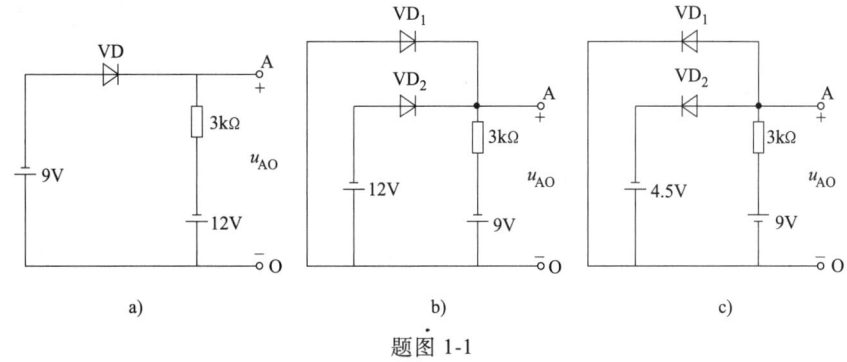

题图 1-1

5. 画图题

画出稳压、光电、变容、发光二极管的电路图形符号。

第 1 章　测　试　题

1. 填空题

（1）半导体是一种导电能力介于_____与_____之间的物体。

（2）半导体中的空穴和自由电子数目相等，这样的半导体是_____。

（3）少数载流子是自由电子的半导体是_____型半导体。

（4）二极管导通时，电流是从_____极流出，从_____极流入。

（5）稳压二极管正常工作时，应使其工作在_____状态。

（6）光电二极管在使用时，应该_____偏置。

（7）二极管的正极电位是 -10V，负极电位是 -5V，则该二极管处于_____状态。

（8）半波整流电路和桥式整流电路相比，输出电压较小的是_____电路。

2. 判断题

（1）在半导体内部，只有电子是载流子。（　　）

（2）在 N 型半导体中，多数载流子是空穴，少数载流子是自由电子。（　　）

（3）一般来说，硅二极管的死区电压（门槛电压）小于锗二极管的死区电压。（　　）

(4) 二极管的反向漏电流越小，其单向导电性能就越好。　　　　　(　)

(5) 用万用表测某二极管的正向电阻时，插在万用表标有"+"号插孔中的测试笔所接的二极管的管脚是二极管的正极，另一端是二极管的负极。 (　)

(6) 整流输出电压加电容滤波后，电压波动性减小，故输出电压也下降。(　)

3. 选择题

(1) 当二极管的PN结导通后，则参加导电的是（　　　）。
  A. 少数载流子　　　　　　　　B. 多数载流子
  C. 既有少数载流子又有多数载流子　D. 既无少数载流子又无多数载流子

(2) 用万用表R×1k挡测二极管，若红表笔接正极，黑表笔接负极时，读数为50kΩ；换用黑表笔接正极，红表笔接负极时读数为1kΩ，则这只二极管的情况是（　　　）。
  A. 内部已断路不能用　　　　　B. 内部已短路不能用
  C. 没有坏，但性能不好　　　　D. 性能良好

(3) 在半波整流电容滤波电路中，若负载两端的平均电压为4.5V，则二极管的最高反向电压为（　　　）。
  A. 4.5V　　　B. 6.36V　　　C. 9V　　　D. 12.73V

(4) 在桥式整流电容滤波电路中，若有一只二极管断路，则负载两端的直流电压将会（　　　）。
  A. 下降　　　B. 升高　　　C. 变为零　　　D. 保持不变

4. 分析与计算

(1) 如果把二极管的正极接到1.6V电源正极，把负极接到电源负极，二极管是否能够正常工作？

(2) 两个稳压值为8V的同型号稳压管，正向压降为0.7V，能组成几种不同电路接法？能得到几种不同的稳压值，分别为多少？

(3) 题图1-2所示为单相桥式整流电容滤波电路，请检查电路有哪些错误？

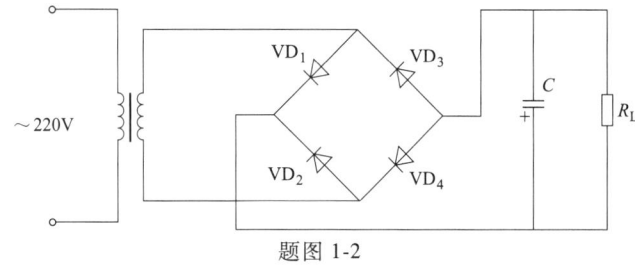

题图1-2

(4) 在单相桥式整流电路中，变压器二次电压 $U_2 = 120V$，在未接滤波电容 C 时负载两端电压 U_o 是多少？加了滤波电容并在空载情况下输出的直流电压最大值可达多少？此时整流二极管实际承受的反向电压是多少？

第2章 习 题

1. 填空题

（1）正常工作的 NPN 型晶体管各电极电位关系是 $U_C > U_B > U_E$，该管工作于_____状态。

（2）用示波器观察 NPN 管共射单级放大器输出电压得到题图 2-1 所示三种削波失真的波形，请分别写出失真的波形及失真的类型，其中题图 2-1a 所示为_____，题图 2-1b 所示为_____，题图 2-1c 所示为_____。

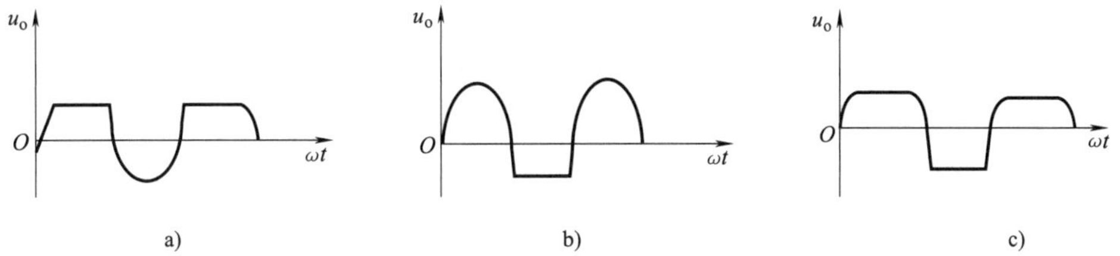

题图 2-1

（3）对于共射、共集、共基三种基本组态放大电路，若希望电压放大倍数大，可选用_____组态；若希望带负载能力强，应选用_____组态。

（4）射极输出器无_____放大作用，但有_____放大和_____放大作用。

（5）晶闸管俗称_____，具有_____单向导电性。

2. 判断题

（1）放大电路的三种组态都有功率放大作用。（　）
（2）晶体管是构成放大器的核心，晶体管具有电压放大作用。（　）
（3）共发射极电路的输入阻抗低，输出阻抗高。（　）
（4）阻容耦合电路温漂小，但不能放大交流信号。（　）
（5）晶体管的发射结和集电结是同类型的 PN 结，所以晶体管在作放大管使用时，射极和集电极可相互调换使用。（　）
（6）射极输出器电路中引入的是电流串联负反馈。（　）
（7）分压偏置式放大器中，如信号出现截止失真，应将上偏电阻 R_{b1} 调大。（　）
（8）共集电极放大电路也叫做射极输出器。（　）
（9）射极输出器的输入阻抗低，输出阻抗高。（　）
（10）射极输出器是电压串联负反馈放大器，它具有稳定输出电压的作用。（　）

(11) 晶体管集电极和基极上的电流总能满足 $I_c = \beta I_b$ 的关系。（　　）
(12) 放大电路中的输入信号和输出信号的波形总是反相关系。（　　）
(13) 放大电路中的所有电容器均有通交隔直的作用。（　　）
(14) 晶体管按结构分为 NPN、PNP。（　　）
(15) 晶体管由两个 PN 结组成，所以可以用两个二极管反向连接起来充当晶体管使用。（　　）
(16) 放大电路中，锗晶体管发射结工作电压是 0.3V。（　　）
(17) 放大电路中，锗晶体管发射结工作电压是 0.5V。（　　）
(18) 基本放大电路中输出信号的能量实际上是由直流电源提供的，只是经过晶体管的控制，使之转换成信号能量，提供给负载。（　　）
(19) 当温度升高时，晶体管的集电极电流 I_C 增大，电流放大系数 β 减小。（　　）
(20) 交流放大器工作时，电路中同时存在直流分量和交流分量，直流分量表示信号的变化情况，交流分量表示静态工作点。（　　）
(21) 晶体管放大电路中，增大 R_B，其他参数不变，静态工作点 Q 接近饱和区。（　　）
(22) 晶体管放大电路中，为获得较大的动态范围，静态工作点可设在交流负载线中点。（　　）
(23) 晶体管放大电路中，当实际功耗 P_C 大于最大允许集电极耗散功率 P_{CM} 时，不仅使晶体管的参数发生变化，甚至还会烧坏晶体管。（　　）
(24) NPN 型和 PNP 型晶体管的区别是不但其结构不同，而且它们的工作原理也不同。（　　）
(25) 晶体管是一个电流控制器件，实现"以小控大"的作用，但并没有实现能量的放大。（　　）
(26) 温度的变化是影响静态工作点稳定的主要因素。（　　）
(27) 场效应晶体管与晶体管不同，不具有放大能力。（　　）
(28) 交流调压器多采用双向晶闸管。（　　）

3. 选择题

(1) 晶体管工作在放大区时，具有以下（　　）特点。
  A. 发射结反向偏置　　　　　　B. 集电结反向偏置
  C. 晶体管具有开关作用　　　　D. 不能正常工作

(2) 在单级放大电路中，若输入电压为正弦波形，用示波器观察 u_o 和 u_i 的波形，当放大电路为共射电路时，则 u_o 和 u_i 的相位（　　）。
  A. 同相　　　B. 反相　　　C. 相差 90°　　　D. 相差 120°

(3) 电路的静态是指（　　）。
  A. 输入交流信号幅值不变时的电路状态
  B. 输入交流信号频率不变时的电路状态

C. 输入交流信号且幅值为 0 时的电路状态

D. 输入端开路时的状态

（4）在基本放大电路中，如果 NPN 管的基极电流 i_B 增大，则与之相应的（　　）。

A. 输入电压 U_i 减小　　　　　　B. 发射极电流 I_E 增大

C. 管压降 U_{CE} 不变　　　　　　D. 输出电压 U_C 增大

（5）固定偏置共射极放大电路缺点是（　　）。

A. 静态工作点不稳定　　　　　　B. 输出波形失真

C. 电压放大倍数小　　　　　　　D. 没有电压放大倍数

（6）晶体管的集电结反偏，发射结正偏时，晶体管处于（　　）。

A. 饱和状态　　B. 截止状态　　C. 放大状态　　D. 开关状态

（7）晶体管具有放大作用，其实质是（　　）。

A. 晶体管可把小能量放大成大能量

B. 晶体管可把小电压放大成大电压

C. 晶体管可把小电流放大成大电压

D. 晶体管可用小电流控制大电流

（8）晶体管的三种组态放大器中，输入阻抗较大的是（　　）。

A. 共射极　　B. 共集电极　　C. 共基极　　D. 都很大

（9）晶体管的放大作用主要体现在（　　）。

A. 正向放大　　B. 反向放大　　C. 电流放大　　D. 电压放大

（10）在基本单管共射放大器中，集电极电阻 R_c 的作用是（　　）。

A. 限制集电极电流

B. 将晶体管的电流放大作用转换成电压放大作用

C. 没什么作用

D. 将晶体管的电压放大作用转换成电流放大作用

（11）晶体管在组成放大器时，根据公共端的不同，连接方式有（　　）种。

A. 1　　B. 2　　C. 3　　D. 4

（12）放大器的输入电阻越大，则向信号源汲取的电流越（　　）。

A. 大　　B. 小　　C. 不变　　D. 无关系

（13）普通晶体管的放大作用主要体现在（　　）。

A. 正向放大　　B. 反向放大　　C. 电流放大　　D. 电压放大

（14）某放大器的电压放大倍数为-80，该负号表示（　　）。

A. 衰减　　B. 同相放大　　C. 无意义　　D. 反相放大

（15）阻容耦合放大电路能放大（　　）。

A. 直流信号　　　　　　　　　　B. 交流信号

C. 交直流信号　　　　　　　　　D. 其他几个都对

（16）直接耦合放大电路能放大（　　）。
　　A. 直流信号　　　　　　　　　B. 交流信号
　　C. 交直流信号　　　　　　　　D. 其他几个都对

（17）晶体管具有放大能力，放大器的能源来自于（　　）。
　　A. 基极信号源　　　　　　　　B. 集电极电源
　　C. 基极电源　　　　　　　　　D. B 和 C

（18）某二级放大器，第一级电压放大倍数为 -20，第二级电压放大倍数为 50，则该放大器总的电压放大倍数为（　　）。
　　A. 30　　　　B. 70　　　　C. -1000　　　　D. 1000

（19）在 OCL 电路中信号传输容易出现交越失真，为克服该缺点，应该将 OCL 电路静态工作点设置在（　　）。
　　A. 微导通状态　　B. 放大区　　C. 截止区　　　　D. 饱和区

（20）在晶体管放大器中，晶体管各极电位最高的是（　　）。
　　A. NPN 管的发射极　　　　　　B. NPN 管的集电极
　　C. PNP 管的基极　　　　　　　D. PNP 管的集电极

（21）某国产晶体管型号为 3DG6，则该管是（　　）。
　　A. 高频小功率 NPN 型硅晶体管　　B. 高频大功率 NPN 型硅晶体管
　　C. 高频小功率 PNP 型锗晶体管　　D. 高频大功率 PNP 型锗晶体管

（22）晶体管放大电路，既能放大电压，也能放大电流的电路是（　　）。
　　A. 共发射极　　B. 共集电极　　C. 共基极　　　　D. 共漏极

（23）晶体管共发射极放大电路具有（　　）作用。
　　A. 仅放大　　B. 仅反相　　C. 放大与反相　　D. 电压跟随

（24）基本放大电路中，经过晶体管的信号有（　　）。
　　A. 高频脉冲成分　　　　　　　B. 直流成分
　　C. 交流成分　　　　　　　　　D. 交直流成分均有

（25）放大电路的交流通路是指（　　）。
　　A. 电压回路　　　　　　　　　B. 电流通过的路径
　　C. 交流信号流通的路径　　　　D. 直流信号流通的路径

（26）晶体管的伏安特性是指它的（　　）。
　　A. 输入特性　　　　　　　　　B. 输出特性
　　C. 输入特性与输出特性　　　　D. 输入信号与电源关系

（27）为了增大放大电路的动态范围，其静态工作点应选择（　　）。
　　A. 截止点　　　　　　　　　　B. 饱和点
　　C. 交流负载线的中点　　　　　D. 直流负载线的中点

（28）电压放大电路的空载是指（　　）。
　　A. $R_C = 0$　　B. $R_L = 0$　　C. $R_L = \infty$　　D. $R_B = \infty$

(29) 为了放大缓慢变化的非周期信号或直流信号,放大器之间应采用( )。
　　A. 阻容耦合电路　　　　　　B. 变压器耦合电路
　　C. 直接耦合电路　　　　　　D. 二极管耦合电路

(30) 工作在放大区的某晶体管,如果当 I_B 从 12μA 增大到 22μA 时, I_C 从 1mA 变为 2mA,那么它的 $β$ 约为( )。
　　A. 83　　　　B. 91　　　　C. 100　　　　D. 110

(31) 在晶体管放大器中,晶体管各极电位最高的是( )之间。
　　A. NPN 管的发射极　　　　B. NPN 管的集电极
　　C. PNP 管的基极　　　　　D. PNP 管的集电极

(32) 测得放大电路中某晶体管三个极对地的电位分别为 4V、3.7V 和 8V,则该晶体管的类型为( )。
　　A. 硅 PNP 型　　　　　　　B. 硅 NPN 型
　　C. 锗 PNP 型　　　　　　　D. 锗 NPN 型

(33) 测得晶体管三个极的静态电流分别为 0.03mA、3mA 和 3.03mA,则该管的 $β$ 约为( )。
　　A. 100　　　　B. 60　　　　C. 50　　　　D. 40

(34) 在一个放大电路中,测得某晶体管各极对地的电位为 $U_1 = 3V$、$U_2 = -3V$、$U_3 = -2.7V$,则可知该管为( )。
　　A. PNP 锗管　　B. NPN 硅管　　C. NPN 锗管　　D. PNP 硅管

(35) 已知某晶体管的 c、b、e 三个极电位为 2V、6.3V、7V,则可判断该晶体管的类型及工作状态为( )。
　　A. NPN 型,放大状态　　　　B. PNP 型,截止状态
　　C. NPN 型,饱和状态　　　　D. PNP 型,放大状态

4. 计算题

(1) 将一 PNP 型晶体管接成共发射极电路,要使它具有电流放大作用,V_{CC} 和 V_{BB} 的正、负极应如何连接?为什么?画出电路图。

(2) 测得一 PNP 型晶体管,基极电位是 -0.3V,发射极电位是 -1V,集电极电位是 -6V,试判断该管工作在什么状态?

5. 实训题

请同学们自己查找资料,并正确选择元器件,制作一款家用音乐门铃。

第 2 章　测　试　题

1. 填空题

(1) 晶体管按结构可分成_____和_____两种类型。

(2) 场效应晶体管为_____控制型器件。

（3）题图 2-2 所示为一个共射单级放大器的输出电压波形，假定晶体管是 NPN 型，则该信号的削波属于_____失真，偏流电阻 R_b 应调_____可以消除失真。

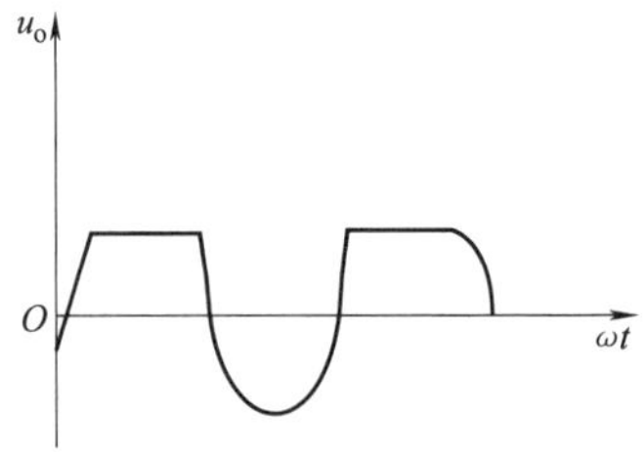

题图 2-2

（4）放大器的静态是指_____。
（5）在对放大电路做动态分析时，直流电源、电容可视为_____。
（6）在用 NPN 管的分压式偏置放大电路中，如果把上偏置电阻减小而其他不变，则晶体管的集电极电流将_____。
（7）造成静态工作点不稳定的因素很多，其中以_____影响最大。
（8）射极输出器的_____极为输入回路和输出回路的公共端，所以它是一种_____放大电路。
（9）晶闸管主要用于_____、_____、_____等方面。
（10）场效应晶体管一般具有_____、_____、_____三个极。

2. 判断题

（1）晶体管具有能量放大作用。（　　）
（2）发射结处于正向偏置的晶体管，一定工作在放大状态。（　　）
（3）场效应晶体管是一种电流控制的放大器件，其工作原理与晶体管相同。
（　　）
（4）设置静态工作点的目的是使信号在整个周期内不发生非线性失真。（　　）
（5）共射放大电路既能放大电压，也能放大电流。（　　）
（6）射极输出器即共集电极放大器，其电压放大倍数小于1，输入电阻小，输出电阻大。（　　）
（7）共集电极放大电路中输出信号和输入信号反相。（　　）
（8）收音机及众多测量仪器及自动化装置中都用到了由晶体管所组成的放大电路。
（　　）
（9）晶体管的直流放大倍数和交流放大倍数在估算时不能通用。（　　）
（10）放大器的输出电阻越大越好。（　　）

3. 选择题

（1）当晶体管的两个 PN 结都有反偏电压时，则晶体管处于（　　）。

A. 截止状态　　　B. 饱和状态　　　C. 放大状态　　　D. 工作状态

（2）用数字万用表 R×1k 的电阻挡测量一只能正常放大的晶体管,用黑表笔接触一只引脚,红表笔分别接触另两只引脚时测得的电阻值都较小,该晶体管是（　　）。

A. PNP 型　　　B. NPN 型　　　C. 硅管　　　D. 锗管

（3）在单级放大电路中,若输入电压为正弦波形,用示波器观察 u_o 和 u_i 的波形,当为共集电路时,则 u_o 和 u_i 的相位（　　）。

A. 同相　　　B. 反相　　　C. 相差 90°　　　D. 相差 120°

（4）电路如题图 2-3a 所示,输入、输出波形如题图 2-3b 所示,可判断该放大电路产生的失真为（　　）。

A. 相位失真　　　B. 饱和失真　　　C. 截止失真　　　D. 交越失真

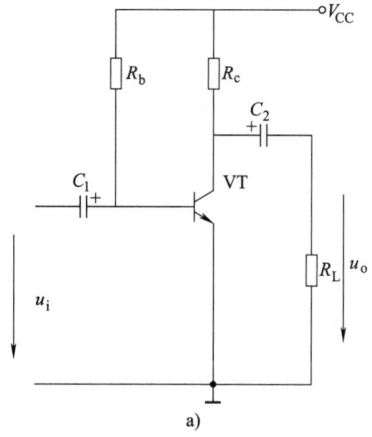

题图 2-3

（5）晶体管工作在放大状态时,它的两个 PN 结必须是（　　）。
A. 发射结和集电结同时正偏　　　B. 发射结和集电结同时反偏
C. 集电结正偏,发射结反偏　　　D. 集电结反偏,发射结正偏

（6）温度升高导致晶体管参数发生（　　）变化。
A. I_{CBO}、β、U_{BE} 都增大　　　B. I_{CBO}、β、U_{BE} 都减小
C. I_{CBO}、β 增大,U_{BE} 减小　　　D. β、U_{BE} 都增大,I_{CBO} 减小

（7）电压放大电路的空载是指（　　）。
A. $R_C = 0$　　　B. $R_L = 0$　　　C. $R_L = \infty$　　　D. $R_C = \infty$

（8）共集电极放大电路的输出信号是取自于晶体管（　　）之间。
A. 基极和射极　　　B. 基极和集电极
C. 射极和集电极　　　D. 集电极和源极

（9）（　　）不是场效应晶体管具有的。
A. 栅极　　　B. 源极　　　C. 漏极　　　D. 基极

（10）（　　）连接方式不是多级放大电路常见的耦合方式。

    A. 阻容耦合　　　B. 电阻耦合　　　C. 直接耦合　　　D. 变压器耦合

4. 计算题

（1）测得一 NPN 型晶体管，基极电位是 0.7V，发射极电位是 0V，集电极电位是 6V，试判断该管工作在什么状态？

（2）如题图 2-4 所示，已知在电路中无交流信号时测得晶体管（均为硅管）各极对地的电位值，试说明各晶体管的工作状态。

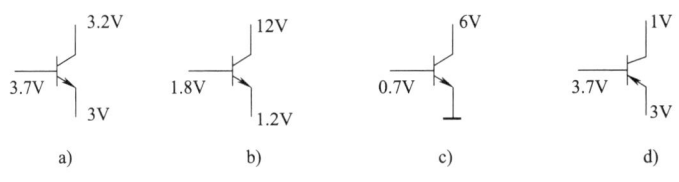

题图 2-4

（3）在如题图 2-5 所示的放大电路中，已知 $V_{CC} = 12V$，$R_{b1} = 60\text{k}\Omega$，$R_{b2} = 20\text{k}\Omega$，$R_c = 3\text{k}\Omega$，$R_e = 3\text{k}\Omega$，$R_L = 3\text{k}\Omega$，$\beta = 50$，$U_{BE} \approx 0V$，求静态工作点。

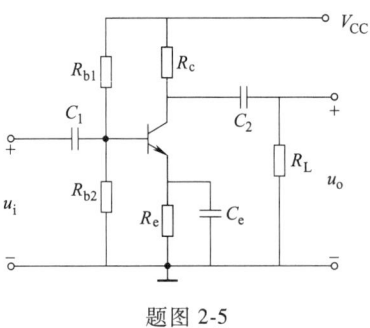

题图 2-5

第 3 章 习 题

1. 填空题

（1）集成运算放大器是一个_____放大器，其内部电路主要由四部分组成，分别_____、_____、_____和_____。

（2）考虑到_____原因，集成运放的输入级采用差动放大电路。它有_____、_____两个对称输入端和一个输出端。

（3）理想集成运放应具备的条件是输入电阻_____，输出电阻_____，开环电压放大倍数_____，共模抑制比_____。

（4）反馈放大电路由_____和_____两部分组成。

（5）通常采用_____方法判断反馈放大电路的反馈极性。

（6）如果要求稳定输出电流并减少输入电阻，则应对放大电路采用_____负反馈。

（7）功率放大电路中，两功放管处于_____工作状态，两只晶体管_____工作。若静态工作点设计为乙类，则易出现_____失真。

（8）以功率晶体管为核心构成的放大器称_____放大器。它不但输出一定的_____，还能输出一定的_____，也就是向负载提供一定的功率。

（9）功率放大器简称_____。对它的要求与低频放大电路不同，主要是：输出功率尽可能大、_____尽可能高、_____尽可能小，还要考虑_____管的散热问题。

（10）功率放大器按晶体管的工作状态分类，有_____类功放、_____类功放和_____类功放。

（11）功放管可能工作的状态有三种：甲类放大状态，它的失真_____、效率_____；乙类放大状态，它的失真_____、效率_____。

（12）所谓"互补"放大器，就是利用_____型管和_____型管交替工作来实现放大。

（13）OTL 电路和 OCL 电路属于_____工作状态的功率放大电路。

2. 判断题

（1）按反馈的信号极性分类，反馈可分为正反馈和负反馈。　　　　（　　）

（2）负反馈使输出起到与输入相反的作用，使系统输出与系统目标的误差增大，使系统振荡。　　　　　　　　　　　　　　　　　　　　　　　　　（　　）

（3）若反馈信号与输入信号极性相同或变化方向同相，则两种信号混合的结果是使放大器的净输入信号大于输出信号，这种反馈叫正反馈。正反馈主要用于信

号产生电路。（　）

（4）正反馈使输出起到与输入相似的作用，使系统偏差不断增大，使系统振荡，可以放大控制作用。（　）

（5）反馈信号与输入信号极性相反或变化方向相反，则叠加的结果是使净输入信号减弱，这种反馈叫负反馈。（　）

（6）放大电路通常采用负反馈技术。（　）

（7）负反馈的取样一般采用电流取样或电压取样。（　）

（8）反馈按取样方式的不同，分为电阻反馈和电流反馈。（　）

（9）负反馈有其独特的优点，在实际放大器中得到了广泛的应用，它改变了放大器的性能。采用负反馈使得放大器的闭环增益趋于稳定。（　）

（10）正反馈使得放大器的闭环增益趋于稳定。（　）

（11）线性运算电路中一般均引入负反馈。（　）

（12）在运算电路中，同相输入端和反相输入端均为"虚地"。（　）

（13）使净输入量减小的反馈是负反馈，否则为正反馈。（　）

（14）集成运放处于开环状态，这时集成运放工作在非线性区。（　）

（15）运算电路中一般引入正反馈。（　）

（16）集成运放只能放大直流信号，不能放大交流信号。（　）

（17）集成运放在实际运用中一般要引入深度负反馈。（　）

（18）集成运算放大电路是一种阻容耦合的多级放大电路。（　）

（19）集成运放的"虚断"是指运放的同相输入端和反相输入端的电流趋于零，好像断路一样，但却不是真正的断路。（　）

（20）若放大电路的放大倍数为负值，则引入的反馈一定是负反馈。（　）

（21）电压负反馈稳定输出电压，电流负反馈稳定输出电流。（　）

（22）只要在放大电路中引入反馈，就一定能使其性能得到改善。（　）

（23）反相比例运算电路中集成运放反相输入端为"虚地"。（　）

（24）集成运算放大电路产生零点漂移的主要原因是晶体管参数受温度的影响。（　）

（25）集成运放内部为多级直接耦合放大电路，所以只能放大直流信号，不能放大交流信号。（　）

（26）集成运放有非常高的电压放大倍数，这就为电路引入较深的负反馈，为电路稳定工作创造了条件。（　）

（27）反相比例运算放大器的反馈类型是电压串联负反馈。（　）

（28）正反馈一般用于振荡电路，而负反馈用于改善放大电路性能。（　）

（29）电流并联负反馈可提高输入电阻、稳定输出电压。（　）

3. 选择题

（1）集成电路的引脚功能必须（　　）。

A. 通过查阅手册或资料获得　　　　　B. 凭主观想象
C. 1 脚为电源脚　　　　　　　　　　D. 1 脚为接地脚

（2）集成运放的 K_{CMR} 越大，（　　）。
A. 抑制零漂的能力越强　　　　　　B. 放大倍数越高
C. 抑制零漂的能力越差　　　　　　D. 放大倍数越小

（3）在 OTL 和 OCL 功放大电路中，两只功放管的性能应满足（　　）。
A. 管型相同、性能相同　　　　　　B. 管型相同、性能不同
C. 管型不同、性能相同　　　　　　D. 管型不同、性能不同

（4）能很好克服零点漂移的电路是（　　）。
A. 固定偏置电路　　　　　　　　　B. 功率放大电路
C. 差动放大电路　　　　　　　　　D. 直接耦合放大器

（5）集成运放具有以下特点：（　　）。
A. 开环差模增益 $A_{ud} = \infty$，差模输入电阻 $R_{id} = \infty$，输出电阻 $R_o = \infty$
B. 开环差模增益 $A_{ud} = \infty$，差模输入电阻 $R_{id} = \infty$，输出电阻 $R_o = 0$
C. 开环差模增益 $A_{ud} = 0$，差模输入电阻 $R_{id} = \infty$，输出电阻 $R_o = \infty$
D. 开环差模增益 $A_{ud} = 0$，差模输入电阻 $R_{id} = \infty$，输出电阻 $R_o = 0$

（6）输入量不变的情况下，若引入反馈后（　　），则说明引入的反馈是负反馈。
A. 输入电阻增大　　　　　　　　　B. 输出量增大
C. 净输入量增大　　　　　　　　　D. 净输入量减小

（7）负反馈能抑制（　　）。
A. 输入信号所包含的干扰和噪声　　B. 反馈环内的干扰和噪声
C. 反馈环外的干扰和噪声　　　　　D. 输出信号中的干扰和噪声

（8）对于集成运算放大电路，所谓开环是指（　　）。
A. 无信号源　　　　　　　　　　　B. 无反馈通路
C. 无电源　　　　　　　　　　　　D. 无负载

（9）对于集成运算放大电路，所谓闭环是指（　　）。
A. 考虑信号源内阻　　　　　　　　B. 接入负载
C. 接入电源　　　　　　　　　　　D. 存在反馈通路

（10）下面关于线性集成运放说法错误的是（　　）。
A. 用于同相比例运算时，闭环电压放大倍数总是大于等于 1
B. 一般运算电路可利用"虚短"和"虚断"的概念求出输入和输出的关系
C. 在一般的模拟运算电路中往往要引入负反馈
D. 在一般的模拟运算电路中，集成运放的反相输入端总为"虚地"

（11）集成运放级间耦合方式是（　　）。
A. 变压器耦合　　　　　　　　　　B. 直接耦合

  C. 阻容耦合   D. 光电耦合

（12）反相比例运算电路的比例系数会（   ）。
  A. 大于等于 1   B. 小于零
  C. 等于零   D. 任意值

（13）直接耦合放大器（   ）。
  A. 只能放大直流信号   B. 只能放大交流信号
  C. 交、直流信号都能放大   D. 任何频率范围的信号都能放大

（14）下面关于集成运放理想特性叙述错误的是（   ）。
  A. 输入阻抗无穷大   B. 输出阻抗等于零
  C. 频带宽度很小   D. 开环电压放大倍数无穷大

（15）同相比例运算电路的电压放大倍数为（   ）。
  A. $-R_f/R_1$ B. R_1/R_f
  C. $1-R_1/R_f$ D. $1+R_f/R_1$

（16）反相比例运算电路的电压放大倍数为（   ）。
  A. $-R_f/R_1$ B. R_1/R_f
  C. $1-R_1/R_f$ D. $1+R_f/R_1$

（17）运算放大器构成的"跟随器"电路的输出电压与输入电压（   ）。
  A. 相位相同，大小成一定比例
  B. 相位和大小都相同
  C. 相位相反，大小成一定比例
  D. 相位和大小都不同

（18）若模输入信号是两个输入信号的（   ）。
  A. 和   B. 差   C. 比值   D. 平均值

（19）输出量与若干个输入量之和成比例关系的电路称为（   ）。
  A. 加法比例运算电路   B. 减法电路
  C. 积分电路   D. 微分电路

（20）集成运算放大器输入端 u_- 与输出端 u_o 的相位关系为（   ）。
  A. 同相   B. 反相   C. 相位差 90°   D. 相位差 270°

（21）理想运算放大器的开环电压放大倍数是（   ）。
  A. 无穷大   B. 零   C. 约 120dB   D. 约 10dB

（22）理想运算放大器的开环差模输入电阻 R_{id} 是（   ）。
  A. 无穷大   B. 零   C. 约几百千欧   D. 约几百欧姆

（23）理想运算放大器的共模抑制比为（   ）。
  A. 无穷大   B. 零   C. 约 120dB   D. 约 10dB

（24）理想运算放大器的开环输出电阻 R_o 是（   ）。
  A. 无穷大   B. 零   C. 约几百千欧   D. 约几百欧姆

(25) 直接耦合电路中存在零点漂移主要是因为（　　）。
　　A. 晶体管的非线性　　　　　　B. 电阻阻值有误差
　　C. 晶体管参数受温度影响　　　D. 静态工作点设计不当

(26) 在集成运算放大电路中，为了稳定电压放大倍数，通常引入（　　）负反馈。
　　A. 直流　　　B. 交流　　　C. 串联　　　D. 并联

(27) 在集成运算放大电路中，为了稳定静态工作点，通常引入（　　）负反馈。
　　A. 直流　　　B. 交流　　　C. 串联　　　D. 并联

(28) 为了使放大器带负载能力增强，通常引入（　　）负反馈。
　　A. 电压　　　B. 电流　　　C. 串联　　　D. 并联

(29) 引入并联负反馈可使放大器的（　　）。
　　A. 输出电压稳定　　　　　　B. 反馈环内输入电阻增加
　　C. 反馈环内输入电阻减小　　D. 输出电流稳定

(30) 为了增大输出电阻，应在放大电路中引入（　　）。
　　A. 电流负反馈　　　　　　　B. 电压负反馈
　　C. 直流负反馈　　　　　　　D. 交流负反馈

(31) 为减小放大电路从信号源索取的电流，增大带负载能力，应在放大电路中引入（　　）。
　　A. 电压串联负反馈　　　　　B. 电压并联负反馈
　　C. 电流串联负反馈　　　　　D. 电流并联负反馈

(32) 为从信号源获得更大的电流，并稳定输出电流，应在放大电路中引入（　　）。
　　A. 电压串联负反馈　　　　　B. 电压并联负反馈
　　C. 电流串联负反馈　　　　　D. 电流并联负反馈

(33) 工作在线性区的运算放大器应置于（　　）状态。
　　A. 深度负反馈　　　　　　　B. 开环
　　C. 闭环　　　　　　　　　　D. 正反馈

(34) 在四种反馈组态中，能够使输出电压稳定并提高输入电阻的负反馈是（　　）。
　　A. 电压并联负反馈　　　　　B. 电压串联负反馈
　　C. 电流并联负反馈　　　　　D. 电流串联负反馈

(35) 电压并联负反馈对放大器输入电阻和输出电阻的影响是（　　）。
　　A. 输入电阻变大，输出电阻变小　　B. 输入电阻变小，输出电阻变小
　　C. 输入电阻变大，输出电阻变大　　D. 输入电阻变小，输出电阻变大

(36) 集成运放具有很高的开环电压放大倍数，这得益于（　　）。

A. 输入级常采用差分放大器

B. 中间级由多级直接耦合放大器构成

C. 输出级常采用射极输出器

D. 中间级由多级阻容耦合放大器构成

(37) 集成运放的主要参数中，不包括（　　）。

A. 输入失调电压　　　　　　B. 开环放大倍数

C. 共模抑制比　　　　　　　D. 最大工作电流

(38) 由集成运放组成（　　）放大器的输入电流基本上等于流过反馈电阻的电流。

A. 同相比例运算　　　　　　B. 反相比例运算

C. 差动　　　　　　　　　　D. 开环

4. 分析与计算

(1) 题图 3-1 所示运放电路中，$R = 10\text{k}\Omega$，$u_{i1} = 2\text{V}$，$u_{i2} = -3\text{V}$，试求输出电压 u_o 的值。

(2) 为什么要引入负反馈？

(3) OCL、OTL 功放电路中，两管发射极电位各是多少？这一点对维修实践有什么指导意义？

(4) 简要说明引入复合管的必要性，并画出由两只晶体管构成的 NPN 型复合管？

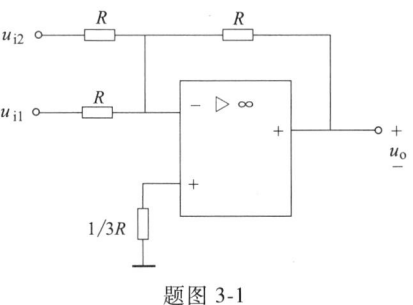

题图 3-1

第 3 章　测　试　题

1. 填空题

(1) 集成运算放大器是一种采用_____耦合方式的放大电路，最常见的问题是_____。

(2) 集成运算放大器的两个输入端分别为_____输入端和_____输入端，前者的极性与输出端_____，后者的极性与输出端_____。

(3) 根据理想运算放大器的条件，可推出两个重要结论，分别是_____和_____。

(4) 对直流量起反馈作用的称为_____反馈，对交流量起反馈作用的称为_____反馈。其中_____反馈的主要作用是稳定放大器静态工作点；_____反馈的作用是改善放大电路的性能。

(5) 某仪表放大电路，要求输入电阻大、输出电压稳定，应选用_____负反馈。

（6）对于乙类互补对称功放，当输出信号为正半周时，_____型管导通，_____型管截止；当输入信号为负半周时，_____型管导通，_____型管截止。

（7）在 OTL 功放电路中，中点电压为_____ V，而 OCL 功放电路中，中点电压为_____ V。

（8）OCL 电路功放管的选择标准是_____，_____，_____。

（9）按放大信号的强弱分，谐振放大器可分为_____谐振放大器和_____谐振放大器两类。其中_____谐振放大器主要用于电压选频放大领域，_____谐振放大器主要用于高频功率选频放大领域。

2. 选择题

（1）使用差动放大电路的目的是为了提高（　　）。
　　A. 输入电阻　　B. 电压放大倍数　　C. 抑制零漂能力　　D. 电流放大倍数

（2）集成运算放大器的 K_{CMR} 越大（　　）。
　　A. 抑制零漂的能力越强　　　　B. 放大倍数越高
　　C. 抑制零漂的能力越弱　　　　D. 放大倍数越低

（3）对于放大电路，所谓开环是指（　　）。
　　A. 不考虑信号源内阻　　　　　B. 无反馈网络
　　C. 无电源　　　　　　　　　　D. 无负载

（4）在放大电路中，为了稳定静态工作点，可以引入（　　）。
　　A. 交流负反馈或直流负反馈　　B. 直流负反馈
　　C. 交流负反馈　　　　　　　　D. 交流正反馈

（5）一个单管共射放大电路，如果通过电阻引入负反馈，则（　　）。
　　A. 一定会产生高频自激振荡　　B. 有可能产生高频自激振荡
　　C. 一定不会产生高频自激振荡　D. 无正确答案

（6）集成运算放大器的引脚功能必须（　　）。
　　A. 通过查阅手册或资料获得　　B. 凭主观想象
　　C. 可自行设定　　　　　　　　D. 各脚功能由所在电路确定

（7）要使放大电路输出电流稳定且又具有较高的输入电阻，应引入（　　）负反馈。
　　A. 电压并联　　B. 电压串联　　C. 电流串联　　D. 电流并联

（8）射极输出器属于（　　）负反馈。
　　A. 电压串联　　B. 电压并联　　C. 电流串联　　D. 电流并联

（9）OTL 和 OCL 电路的主要区别是（　　）。
　　A. 有无输出电容　　　　　　　B. 双电源或单电源供电
　　C. 有无输出变压器　　　　　　D. 无区别

（10）调谐放大器是一种选频放大器。它通常利用（　　）在频率众多的信号群中选出某一频率的信号加以放大。

A. LC 并联谐振特性　　　　　　B. LC 串联谐振特性
C. RC 并联网络　　　　　　　　D. RC 串联网络

3. 判断题

（1）集成运放有非常高的电压放大倍数，这就为电路引入较深的负反馈、为电路稳定工作创造了条件。　　　　　　　　　　　　　　　　　（　）

（2）反相比例运算放大器的反馈类型是电压串联负反馈。　　（　）

（3）把输出信号的部分或全部返回到输入端称为反馈。　　　（　）

（4）只要在放大电路中引入反馈，就一定能使其性能得到改善。（　）

（5）输出功率越大，功放管的损耗越大。　　　　　　　　　（　）

（6）由理想集成运算放大器组成比例运算电路时，应引入负反馈。（　）

（7）负反馈能彻底消除放大电路中的非线性失真。　　　　　（　）

（8）乙类功放、甲乙类功放的效率都较高。　　　　　　　　（　）

（9）甲类功放理想的集电极输出效率为 78%，乙类功放的理想效率为 50%。
　　　　　　　　　　　　　　　　　　　　　　　　　　　　（　）

（10）采用甲乙类功率放大输出级的收音机电路，将音量调得越小越省电。
　　　　　　　　　　　　　　　　　　　　　　　　　　　　（　）

4. 分析与计算

（1）找出如题图 3-2 所示电路的反馈元件，并判断反馈极性及反馈组态。

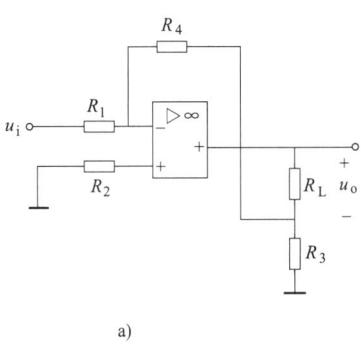

题图 3-2

（2）电路如题图 3-3 所示。1）若 $R_1 = 1\text{k}\Omega$，$u_i = 0.1\text{V}$，而 $u_o = -3\text{V}$，R_f 应为多少？2）若 $u_o = -2\text{V}$，$R_f = 100\text{k}\Omega$，$u_i = 0.2\text{V}$，R_1 应为多少？

（3）试分析集成运算放大器中产生零漂的原因和抑制零漂的方法。

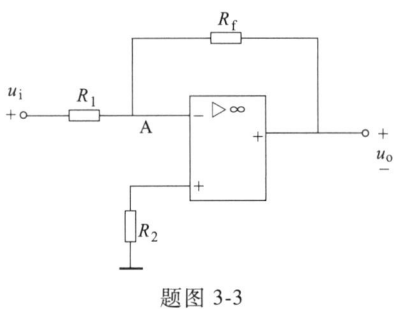

题图 3-3

第 4 章 习 题

1. 填空题

（1）不需外加_____，能够自行产生_____的电路称为自激振荡电路。能够自行产生_____的自激振荡电路，称为_____振荡器。

（2）在正弦波振荡电路中，为了补充振荡过程中能量的消耗，维持等幅振荡，需要_____电路；为了满足自激振荡相位条件，需要_____电路；为了把需要的频率选出来，获得单一频率的正弦波振荡，必须在电路中采取_____电路。

（3）振荡器最初的输入信号来自于_____。

2. 判断题

（1）正弦波振荡器中如果没有选频网络，就不能产生自激振荡。（   ）
（2）在正弦波振荡电路中，频率不稳定的是石英晶体振荡电路。（   ）
（3）LC 串联谐振电路中，输入信号频率小于谐振频率时，电路呈容性。（   ）
（4）只要有正反馈，电路就一定能产生正弦波振荡。（   ）
（5）只要有负反馈，电路就不可能产生振荡。（   ）
（6）在正弦波振荡电路中，若要求频率稳定性很高，则可用石英晶体振荡电路。（   ）
（7）按反馈的信号极性分类，反馈可分为正反馈和负反馈。（   ）
（8）正反馈使输出起到与输入相似的作用，使系统偏差不断增大，使系统振荡，可以放大控制作用。（   ）
（9）放大电路通常采用负反馈技术。（   ）
（10）负反馈的取样一般采用电流取样或电压取样。（   ）
（11）负反馈有其独特的优点，在实际放大器中得到了广泛的应用，它改变了放大器的性能。采用负反馈使得放大器的闭环增益趋于稳定。（   ）
（12）正反馈使得放大器的闭环增益趋于稳定。（   ）
（13）在运算电路中，同相输入端和反相输入端均为"虚地"。（   ）
（14）使净输入量减小的反馈是负反馈，否则为正反馈。（   ）
（15）集成运放只能够放大直流信号，不能放大交流信号。（   ）
（16）集成运放在实际运用中一般要引入深度负反馈。（   ）
（17）集成运放的"虚断"是指运放的同相输入端和反相输入端的电流趋于零，好像断路一样，但却不是真正的断路。（   ）
（18）只要在放大电路中引入反馈，就一定能使其性能得到改善。（   ）
（19）反相比例运算电路中集成运放反相输入端为"虚地"。（   ）
（20）集成运算放大电路产生零点漂移的主要原因是晶体管参数受温度的

影响。（　　）

（21）实际集成运算放大电路的开环电压增益非常小，可以近似认为 $A=0$。（　　）

（22）"虚短"和"虚断"是分析集成运放工作在线性区的两条重要依据。（　　）

（23）负反馈可以大大减少放大器在稳定状态下所产生的失真。（　　）

（24）理想的差动放大电路，既能放大差模信号，也能放大共模信号。（　　）

（25）振荡电路与放大电路的主要区别之一是：放大电路的输出信号与输入信号频率相同，而振荡电路一般不需要输入信号。（　　）

（26）振荡器若不接输入信号，电路就不能起振，更不能维持振荡。（　　）

（27）当放大器具有正反馈电路时，电路必然产生自激振荡。（　　）

（28）对于正弦波振荡电路而言，只要不满足相位平衡条件，即使放大电路的放大倍数很大，它也不能产生正弦波振荡。（　　）

（29）石英晶体的固有频率，即谐振器的谐振频率 f_0 的大小取决于石英晶体的材料，与晶片的几何形状和尺寸无关。（　　）

（30）石英晶体的最大优点是频率稳定度很高。（　　）

3. 选择题

（1）正弦波振荡器的基本组成是（　　）。
  A. 基本放大器和反馈网络
  B. 基本放大器和选频网络
  C. 基本放大器、正反馈网络、选频网络和稳幅电路
  D. 仅基本放大电路

（2）正弦波振荡电路的幅值平衡条件是（　　）。
  A. $AF>1$　　B. $AF=1$　　C. $AF<1$　　D. $AF\neq 1$

（3）为了满足振荡的相位平衡条件，反馈信号与输入信号的相位差应等于（　　）。
  A. 90°　　B. 180°　　C. 270°　　D. 360°

（4）在正弦波振荡电路中，选频的作用是（　　）。
  A. 使振荡器输出信号的幅度较大
  B. 从振荡器输出的各种频率成分中选出单一频率的正弦波输出
  C. 使振荡器产生一个单一频率的正弦波
  D. 稳定振荡信号的振幅

（5）石英晶体振荡器的主要优点是（　　）。
  A. 振幅稳定　　B. 频率稳定度高　　C. 频率高　　D. 频率低

（6）RC 桥式正弦波振荡器是由两部分电路组成，即 RC 串并联选频网络和（　　）。

A. 基本共射放大电路　　　　　　B. 共基放大电路
C. 同相比例运算电路　　　　　　D. 反相比例运算电路

(7) 电容三点式振荡器的优点是（　　）。
A. 频率很高　　　　　　　　　　B. 输出信号幅度大
C. 电路简单　　　　　　　　　　D. 输出波形较好

(8) OCL 互补功率放大电路中，两晶体管特性和参数相同且一定是（　　）。
A. NPN 与 NPN 管　　　　　　　B. PNP 与 PNP 管
C. NPN 与 PNP 管　　　　　　　D. 硅管和锗管

(9) 负反馈能抑制（　　）。
A. 输入信号所包含的干扰和噪声　　B. 反馈环内的干扰和噪声
C. 反馈环外的干扰和噪声　　　　　D. 输出信号中的干扰和噪声

(10) 对于集成运算放大电路，所谓闭环是指（　　）。
A. 考虑信号源内阻　　　　　　　B. 接入负载
C. 接入电源　　　　　　　　　　D. 存在反馈通路

(11) 下面关于集成运放理想特性叙述错误的是（　　）。
A. 输入阻抗无穷大　　　　　　　B. 输出阻抗等于零
C. 频带宽度很小　　　　　　　　D. 开环电压放大倍数无穷大

(12) 同相比例运算电路的电压放大倍数为（　　）。
A. $-R_f/R_1$　　　　　　　　　　B. R_f/R_1
C. R_1/R_f　　　　　　　　　　D. $1+R_f/R_1$

(13) 用运算放大器构成的"跟随器"电路的输出电压与输入电压（　　）。
A. 相位相同，大小成一定比例　　B. 相位和大小都相同
C. 相位相反，大小成一定比例　　D. 相位和大小都不同

(14) 差模输入信号是两个输入信号的（　　）。
A. 和　　　　B. 差　　　　C. 比值　　　　D. 平均值

(15) 输出量与若干个输入量之和成比例关系的电路称为（　　）。
A. 加法比例运算电路　　　　　　B. 减法电路
C. 积分电路　　　　　　　　　　D. 微分电路

(16) 集成运算放大器输入端 u_- 与输出端 u_o 的相位关系为（　　）。
A. 同相　　　B. 反相　　　C. 相位差 90°　　　D. 相位差 270°

(17) 理想运算放大器的开环电压放大倍数是（　　）。
A. 无穷大　　B. 零　　　　C. 约 120dB　　　D. 约 10dB

(18) 理想运算放大器的开环差模输入电阻 R_{id} 是（　　）。
A. 无穷大　　B. 零　　　　C. 约几百千欧　　D. 约几百欧

(19) 理想运算放大器的开环输出电阻 R_o 是（　　）。
A. 无穷大　　B. 零　　　　C. 约几百千欧　　D. 约几百欧

(20) 直接耦合电路中存在零点漂移主要是因为（　　）。
　　　A. 晶体管的非线性　　　　　　B. 电阻阻值有误差
　　　C. 晶体管参数受温度影响　　　D. 静态工作点设计不当

(21) 在集成运算放大电路中，为了稳定电压放大倍数，通常应引入（　　）负反馈。
　　　A. 直流　　　B. 交流　　　C. 串联　　　D. 并联

(22) 在集成运算放大电路中，为了稳定静态工作点，通常应引入（　　）负反馈。
　　　A. 直流　　　B. 交流　　　C. 串联　　　D. 并联

(23) 为了使放大器带负载能力强，通常引入（　　）负反馈。
　　　A. 电压　　　B. 电流　　　C. 串联　　　D. 并联

(24) 引入并联负反馈，可使放大器的（　　）。
　　　A. 输出电压稳定　　　　　　　B. 反馈环内输入电阻增大
　　　C. 反馈环内输入电阻减小　　　D. 输出电流稳定

(25) 为了增大输出电阻，应在放大电路中引入（　　）。
　　　A. 电流负反馈　　　　　　　　B. 电压负反馈
　　　C. 直流负反馈　　　　　　　　D. 交流负反馈

(26) 欲减小放大电路从信号源索取的电流，增大带负载能力，应在放大电路中引入（　　）。
　　　A. 电压并联负反馈　　　　　　B. 电流串联负反馈
　　　C. 电流并联负反馈　　　　　　D. 电压串联负反馈

(27) 欲从信号源获得更大的电流，并稳定输出电流，应在放大电路中引入（　　）。
　　　A. 电压并联负反馈　　　　　　B. 电压串联负反馈
　　　C. 电流并联负反馈　　　　　　D. 电流串联负反馈

(28) 工作在线性区的运算放大器应置于（　　）状态。
　　　A. 深度负反馈　　B. 开环　　　C. 闭环　　　D. 正反馈

(29) 在四种反馈组态中，能够使输出电压稳定并提高输入电阻负反馈的是（　　）。
　　　A. 电压并联负反馈　　　　　　B. 电压串联负反馈
　　　C. 电流并联负反馈　　　　　　D. 电流串联负反馈

(30) 电压并联负反馈对放大器输入电阻和输出电阻的影响是（　　）。
　　　A. 输入电阻变大，输出电阻变小
　　　B. 输入电阻变小，输出电阻变小
　　　C. 输入电阻变大，输出电阻变大
　　　D. 输入电阻变小，输出电阻变大

（31）集成运放组成（　　）放大器的输入电流基本上等于流过反馈电阻的电流。
   A. 同相比例运算　　　　　　　B. 反相比例运算
   C. 差动　　　　　　　　　　　D. 开环
（32）集成运放组成（　　）放大器的输入电阻大。
   A. 同相比例运算　　　　　　　B. 反相比例运算
   C. 差动　　　　　　　　　　　D. 开环
（33）欲实现 $A_u = -100$ 的放大电路，应选用（　　）。
   A. 反相比例运算电路　　　　　B. 同相比例运算电路
   C. 积分运算电路　　　　　　　D. 微分运算电路
（34）集成运算放大电路调零和消振应在（　　）进行。
   A. 加信号前　　　　　　　　　B. 加信号后
   C. 自激振荡情况下　　　　　　D. 以上情况都不行
（35）集成运算放大器对输入级的主要要求是（　　）。
   A. 尽可能高的电压放大倍数
   B. 尽可能大的带负载能力
   C. 尽可能高的输入电阻，尽可能小的零点漂移
   D. 尽可能小的输出电阻

4. 分析与计算

（1）试说明什么是自激振荡条件。
（2）振荡电路由哪几部分组成？各起什么作用？
（3）石英晶体振荡器电路有哪两种类型？

第 4 章　测　试　题

1. 填空题

（1）自激振荡电路主要由四部分组成，即_____、_____、_____和_____。

（2）正弦波振荡器按组成选频网络的元器件类型分为_____振荡器、_____振荡器和_____振荡器。

（3）要使电路产生稳定的振荡，必须满足_____和_____两个条件。

（4）根据选频网络和反馈电路结构的不同，LC 正弦波振荡器的三种基本形式为_____、_____和_____。

（5）由于晶体管的_____特性，使得振荡器起振后，输出电压不断增加，振荡由弱到强建立起来并最终能达到稳定状态。

2. 判断题

（1）把直流电能变换成交流电能的装置称正弦波振荡器。　　　　　　（　　）

（2）振荡器只要同时满足振幅平衡条件和相位平衡条件，就能起振。（　　）
（3）正弦波振荡器中，如果没有选频网络，就不能引起自激振荡。（　　）
（4）放大器具有正反馈特性时，电路必然产生自激振荡。（　　）
（5）任何"电扰动"，例如接通直流电源、电源电压波动、电路参数变化等，都能供给振荡器作为自激的初始信号。（　　）
（6）振荡器的负载变动将影响振荡频率稳定性。（　　）

3. 选择题

（1）正弦波振荡器的振荡频率由（　　）决定。
　　A. 基本放大器　　B. 反馈网络　　C. 选频网络　　D. 稳幅电路

（2）振荡器的输出信号最初是由（　　）中而来的。
　　A. 基本放大器　　B. 选频网络　　C. 干扰或噪声信号　　D. 反馈网络

（3）石英晶体振荡器的振荡频率与下面各种因素中的（　　）有关。
　　A. 晶体切割方式，几何尺寸　　B. 电源电压波动
　　C. 通过其电流波动　　　　　　D. 温度变化

（4）电感三点式正弦波振荡器的正反馈电压取自电感，所以输出波形（　　）。
　　A. 较好　　B. 较差　　C. 好　　D. 一般

（5）电子设备中要求正弦波振荡电路的频率为20MHz，且稳定度达10^{-10}，应采用（　　）。
　　A. 电感三点式正弦波振荡电路　　B. LC正弦波振荡电路
　　C. 石英晶体正弦波振荡电路　　　D. 电容三点正弦波振荡电路

4. 分析与计算

（1）正弦波振荡器为什么一定要有选频网络？
（2）振荡电路中为什么还引入负反馈，这样做会不会使振荡器停振？

第5章 习 题

1. 填空题

（1）数字信号的特点是在_____和_____上都是断续变化的，其高电平和低电平常用_____和_____表示。

（2）数字电路中，常用的数制除十进制外，还有_____进制、_____进制、_____进制。常用的编码有_____、_____等。

（3）逻辑代数又称为_____代数。最基本的逻辑关系有_____、_____、_____三种。

（4）题图5-1中的逻辑门电路输出是_____电平。

（5）完成下列数制转换：（1011011）$_2$ =（_____）$_{10}$；(36)$_{10}$ =（_____）$_2$。

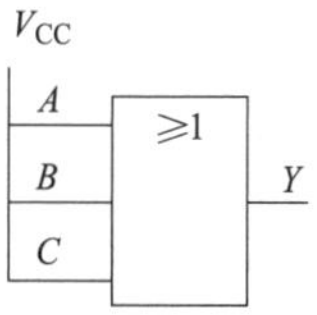

题图 5-1

2. 判断题

（1）与模拟信号相比，数字信号的特点是不连续、间断。（ ）

（2）在时间和幅度上都断续变化的信号是数字信号，语音信号不是数字信号。（ ）

（3）数字电路是以二值数字逻辑为基础的，其工作信号是离散的数字信号，电路中的电子晶体管工作于放大状态。（ ）

（4）逻辑函数是数字电路的特点及描述工具，输入、输出量是高、低电平，可以用二元常量（0，1）来表示，输入量和输出量之间的关系是一种逻辑上的因果关系。（ ）

（5）数字电路主要研究对象是电路的输出与输入之间的逻辑关系，数字电路和模拟电路采用的分析方法一样。（ ）

（6）以二进制作为基础的数字逻辑电路，可靠性较强。电源电压的小的波动对其没有影响，温度和工艺偏差对其工作的可靠性影响也比模拟电路小得多。（ ）

（7）由于数字电路中的器件主要工作在开关状态，因而采用的分析工具主要是逻辑代数，用功能表、真值表、逻辑表达式、波形图等来表达电路的主要功能。（ ）

（8）数字电路的研究方法是逻辑分析和逻辑设计，所需要的工具是普通代数。（ ）

（9）数字电路稳定性好，不像模拟电路那样易受噪声的干扰。（ ）

（10）在数字电路中，稳态时晶体管一般工作在截止或放大状态。（ ）

（11）TTL门电路输入端悬空时，应视为输入高电平。（ ）

（12）二进制数的进位关系是逢二进一，所以逻辑电路中有1+1 = 10。（ ）

（13）在逻辑变量的取值中，只有"1"与"0"两种状态。（　）
（14）在逻辑变量的取值中，无法比较1与0的大小。（　）
（15）数字电路中输出只有两种状态：高电平1和低电平0。（　）
（16）在逻辑代数中，因为 $A+AB=A$ ，所以 $AB=0$ 。（　）
（17）将2018个"1"与非得到的结果是1。（　）
（18）在数字电路中，二输入"与"逻辑关系的逻辑函数表达式为 $Y=A \cdot B$ 。（　）
（19）在数字电路中，二输入"或"逻辑关系的逻辑函数表达式为 $Y=A-B$ 。（　）
（20）与非门逻辑功能为：输入只要有低电平，输出就为高电平。（　）
（21）与门逻辑功能为：输入都是低电平，输出才为高电平。（　）
（22）在基本逻辑运算中，与、或、非三种运算是最本质的，其他逻辑运算是其中两种或三种的组合。（　）
（23）在逻辑代数中， $A+AB=A+B$ 成立。（　）
（24）当输入9个信号时，需要3位的二进制代码输出。（　）
（25）十进制数366化成二进制数为101101110。（　）
（26）采用OC门主要解决了TTL与非门不能线与的问题。（　）
（27）在全部输入是0的情况下，"与非"运算的结果是逻辑0。（　）
（28）在全部输入是1的情况下，"或非"运算的结果是逻辑0。（　）
（29）在正逻辑的约定下，"1"表示高电平，"0"表示低电平。（　）

3. 选择题

（1）数字电路中，晶体管工作在（　）状态。
　　A. 仅放大　　B. 仅截止　　C. 仅饱和　　D. 截止与饱和

（2）二进制数10111转换为十进制数为（　）。
　　A. 15　　B. 21　　C. 18　　D. 23

（3）十进制数15转换为二进制数为（　）。
　　A. 1111　　B. 1001　　C. 1110　　D. 1101

（4）在门电路中，通常所说的"全1出1"，它是指（　）的功能。
　　A. 非门　　B. 与门　　C. 或门　　D. 同或

（5）在数字电路中，变量的或逻辑运算，1+1=（　）。
　　A. 0　　B. 1　　C. 2　　D. 10

（6）二输入端的与非门，其输入端为 A 、 B ，输出端为 Y ，则表达式 $Y=$（　）。
　　A. AB　　B. $\overline{AB}$　　C. $\overline{A+B}$　　D. $A+B$

（7）下列四个数中，与十进制数 $(163)_{10}$ 不相等的是（　）。
　　A. $(A3)_{16}$　　　　　　B. $(10100011)_2$
　　C. $(000101100011)_{8421BCD}$　　D. $(203)_8$

(8) N 个变量可以构成（　　）个最小项。

A. N　　　　B. $2N$　　　　C. 2^N　　　　D. 2^N-1

(9) 将二极管与门和反相器连接起来，可以构成（　　）。

A. 与门　　　　B. 或门　　　　C. 非门　　　　D. 与非门

(10) TTL 集成逻辑门是以（　　）为基础的集成电路。

A. 二极管　　　　B. MOS 管　　　　C. 晶体管　　　　D. CMOS 管

(11) 输出只与当前的输入信号有关，与电路原来状态无关的电路，属于（　　）。

A. 组合逻辑电路　　　　　　　　B. 时序逻辑电路

C. 模拟电路　　　　　　　　　　D. 数字电路

(12) 一个触发器可记录 1 位二进制代码，它有（　　）个稳态。

A. 0　　　　B. 1　　　　C. 2　　　　D. 4

(13) 用不同的数制来表示 2018，位数最少的是（　　）。

A. 二进制　　　　B. 八进制　　　　C. 十进制　　　　D. 十六进制

(14) 8421BCD 码 0110 表示十进制为（　　）。

A. 8　　　　B. 6　　　　C. 42　　　　D. 9

(15) 下列逻辑函数关系式中不等于 A 的是（　　）。

A. $A+1$　　　　B. $A+A$　　　　C. $A+AB$　　　　D. $A(A+B)$

(16) 逻辑关系式 $A \odot A =$（　　）。

A. 0　　　　B. 1　　　　C. $\overline{A}$　　　　D. A

(17) 实现"相同出 1，不同出 0"的逻辑关系是（　　）。

A. 与逻辑　　　　B. 或逻辑　　　　C. 与非逻辑　　　　D. 同或逻辑

(18) 相同为"0"不同为"1"，它的逻辑关系是（　　）。

A. 或逻辑　　　　B. 与逻辑　　　　C. 异或逻辑　　　　D. 同或逻辑

(19) 已知异或门的输出状态为 1，则它的 A、B 两输入端的状态一定是（　　）。

A. 1，1　　　　B. 0，0　　　　C. 1，0　　　　D. 相同

(20) 两输入 TTL 与非门电路的输入信号为 A、B，逻辑输出 Y 表达式是（　　）。

A. $Y=\overline{A+B}$　　　　B. $Y=\overline{A \cdot B}$　　　　C. $Y=1$　　　　D. $Y=0$

(21) 一只三输入端或非门，使其输出为 1 的输入变量取值组合有（　　）种。

A. 9　　　　B. 8　　　　C. 7　　　　D. 1

(22) 逻辑关系式 $A \oplus 1 =$（　　）。

A. A　　　　B. 1　　　　C. $\overline{A}$　　　　D. 0

(23) 在逻辑函数表达式 $F=AB+BC$ 的真值表中，$F=1$ 的状态有（　　）个。

A. 2　　　　B. 3　　　　C. 4　　　　D. 5

(24) 逻辑函数表达式 $F=AB+C$，使 $F=1$ 的输入 ABC 组合为（　　）。

A. $ABC=000$　　　　B. $ABC=010$　　　　C. $ABC=100$　　　　D. $ABC=101$

（25）逻辑函数表达式 $Y = \overline{A+B+C}$ 可以写成（　　）。

A. $Y = \overline{A} + \overline{B} + \overline{C}$ B. $Y = \overline{A \cdot B \cdot C}$

C. $Y = A \cdot B \cdot C$ D. $Y = \overline{A} \cdot \overline{B} \cdot \overline{C}$

（26）十进制数 25 用 8421BCD 码表示为（　　）。

A. 10 101   B. 0010 0101   C. 100101   D. 10101

（27）以下表达式中符合逻辑运算法则的是（　　）。

A. $C \cdot C = C^2$ B. $1+1=10$ C. $0<1$ D. $A+1=1$

（28）当逻辑函数有 n 个变量时，共有（　　）个变量取值组合。

A. n B. $2n$ C. n^2 D. 2^n

（29）在（　　）的输入情况下，"与非"运算的结果是逻辑 0。

A. 全部输入是 0   B. 任一输入是 0

C. 仅一输入是 0   D. 全部输入是 1

（30）与十进制数 $(53.5)_{10}$ 等值的数或代码为（　　）。

A. $(01010011.0101)_{8421BCD}$ B. $(35.8)_2$

C. $(111111.1)_2$ D. $(65.4)_2$

4. 分析与计算

（1）根据逻辑关系式，改正题图 5-2 所示电路中 TTL 电路的错误。

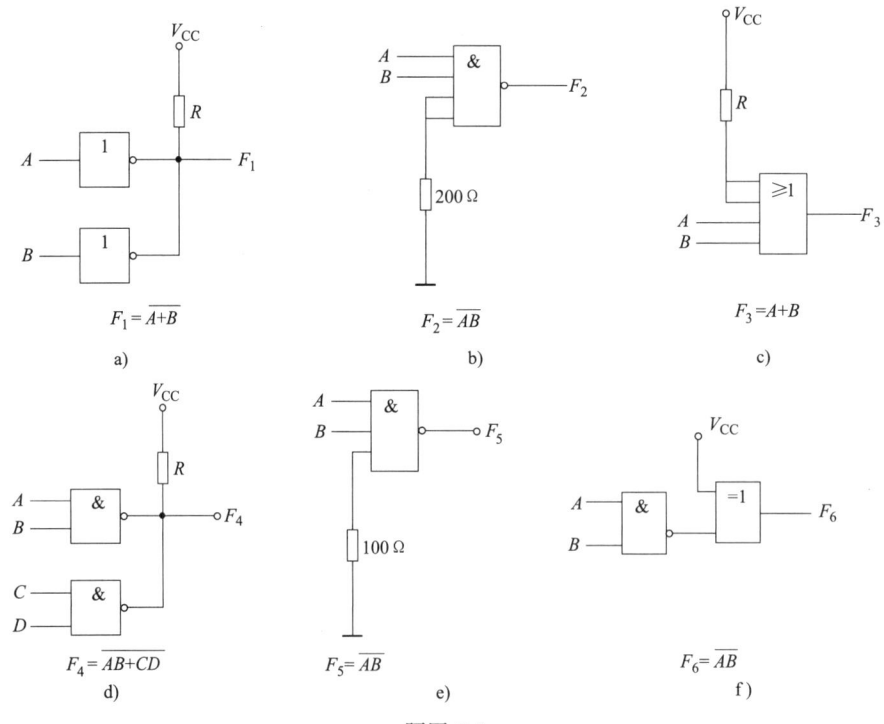

题图 5-2

(2) 或门的两个输入端 A、B 波形如题图 5-3 所示,试画出输出端 Y 的波形。

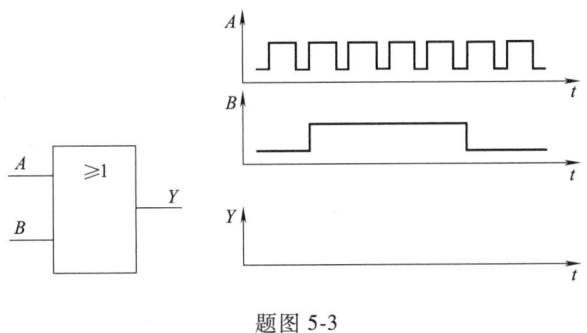

题图 5-3

(3) 一个三输入端的或门,其 3 个输入端 A、B、C 的波形如题图 5-4 所示,试画出输出端 Y 的波形。

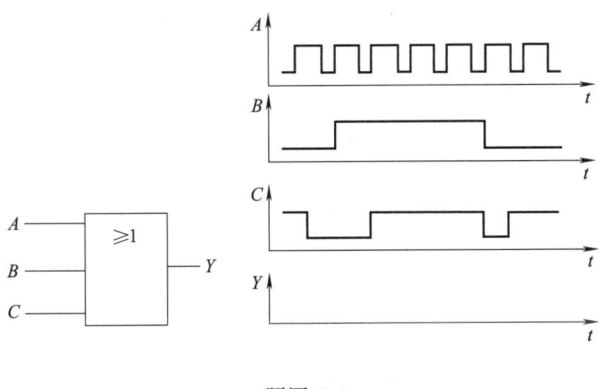

题图 5-4

5. 实训题

测试 CMOS 与非门 CC4011 的逻辑功能,题图 5-5 所示为 CC4011 内部引脚图。

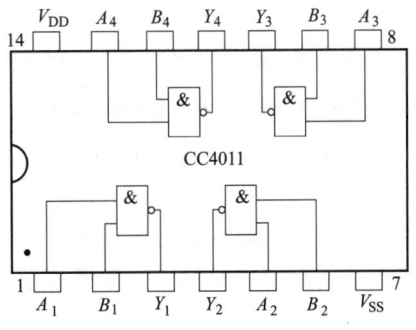

题图 5-5

第5章 测 试 题

1. 填空题

（1）描述脉冲波形的主要参数有_____、_____、_____、_____、_____、_____。

（2）将十进制数45转换成8421码可得_____。

（3）逻辑代数中与普通代数相似的定律有_____、_____、_____。摩根定律又称为_____。

（4）模拟信号是在时间上和数值上都是_____变化的信号。

（5）常见的脉冲波形有矩形波、_____、三角波、_____和阶梯波。

（6）数字电路研究的对象是电路的_____之间的逻辑关系。

（7）数字集成电路按制造工艺不同，可分为_____和_____两大类。

（8）MOS管的_____极阻值高，MOS管的多余引脚不允许悬空，否则易产生干扰信号，或因静电损坏集成块。

（9）题图5-6逻辑门电路对应的函数式是_____。

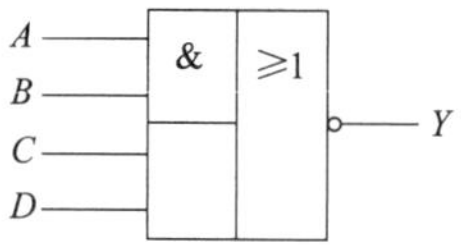

题图 5-6

（10）(_____)$_2$ = (11.25)$_{10}$，(1100100101)$_{8421BCD}$ = (_____)$_{10}$。

2. 判断题

（1）逻辑运算是0和1逻辑代码的运算，二进制运算也是0、1数码的运算。这两种运算实际是一样的。（　）

（2）占空比的公式为：$q = t_W/T$，则周期T越大占空比q越小。（　）

（3）异或门的逻辑功能是：同出0，异出1。（　）

（4）因为逻辑表达式 $A+B+AB = A+B$ 成立，所以 $AB = 0$ 成立。（　）

（5）逻辑代数式 $L_1 = (A+B) \cdot C, L_2 = A \cdot (B+C)$，则 $L_1 = L_2$。（　）

（6）数字电路中用"1"和"0"分别表示两种状态，二者无大小之分。（　）

（7）数字电路中机器识别和常用的数制是十进制。（　）

（8）在时间上和数值上作断续变化的信号叫做模拟信号。（　）

（9）8421BCD码属于有权码。（　）

（10）输入全为低电平"0"，输出也为"0"时，必为"与"逻辑关系。（　）

3. 选择题

（1） $A+BC=($ 　　 $)$。

    A. $A+B$ B. $A+C$ C. $(A+B)(A+C)$ D. $B+C$

（2）若逻辑表达式 $F=\overline{A}+B$，则下列表达式中与 F 相同的是（　　）。

    A. $F=\overline{A}\overline{B}$ B. $F=\overline{AB}$ C. $F=\overline{A}+\overline{B}$ D. $F=A+B$

（3）对逻辑函数的化简，通常是指将逻辑函数式化简成最简（　　）。

    A. 或-与式   B. 与非-与非式   C. 与或式   D. 与或非式

（4）具有两个输入端的或门，当输入均为高电平 3V 时，正确的是（　　）。

    A. $V_L=V_A+V_B=3V+3V=6V$ B. $V_L=A+B=1+1=2V$

    C. $L=A+B=1+1=2$ D. $L=A+B=1+1=1$

（5）某逻辑电路的输入变量为 A、B，输出变量为 F，其真值表见题表 5-1，则其逻辑表达式为（　　）。

题表 5-1

A	B	F	A	B	F
0	0	0	1	0	1
0	1	1	1	1	0

    A. $F=\overline{A}B+A\overline{B}$ B. $F=\overline{A}\ \overline{B}+AB$ C. $F=\overline{AB}+AB$ D. $F=\overline{A+B}$

（6）已知 TTL 电路如题图 5-7 所示，则 F 的表达式为（　　）。

    A. $F=A+B$

    B. $F=\overline{AB}$

    C. $F=\overline{A+B}$

    D. $F=A+B$

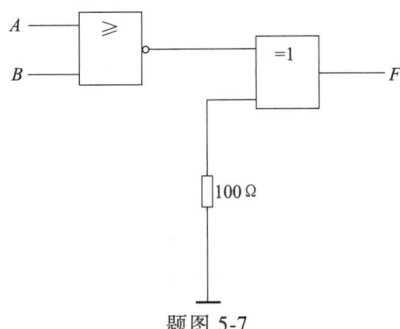

题图 5-7

（7）题图 5-8 所示电路中，TTL 门中闲置的引脚应（　　）。

    A. 接电源   B. 接地   C. 接 A 脚   D. 接 B 脚

（8）题图 5-9 所示逻辑门对应的函数表达式是（　　）。

    A. $Y=AB+CD$ B. $Y=A+BC+D$

    C. $Y=\overline{AB+CD}$ D. $Y=\overline{ABCD}$

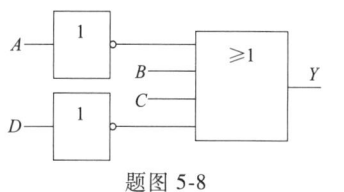

题图 5-8

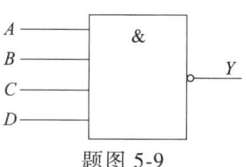

题图 5-9

（9）对于二值逻辑问题，若输入变量为 n 个，则完整的真值表有（　　）种不同的输入组合。

　　A. $2n$　　　　　　B. n　　　　　　C. n^2　　　　　　D. 2^n

（10）有一电路，全部开关断开，灯泡才不亮；只要有一个开关闭合，灯泡会被点亮。这种电路代表了（　　）逻辑关系。

　　A. 与　　　　　　B. 非　　　　　　C. 或　　　　　　D. 或非

4. 分析与计算

（1）已知某电路的真值表见题表 5-2，求该电路的逻辑表达式。

题表 5-2

A	B	C	Y_1	A	B	C	Y_2
0	0	0	0	1	0	0	0
0	0	1	1	1	0	1	1
0	1	0	0	1	1	0	1
0	1	1	1	1	1	1	1

（2）证明等式：$\overline{AB}+\overline{A}B=\overline{\overline{A}\ \overline{B}+AB}$

（3）与门 2 个输入端 A、B 的波形如题图 5-10 所示，试画出输出端 Y 的波形。

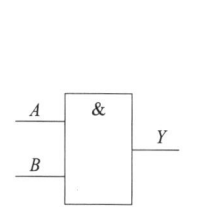

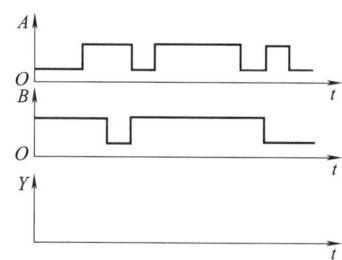

题图 5-10

第 6 章 习 题

1. 填空题

（1）组合逻辑电路的特点是_____。

（2）数据选择器的逻辑功能是_____。

（3）数字电路中的逻辑电路按功能可分为_____电路和_____电路两种类型。

（4）组合逻辑电路的分析，一般按以下步骤进行：

第一步：根据给定的逻辑电路，写出_____。

第二步：化简逻辑电路的_____。

第三步：根据化简后的逻辑函数表达式列_____。

第四步：描述_____。

（5）一个输出 N 位代码的二进制编码器，可以表示_____种输入信号。

2. 判断题

（1）在二-十进制译码器中，未使用的输入编码应做约束项处理。（   ）

（2）编码器在任何时刻只能对一个输入信号进行编码。（   ）

（3）优先编码器的输入信号是相互排斥的，不允许多个编码信号同时有效。
（   ）

（4）编码和译码是互逆的过程。（   ）

（5）共阴发光二极管数码显示器需选用有效输出为高电平的七段显示译码器来驱动。（   ）

（6）3 位二进制编码器是 3 位输入、8 位输出。（   ）

（7）组合逻辑电路的特点是：任何时刻电路的稳定输出，仅仅取决于该时刻各个输入变量的取值，与电路原来的状态无关。（   ）

（8）半加器与全加器的区别在于半加器无进位输出，而全加器有进位输出。
（   ）

（9）串行进位加法器的优点是电路简单、连接方便，而且运算速度快。
（   ）

（10）二进制译码器的每一个输出信号就是输入变量的一个最小项。（   ）

（11）竞争冒险是指组合电路中，当输入信号改变时，输出端可能出现的虚假信号。（   ）

（12）两个二进制数相加，并加上来自高位的进位，称为全加，所用的电路为全加器。（   ）

（13）在优先编码器电路中允许同时输入两个以上的编码信号。（   ）

（14）利用三态门可以实现数据的双向传输。（   ）

（15）有些 OC 门能直接驱动小型继电器。（ ）
（16）TTL 输出端为低电平时带拉电流的能力为 5mA。（ ）
（17）TTL、CMOS 门中未使用的输入端均可悬空。（ ）
（18）当决定事件发生的所有条件中任一个（或几个）条件成立时，这个事件就会发生，这种因果关系称为与运算。（ ）
（19）将代码状态的特点含义"翻译"出来的过程称为译码。实现译码操作的电路称为译码器。（ ）
（20）逻辑变量的取值 1 比 0 大。（ ）
（21）对于 MOS 门电路多余端可以悬空。（ ）
（22）计数器的模是指输入计数脉冲的个数。（ ）
（23）优先编码只对优先级别高的信息进行编码。（ ）
（24）组合逻辑电路中产生竞争冒险的主要原因是输入信号受到尖峰干扰。（ ）
（25）译码是编码的逆过程。（ ）
（26）数据选择器是一个单输入、多输出的组合逻辑电路。（ ）
（27）数据分配器能把传输总线上的数据有选择地传送到不同的输出端。（ ）
（28）组合逻辑电路任何时刻的输出状态，直接由当时的输入状态和输入信号作用前的状态决定。（ ）
（29）组合逻辑电路的分析是给定功能画出逻辑图。（ ）

3. 选择题

（1）一个数据选择器的地址输入端有 3 个时，最多可以有（ ）个数据信号输出。
  A. 4   B. 6   C. 8   D. 16

（2）若在编码器中有 50 个编码对象，则要求输出二进制代码位数为（ ）位。
  A. 5   B. 6   C. 10   D. 50

（3）一个 16 选 1 的数据选择器，其地址输入（选择控制输入）端有（ ）个。
  A. 1   B. 2   C. 4   D. 16

（4）一个 8 选 1 数据选择器的数据输入端有（ ）个。
  A. 1   B. 2   C. 4   D. 8

（5）用 4 选 1 数据选择器实现函数 $Y = A_1 A_0 + \overline{A_1} A_0$，应使（ ）。
  A. $D_0 = D_2 = 0$，$D_1 = D_3 = 1$ B. $D_0 = D_2 = 1$，$D_1 = D_3 = 0$
  C. $D_0 = D_1 = 0$，$D_2 = D_3 = 1$ D. $D_0 = D_1 = 1$，$D_2 = D_3 = 0$

（6）同步计数器和异步计数器比较，同步计数器的显著优点是（ ）。
  A. 工作速度高   B. 触发器利用率高
  C. 电路简单   D. 不受时钟 CP 控制

（7）把一个五进制计数器与一个四进制计数器串联可得到（ ）进制计

数器。

  A. 4   B. 5   C. 9   D. 20

（8）N 个触发器可以构成最大计数长度（进制数）为（   ）的计数器。

  A. N B. $2N$ C. N^2 D. 2^N

（9）一位 8421BCD 码计数器至少需要（   ）个触发器。

  A. 3   B. 4   C. 5   D. 10

（10）比较两个一位二进制数 A 和 B，当 $A>B$ 时输出 $F=1$，则 F 的表达式是（   ）。

  A. $F=AB$ B. $F=\overline{A}B$ C. $F=A\overline{B}$ D. $F=\overline{A}\,\overline{B}$

（11）设计加法器的超前进位是为了（   ）。

  A. 电路简单

  B. 每一级运算不需等待进位

  C. 连接方便

  D. 使进位运算由低位到高位逐位进行

（12）编码器用 5 位二进制代码可对（   ）个信号进行编码。

  A. 64   B. 32   C. 128   D. 16

（13）数据选择器不能够做（   ）使用。

  A. 函数发生器   B. 多路数据开关

  C. 多路数据选择器 D. 数据比较器

（14）不属于组合逻辑电路的器件是（   ）。

  A. 编码器 B. 译码器 C. 数据选择器 D. 计数器

（15）分析组合逻辑电路时，不需要进行（   ）。

  A. 写出输出函数表达式 B. 判断逻辑功能

  C. 列真值表   D. 画逻辑电路图

（16）一块数据选择器有三个选择输入（地址输入）端，则它的数据输入端有（   ）个。

  A. 3   B. 6   C. 8   D. 1

（17）一片四位二进制译码器，它的输出函数最多可以有（   ）个。

  A. 1   B. 8   C. 10   D. 16

（18）（   ）不是组合逻辑电路。

  A. 加法器   B. 触发器

  C. 数据选择器 D. 译码器

（19）数值比较器对 A、B 两数进行比较时，首先比较的是 A、B 的（   ）。

  A. 最高位 B. 最低位 C. 所有位 D. 低位级联输入

（20）16 位输入的二进制编码器，其输出端有（   ）位。

  A. 256   B. 128   C. 4   D. 3

(21) 一位全加器除完成半加器的功能外，还要考虑（　　）问题。
　　　A. 向高位进位　　　　　　　　B. 低位向本位进位
　　　C. 向高位借位　　　　　　　　D. 低位向本位借位
(22) 要比较二进制数 A 和 B 的大小，比较器需要（　　）。
　　　A. 从低位到高位逐位比较　　　B. 从低位到高位同步比较
　　　C. 从高位到低位逐位比较　　　D. 所有位同时比较
(23) 编码器用 7 位二进制代码可对（　　）个信号进行编码。
　　　A. 64　　　B. 128　　　C. 32　　　D. 256
(24) 可以用作数据分配器的是（　　）。
　　　A. 编码器　　　　　　　　　　B. 译码器
　　　C. 数据选择器　　　　　　　　D. 数据比较器
(25) 对于组合逻辑电路，正确的描述是（　　）。
　　　A. 没有记忆元件　　　　　　　B. 包含记忆元件
　　　C. 存在有反馈回路　　　　　　D. 双向传输
(26) 数据分配器和（　　）有着相同的基本电路结构形式。
　　　A. 加法器　　B. 编码器　　C. 数据选择器　　D. 译码器
(27) 在二进制译码器中，若输入有 4 位代码，则输出有（　　）个信号。
　　　A. 2　　　B. 4　　　C. 8　　　D. 16
(28) 能将输入信号转换为二进制代码的电路称为（　　）。
　　　A. 译码器　　B. 编码器　　C. 数据选择器　　D. 数据分配器
(29) 2 线-4 线译码器有（　　）。
　　　A. 2 条输入线，4 条输出线　　　B. 4 条输入线，2 条输出线
　　　C. 4 条输入线，8 条输出线　　　D. 8 条输入线，2 条输出线
(30) 下列所给选项中不属于组合逻辑电路的是（　　）。
　　　A. 译码器　　B. 编码器　　C. 加法器　　D. 计数器
(31) 如题图 6-1 所示，BA 为（　　）。
　　　A. 00　　　B. 01　　　C. 10　　　D. 11

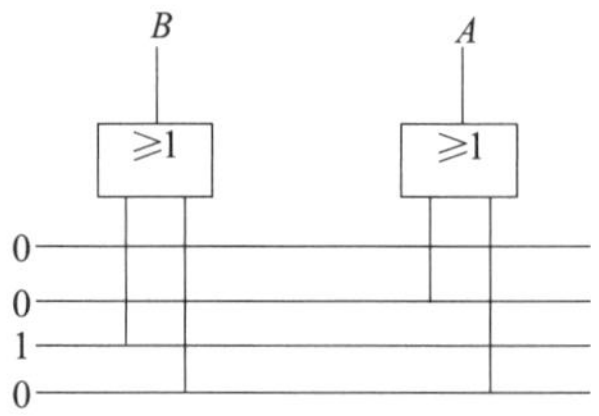

题图 6-1

(32) 能实现对两个一位二进制数及低位的进位数进行加法运算的电路称为（　　）。

A. 半加器　　　　　　　　　B. 全加器
C. 加法运算放大器　　　　　D. 移位寄存器

4. 分析与设计

（1）有一个车间，有红、黄两个故障指示灯，用来表示三台设备的工作情况。当有一台设备出现故障时，黄灯亮；若有两台设备出现故障时，红灯亮；若三台设备都出现故障时，红灯、黄灯都亮。试用与非门设计一个控制灯亮的逻辑电路。

（2）试分析如题图6-2所示各组合逻辑电路的逻辑功能，写出逻辑表达式。

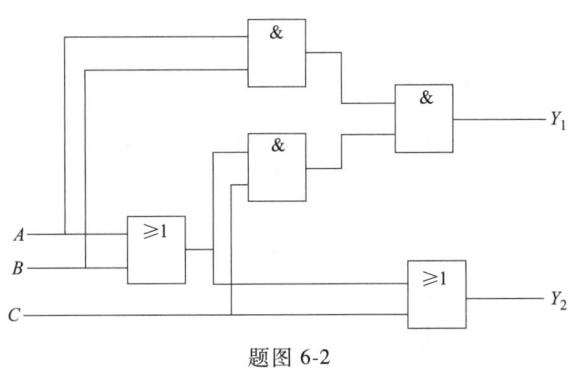

题图 6-2

5. 实训题

制作第4（1）题中的控制灯亮的逻辑电路。

第 6 章　测　试　题

1. 填空题

（1）译码器按具体功能不同分为_____、_____、_____三种。

（2）半导体数码管按内部发光二极管的接法不同，可分为_____和_____两种。

（3）从电路结构看，组合逻辑电路具有两个特点：1）电路由_____组成，不包含任何_____元件，2）电路中不存在任何_____回路。

（4）当两个本位数相加，考虑_____进位数时，叫_____。

（5）全加器一个输出为_____，另一个输出为_____。

（6）二进制译码器是将_____翻译成相对应的_____的电路。

（7）二-十进制编码器是将_____分别编成对应的_____的电路。

（8）数字集成门电路按开关元件的不同可分为_____和_____两大类。

（9）使用_____门可以实现总线结构；使用_____门可实现"线与"逻辑。

（10）能将机器识别的_____制数码转换成人们熟悉的_____制或某种特定信息的逻辑电路，称为_____器。

2. 判断题

（1）译码器的功能是将二进制码还原成给定的信号符号。　　（　　）

（2）组合逻辑电路的设计是指给定逻辑功能画出逻辑图。　　（　　）

（3）在8线-3线编码器中，输入信号为8位二进制代码，输出为3个特定对象。　　（　　）

（4）在二-十进制编码器中，8421BCD 编码器是唯一的。　　（　　）

（5）8421BCD 编码器，可以任意选择四位二进制代码中的10种组合。（　　）

（6）TTL门输入端口为"或"逻辑关系时，多余的输入端应接低电平。
　　　　　　　　　　　　　　　　　　　　　　　　　　　　　　（　　）

（7）组合逻辑电路的输出只取决于输入信号的现态。　　（　　）

（8）3线-8线译码器电路是三-八进制译码器。　　（　　）

（9）已知逻辑功能，求解逻辑表达式的过程称为逻辑电路的设计。　　（　　）

（10）编码电路的输入量一定是人们熟悉的十进制数。　　（　　）

3. 选择题

（1）半导体数码管是由（　　）排列成显示数字。
　　　A. 小灯泡　　　　B. 液体晶体　　　C. 辉光器件　　　D. 发光二极管

（2）8421BCD 编码器的输入变量为（　　）个，输出变量为（　　）个。
　　　A. 8　　　　　　B. 4　　　　　　　C. 10　　　　　　D. 7

（3）3线-8线译码器电路是（　　）。
　　　A. 3位二进制　　B. 三进制　　　　C. 三-八进制　　　D. 八进制

（4）译码电路的输出量是（　　）。
　　　A. 二进制代码　　　　　　　　　　B. 十进制数
　　　C. 某个特定的控制信息　　　　　　D. 八进制代码

（5）一个四输入端的与非门，它的输出有（　　）种状态。
　　　A. 1　　　　　　B. 2　　　　　　　C. 4　　　　　　　D. 16

（6）完成二进制代码转换为十进制数的应选择（　　）。
　　　A. 译码器　　　　　　　　　　　　B. 编码器
　　　C. 一般组合逻辑电路　　　　　　　D. 数据选择器

（7）译码器的输入是（　　）。
　　　A. 二进制代码　　B. 二进制数　　　C. 十进制数　　　D. 八进制代码

（8）八输入端的编码器按二进制数编码时，输出端的个数是（　　）。
　　　A. 2个　　　　　B. 3个　　　　　　C. 4个　　　　　　D. 8个

（9）译码器的输出是（　　）。
　　　A. 二进制　　　　B. 八进制　　　　C. 十进制　　　　D. 十六进制

（10）具有"有1出0、全0出1"功能的逻辑门是（　　）。
　　　A. 与非门　　　　B. 或非门　　　　C. 异或门　　　　D. 或门

4. 分析与设计

（1）用与非门设计一个三变量一致电路（变量取值相同，输出为 1，否则为 0）

（2）写出题图 6-3 所示逻辑电路的逻辑函数表达式。

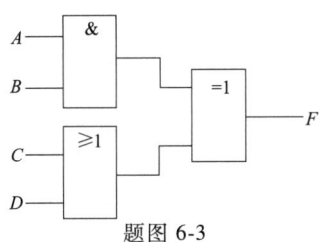

题图 6-3

（3）由题图 6-4 给出的逻辑图和集成与非门 74LS00，要求：

1）先写出逻辑图的与或逻辑表达式，然后再转换成与非逻辑表达式。

2）用 74LS00 实现其逻辑功能。（正确画出连接图、标明输入、输出变量）

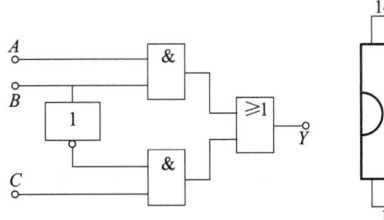 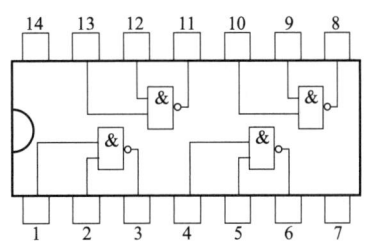

题图 6-4

第 7 章 习 题

1. 填空题

（1）RS 触发器按结构不同可分为无时钟输入端的_____触发器和有时钟输入端的_____触发器。

（2）RS 触发器提供了_____、_____、_____三种功能。

（3）JK 触发器提供了_____、_____、_____、_____四种功能。

（4）D 触发器提供了_____、_____两种功能。

（5）通常把一个 CP 脉冲引起触发器两次翻转的现象称为_____。

（6）一个基本 RS 触发器，在正常工作时，不允许输入 $S=R=1$ 的信号，因此应遵守的约束条件是_____。

2. 判断题

（1）方波的占空比为 0.5。　　　　　　　　　　　　　　　　　　（　）

（2）8421BCD 码 1001 比 0001 大。　　　　　　　　　　　　　　（　）

（3）数字电路中用"1"和"0"分别表示两种状态，两者无大小之分。

　　　　　　　　　　　　　　　　　　　　　　　　　　　　　（　）

（4）若两个函数具有相同的真值表，则两个逻辑函数必然相等。（　）

（5）因为逻辑表达式 $A+B+AB=A+B$ 成立，所以 $AB=0$ 成立。（　）

（6）TTL 与非门的多余输入端可以接固定高电平。　　　　　　　（　）

（7）当 TTL 与非门的输入端悬空时相当于输入为逻辑 1。　　　　（　）

（8）普通的逻辑门电路的输出端不可以并联在一起，否则可能会损坏器件。

　　　　　　　　　　　　　　　　　　　　　　　　　　　　　（　）

（9）三态门的三种状态分别为：高电平、低电平、不高不低的电压。（　）

（10）TTL OC 门（集电极开路门）的输出端可以直接相连，实现线与。

　　　　　　　　　　　　　　　　　　　　　　　　　　　　　（　）

（11）D 触发器的特性方程为 $Q^{n+1}=D$，与 Q^n 无关，所以它没有记忆功能。

　　　　　　　　　　　　　　　　　　　　　　　　　　　　　（　）

（12）RS 触发器的约束条件 $RS=0$，表示不允许出现 $R=S=1$ 的输入。（　）

（13）同步触发器存在空翻现象，而边沿触发器和主从触发器克服了空翻。

　　　　　　　　　　　　　　　　　　　　　　　　　　　　　（　）

（14）对边沿 JK 触发器，在 CP 为高电平期间，当 $J=K=1$ 时，状态会翻转一次。　　　　　　　　　　　　　　　　　　　　　　　　　　　　（　）

（15）施密特触发器有两个稳态。　　　　　　　　　　　　　　　（　）

（16）施密特触发器的正向阈值电压一定大于负向阈值电压。　　（　）

（17）编码与译码是互逆的过程。　　　　　　　　　　　　　　　（　）

（18）二进制译码器相当于一个最小项发生器，便于实现组合逻辑电路。
（　　）
（19）共阴极接法发光二极管数码显示器需选用有效输出为高电平的七段显示译码器来驱动。（　　）
（20）同步时序电路由组合电路和存储器两部分组成。（　　）
（21）组合电路不含有记忆功能的器件。（　　）
（22）时序电路不含有记忆功能的器件。（　　）
（23）RS 触发器、JK 触发器均具有状态翻转功能。（　　）
（24）构成一个 7 进制计数器需要 3 个触发器。（　　）
（25）触发器能够存储一位二值信号。（　　）
（26）当放大器具有正反馈电路时，电路必然产生自激振荡。（　　）
（27）将 JK 触发器的 J、K 端连接在一起作为输入端，就构成 D 触发器。
（　　）

3. 选择题

（1）如将 TTL 与非门作为非门使用，则多余输入端应做（　　）处理。
　　A. 全部接高电平　　　　　　　　B. 部分接高电平，部分接低电平
　　C. 全部接低电平　　　　　　　　D. 部分接低电平，部分悬空

（2）如题图 7-1 所示，根据逻辑图，下列正确的逻辑式是（　　）。
　　A. $Y=B(A+C)+AB$　　　　　　B. $Y=A(B+C)+BC$
　　C. $Y=A(B+C)+AC$　　　　　　D. $Y=C(B+A)+BC$

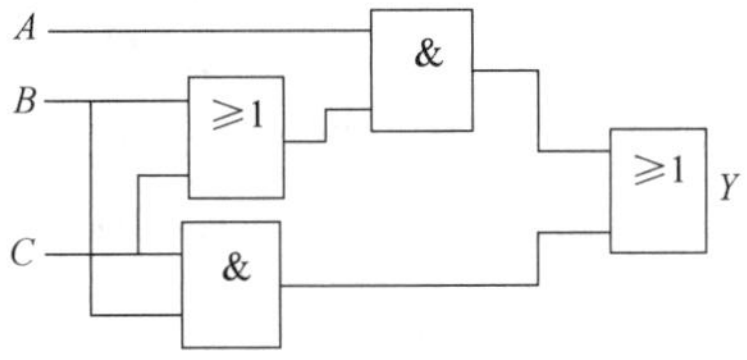

题图 7-1

（3）触发器三种触发方式中，（　　）的触发器抗干扰能力最强。
　　A. 电平触发　　B. 脉冲触发　　C. 主从触发　　D. 边沿触发

（4）已知 74LS138 译码器输入三个使能端（$E_1=1$，$E_{2A}=E_{2B}=0$）时，地址码 $A_2A_1A_0=011$，则输出 $Y_7 \sim Y_0$ 是（　　）。
　　A. 11111101　　B. 10111111　　C. 11110111　　D. 11111111

（5）门电路的抗干扰能力取决于（　　）。
　　A. 噪声容限　　B. 阈值电压　　C. 扇出系数　　D. 空载功耗

（6）下列几种 TTL 电路中，输出端可实现线与功能的电路是（　　）。
　　A. 或非门　　B. 与非门　　C. 异或门　　D. OC 门

(7) 对 CMOS 与非门电路，其多余输入端正确的处理方法是（　　）。
　　A. 通过大电阻接地（>1.5kΩ）　　B. 悬空
　　C. 通过小电阻接地（<1kΩ）　　　D. 通过电阻接 V_{CC}

(8) 请判断以下哪个电路不是时序逻辑电路（　　）。
　　A. 计数器　　B. 寄存器　　C. 译码器　　D. 触发器

(9) 某电路的输入波形 u_I 和输出波形 u_O 如题图 7-2 所示，则该电路为（　　）。
　　A. 施密特触发器　　　　　　　B. 反相器
　　C. 单稳态触发器　　　　　　　D. JK 触发器

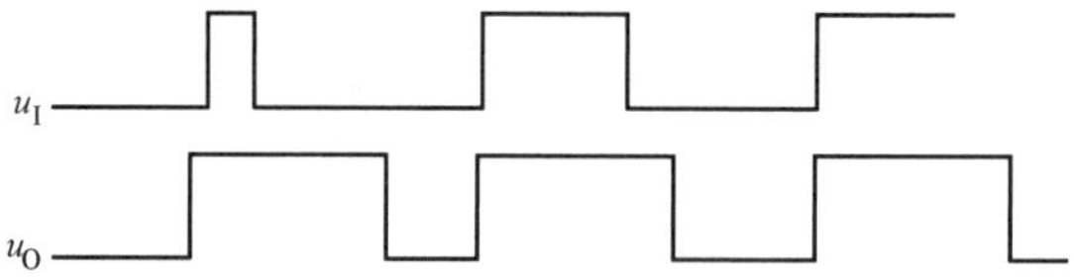

题图 7-2

(10) 要将方波脉冲的周期扩展 10 倍，可采用（　　）。
　　A. 10 级施密特触发器　　　　　B. 10 位二进制计数器
　　C. 十进制计数器　　　　　　　D. 10 位 D/A 转换器

(11) 与逻辑函数 $Y=AB+\overline{A}C+\overline{B}C$ 相等的函数为（　　）。
　　A. AB　　B. $AB+\overline{A}C$　　C. $AB+\overline{B}C$　　D. $AB+C$

(12) 一位十六进制数可以用（　　）位二进制数来表示。
　　A. 1　　B. 2　　C. 4　　D. 16

(13) 十进制数 25 用 8421BCD 码表示为（　　）。
　　A. 10 101　　B. 0010 0101　　C. 100101　　D. 10101

(14) 以下表达式中符合逻辑运算法则的是（　　）。
　　A. $C \cdot C = C^2$　　B. $1+1=10$　　C. $0<1$　　D. $A+1=1$

(15) 当逻辑函数有 n 个变量时，共有（　　）个变量取值组合。
　　A. n　　B. $2n$　　C. n^2　　D. 2^n

(16) 在何种输入情况下，"与非"运算的结果是逻辑 0。（　　）
　　A. 全部输入是 0　　　　　　　B. 任一输入是 0
　　C. 仅一输入是 0　　　　　　　D. 全部输入是 1

(17) N 个触发器可以构成能寄存（　　）位二进制数码的寄存器。
　　A. $N-1$　　B. N　　C. $N+1$　　D. 2^N

(18) 一个触发器可记录一位二进制代码，它有（　　）个稳态。
　　A. 0　　B. 1　　C. 2
　　D. 3　　E. 4

(19) 存储8位二进制信息要（　　）个触发器。
　　A. 2　　　　　　B. 3　　　　　　C. 4　　　　　　D. 8
(20) 对于D触发器，欲使 $Q^{n+1}=Q^n$，应使输入 $D=$（　　）。
　　A. 0　　　　　　B. 1　　　　　　C. Q　　　　　　D. $\overline{Q}$
(21) 用二进制码表示指定离散电平的过程称为（　　）。
　　A. 采样　　　　　B. 量化　　　　　C. 保持　　　　　D. 编码
(22) 单稳态触发器的输出状态有（　　）。
　　A. 一个稳态、一个暂态　　　　　　B. 两个稳态
　　C. 只有一个稳态　　　　　　　　　D. 没有稳态
(23) T触发器中，在 $T=1$ 时，加上时钟脉冲，则触发器（　　）。
　　A. 保持原态　　　B. 翻转　　　　　C. 置1　　　　　D. 置0
(24) 只能按地址读出信息，而不能写入信息的存储器为（　　）。
　　A. RAM　　　　　B. ROM　　　　　C. PROM　　　　D. EPROM
(25) 下列电路中，不属于时序逻辑电路的是（　　）。
　　A. 计数器　　　　B. 全加器　　　　C. 寄存器　　　　D. 锁存器
(26) 若将一个TTL异或门（设输入端为 A、B）当作反相器使用，则 A、B端应（　　）。
　　A. A 或 B 中有一个接低电平
　　B. A 或 B 中有一个接高电平
　　C. A 和 B 并联使用
　　D. 不能实现
(27) N 个触发器可以构成最大计数长度（进制数）为（　　）的计数器。
　　A. N　　　　　　B. $2N$　　　　　C. N^2　　　　　D. 2^N
(28) RS触发器要求状态由0→1，其输入信号为（　　）。
　　A. $RS=01$　　　B. $RS=\times1$　　C. $RS=\times0$　　D. $RS=10$
(29) 以下描述错误的是（　　）。
　　A. 数字比较器可以比较数字大小
　　B. 实现两个一位二进制数相加的电路叫全加器
　　C. 实现两个一位二进制数和来自低位的进位相加的电路叫全加器
　　D. 编码器可分为普通全加器和优先编码器
(30) 下列描述不正确的是（　　）。
　　A. 触发器具有两种状态，当 $Q=1$ 时触发器处于1态
　　B. 时序电路必然存在状态循环
　　C. 异步时序电路的响应速度要比同步时序电路的响应速度慢
　　D. 边沿触发器具有前沿触发和后沿触发两种方式，能有效克服同步触发器的空翻现象

（31）下列描述不正确的是（　　　）。

　　A. 时序逻辑电路某一时刻的电路状态取决于电路进入该时刻前所处的状态

　　B. 寄存器只能存储少量数据，存储器可存储大量数据

　　C. 主从 JK 触发器主触发器具有一次翻转性

　　D. 上面描述至少有一个不正确

（32）下列描述不正确的是（　　　）。

　　A. E^2PROM 具有数据长期保存的功能且比 EPROM 使用方便

　　B. 集成二-十进制计数器和集成二进制计数器均可方便扩展

　　C. 将移位寄存器首尾相连可构成环形计数器

　　D. 上面描述至少有一个不正确

（33）下列描述不正确的是（　　　）。

　　A. D 触发器具有两个有效状态，当 $Q=0$ 时触发器处于 0 态

　　B. 移位寄存器除具有数据寄存功能外还可构成计数器

　　C. 主从 JK 触发器的主触发器具有一次翻转性

　　D. 边沿触发器具有前沿触发和后沿触发两种方式，能有效克服同步触发器的空翻现象

（34）下列描述不正确的是（　　　）。

　　A. 译码器、数据选择器、EPROM 均可用于实现组合逻辑函数

　　B. 寄存器、存储器均可用于存储数据

　　C. 将移位寄存器首尾相连可构成环形计数器

　　D. 上面描述至少有一个不正确

（35）基本 RS 触发器输入端禁止使用（　　　）。

　　A. $\overline{R}_D=0$，$\overline{S}_D=0$　　　　　　B. $R=1$，$S=1$

　　C. $\overline{R}_D=1$，$\overline{S}_D=1$　　　　　　D. $R=0$，$S=0$

（36）同步 RS 触发器的 $\overline{S}_D$ 端称为（　　　）。

　　A. 异步置 0 端　　　　　　　　B. 异步置 1 端

　　C. 复位端　　　　　　　　　　D. 置零端

（37）JK 触发器在 J、K 端同时输入高电平，则处于（　　　）。

　　A. 保持　　　B. 置 0　　　C. 翻转　　　D. 置 1

（38）在题图 7-3 中，由 JK 触发器构成了（　　　）。

　　A. D 触发器

　　B. 基本 RS 触发器

　　C. 同步 RS 触发器

　　D. T 触发器

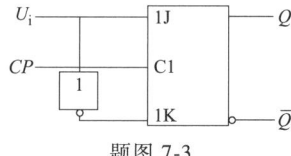

题图 7-3

(39) 欲使 JK 触发器按 $Q^{n+1}=Q^n$ 工作，可使 JK 触发器的输入端（　　）。

　　A. $J=K=0$　　　　　　　　　　B. $J=Q$，$K=\overline{Q}$

　　C. $J=\overline{Q}$，$K=Q$　　　　　　　　　D. $J=Q$，$K=0$

(40) 仅具有"置 0"、"置 1"功能的触发器叫（　　）。

　　A. JK 触发器　　B. RS 触发器　　C. D 触发器　　D. T 触发器

(41) JK 触发器用作 T′触发器时，控制端 J、K 正确接法是（　　）。

　　A. $J=Q^n$　$K=Q^n$　　　　　　B. $J=K=1$

　　C. $J=K=\overline{Q^n}$　　　　　　　　D. $J=K=0$

4. 分析与计算

(1) JK 触发器与 RS 触发器的逻辑功能有什么差异？

(2) 由与非门构成的基本 RS 触发器，已知输入端 $\overline{S}$、$\overline{R}$ 的电压波形如题图 7-4 所示，试画出与之对应的 Q 和 $\overline{Q}$ 的波形。

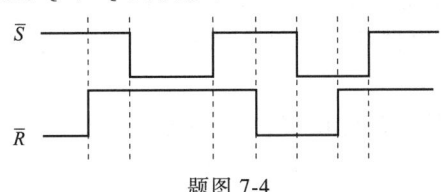

题图 7-4

(3) 有一上升沿触发的 JK 触发器如题图 7-5a 所示，已知 CP、J、K 信号波形如题图 7-5b 所示，画出 Q 端的波形。（设 Q 的初始态为 0）

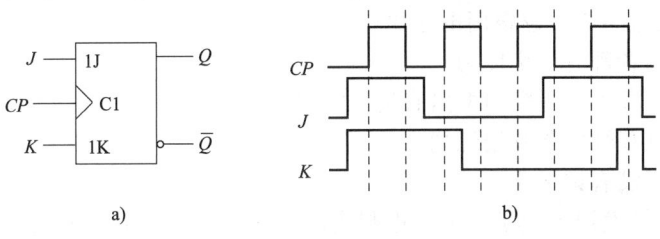

题图 7-5

第 7 章　测　试　题

1. 填空题

(1) 触发器具有_____个稳定状态，在输入信号消失后，它能保持_____不变。

(2) 同步 RS 触发器状态的改变是与_____信号同步的。

(3) 主从触发器是一种能防止_____现象的实用触发器。

（4）触发器电路中，利用 S_D 端、R_D 端可以根据需要预先将触发器_____或_____，而不受_____的同步控制。

（5）与非门构成的基本 RS 触发器中，当 $\bar{S} = 0$，$\bar{R} = 1$ 时，其输出状态是_____。

（6）在时钟脉冲控制下，根据输入信号及 J、K 的不同情况，能够具有_____、_____、_____和_____功能的电路，称为 JK 触发器。

2. 判断题

（1）触发器与门电路一样，输出状态仅取决于触发器的即时输入情况。（　　）

（2）时钟脉冲的主要作用是使触发器的输出状态稳定。（　　）

（3）基本 RS 触发器的 $\bar{S}_D$、$\bar{R}_D$ 信号不受时钟脉冲的控制，就能将触发器置 1 或置 0。（　　）

（4）主从 JK 触发器能够避免触发器空翻现象。（　　）

（5）在主从触发器电路中，主触发器和从触发器输出状态的翻转是同时进行的。（　　）

（6）同步 RS 触发器只有在 CP 信号到来后，才依据 R、S 信号的变化来改变输出的状态。（　　）

3. 选择题

（1）同步 RS 触发器电路中，触发脉冲消失后，其输出状态（　　）。
　　A. 保持状态　　　B. 状态会翻转　　C. 置 1　　　　D. 置 0

（2）触发器与组合逻辑门电路比较（　　）。
　　A. 两者都有记忆能力
　　B. 只有组合逻辑门电路有记忆能力
　　C. 只有触发器有记忆能力
　　D. 都没有记忆能力

（3）一个触发器可记录一位二进制代码，它有（　　）个稳态。
　　A. 0　　　　　　B. 1　　　　　　C. 2　　　　　　D. 3

（4）对于 JK 触发器，若 $J=K$，则可完成（　　）触发器的逻辑功能。
　　A. RS　　　　　B. D　　　　　　C. T　　　　　　D. T′

（5）仅具有"翻转"功能的触发器叫做（　　）。
　　A. JK 触发器　　　　　　　　　　B. T′触发器
　　C. D 触发器　　　　　　　　　　D. T 触发器

4. 分析与计算

（1）触发器的基本性质是怎样的？触发器按逻辑功能不同分为哪些基本类型？

（2）题图 7-6a 中，已知 D 触发器、JK 触发器都是边沿触发器，起始状态为 0，且已知 A、B、C 波形如题图 7-6b 所示，试画出各触发器对应 Q 端的波形。

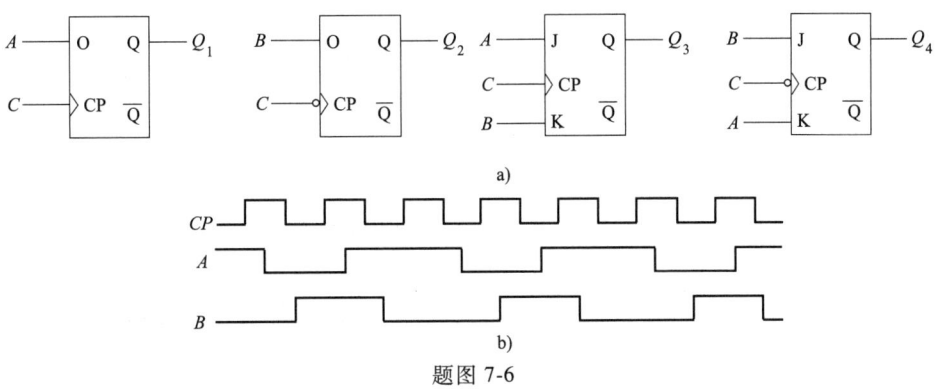

题图 7-6

（3）边沿 JK 触发器组成题图 7-7a 所示电路，题图 7-7b 为输入波形。试画出 Q_1、Q_2、Z 端的波形。设 Q_1、Q_2 的初态为 0。

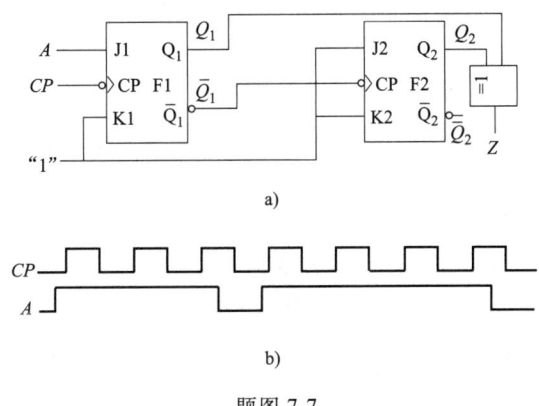

题图 7-7

第 8 章 习 题

1. 填空题

（1）电路的输出状态不仅与该时刻的_____有关，而且与电路的_____有关，具备这种逻辑功能特点的电路叫做时序逻辑电路。时序逻辑电路是由_____和_____两部分组成的。

（2）计数器种类很多，按计数器中各触发器翻转是否与计数脉冲同步可分为_____和_____。

（3）用来累计输入脉冲的部件称为_____。

（4）能够存放_____的电路成为数码寄存器。

2. 判断题

（1）时序逻辑电路的输出状态与前一刻电路的输出状态有关，还与电路当前的输入变量组合有关。（   ）

（2）同步计数器的计数速度比异步计数器快。（   ）

（3）移位寄存器不仅可以寄存代码，而且可以实现数据的串-并行转换和处理。（   ）

（4）双向移位寄存器既可以将数码向左移，也可以向右移。（   ）

（5）由四个触发器构成的计数器容量是 16。（   ）

（6）若逻辑方程 $AB = AC$ 成立，则 $B = C$ 成立。（   ）

（7）一个逻辑函数的对偶式只是将逻辑函数中的原变量换成反变量，反变量换成 原变量。（   ）

（8）八路数据分配器的地址输入（选择控制）端有 8 个。（   ）

（9）因为逻辑表达式 $A+B+AB = A+B$ 成立，所以 $AB = 0$ 成立。（   ）

（10）在时间和幅度上都断续变化的信号是数字信号，语音信号不是数字信号。（   ）

（11）时序电路不含有记忆功能的器件。（   ）

（12）计数器除了能对输入脉冲进行计数，还能作为分频器用。（   ）

（13）优先编码器只对同时输入的信号中的优先级别最高的一个信号编码。（   ）

（14）计数模为 $2n$ 的扭环形计数器所需的触发器为 n 个。（   ）

（15）Mealy 型时序电路的输出只与当前的外部输入有关。（   ）

（16）组合逻辑电路的特点是功能上无记忆，结构上无反馈。（   ）

（17）用数据选择器可实现时序逻辑电路。（   ）

（18）RS 触发器的约束条件 $RS = 0$，表示不允许出现 $R = S = 1$ 的输入。（   ）

(19) 主从 JK 触发器、边沿 JK 触发器和同步 JK 触发器的逻辑功能完全相同。
（　　）

(20) 由两个 TTL 或非门构成的基本 RS 触发器，当 $R=S=0$ 时，触发器的状态为不定。（　　）

(21) 当时序逻辑电路存在无效循环时，该电路不能自启动。（　　）

(22) 双向移位寄存器电路中没有组合逻辑电路。（　　）

(23) 锁存器是克服了空翻的寄存器。（　　）

(24) D/A 转换器的位数越多，能够分辨的最小输出电压变化量就越小。
（　　）

(25) 集成计数器通常都具有自启动能力。（　　）

(26) 使用 3 个触发器构成的计数器最多有 8 个有效状态。（　　）

(27) 同步时序逻辑电路中各触发器的时钟脉冲 CP 不一定相同。（　　）

(28) 十进制计数器是用十进制数码 "0~9" 进行计数的。（　　）

(29) 时序电路无记忆功能。（　　）

(30) 从电路结构看，时序电路仅由各种逻辑门组成。（　　）

(31) 所谓计数器就是具有计数功能的时序逻辑电路。（　　）

(32) 通常将二进制计数器与五进制计数器相串，可得到十进制计数器，若将十进制计数器与六进制计数器相串，可得十六进制计数器。（　　）

(33) 组成计数器电路的器件必须具有记忆功能。（　　）

3. 选择题

(1) 有一个与非门构成的基本 RS 触发器，欲使其输出状态保持原态不变，其输入信号应为（　　）。

    A. $S=R=0$ B. $S=0$，$R=1$

    C. $S=1$，$R=0$ D. $S=R=1$

(2) 一个 8 位 A-D 转换器，若所转换的最大模拟电压为 5V，当输入 2V 电压时，其输出的数字量为（　　）。

    A. 00111001   B. 01100110   C. 10011001   D. 01010010

(3) 用 n 个触发器构成计数器，可得到的最大计数长度（模值）为（　　）。

    A. n B. $2n$ C. n^2 D. 2^n

(4) 由 555 定时器构成的施密特触发器如题图 8-1 所示，该电路的回差电压为（　　）V。

    A. 5

    B. 4

    C. 2

    D. 5/3

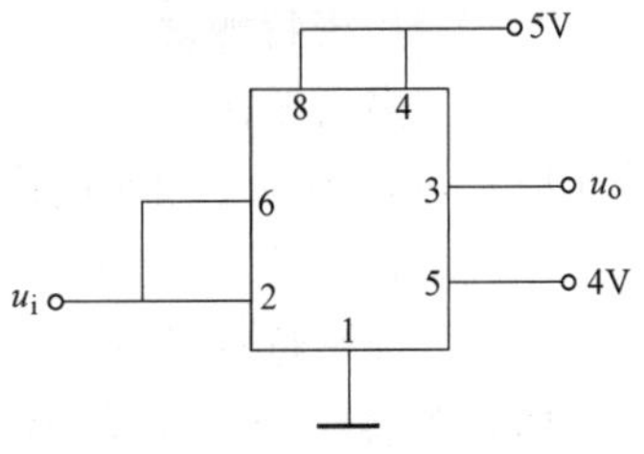

题图 8-1

(5) 同步时序电路和异步时序电路比较，其差异在于后者（　　）。
  A. 没有触发器   B. 没有统一的时钟脉冲控制
  C. 没有稳定状态   D. 输出只与内部状态有关

（6）时序逻辑电路中一定是含（　　）
  A. 触发器   B. 组合逻辑电路
  C. 移位寄存器   D. 译码器

（7）8 位移位寄存器，串行输入时经（　　）个脉冲后，8 位数码全部移入寄存器中。
  A. 1   B. 2   C. 4   D. 8

（8）计数器可以用于实现（　　），也可以实现（　　）。
  A. 定时器   B. 寄存器   C. 分配器   D. 分频器

（9）用 n 个触发器构成扭环型计数器，可得到最大计数长度是（　　）。
  A. n B. $2n$ C. 2^n D. 2^n-1

（10）一个 4 位移位寄存器可以构成最长计数器的长度是（　　）。
  A. 8   B. 12   C. 15   D. 16

（11）设下面所有触发器的初始状态皆为 0，图中触发器在时钟信号作用下，输出电压波形恒为 0 的是（　　）。

（12）在下列逻辑部件中，属于组合逻辑电路的是（　　）。
  A. 计数器   B. 数据选择器   C. 寄存器   D. 触发器

（13）能实现串行数据变换成并行数据的是（　　）。
  A. 编码器   B. 译码器
  C. 移位寄存器   D. 二进制计数器

（14）下列（　　）不能用 555 电路构成。
  A. 施密特触发器   B. 单稳态触发器
  C. 多谐振荡器   D. 晶体振荡器

（15）欲得到一个频率高度稳定的矩形波，应采用（　　）电路。
  A. 计数器   B. 单稳态触发器
  C. 施密特触发器   D. 石英晶体多谐振荡器

（16）若将一个频率为 10kHz 的矩形波变换成一个 1kHz 的矩形波，应采用（　　）电路。

A. T′触发器 B. 十进制计数器
C. 环形计数器 D. 施密特触发器

(17) 一个八位 D/A 转换器的最小输出电压增量为 0.02V，当输入代码为 01001100 时，输出电压 V_0 为（   ）伏。

    A. 0.76V   B. 3.04V   C. 1.40V   D. 1.52V

(18) 有八个触发器的二进制计数器，它们最多有（   ）种计数状态。

    A. 8   B. 16   C. 256   D. 64

(19) 下列触发器中上升沿触发的是（   ）。

    A. 主从 RS 触发器   B. JK 触发器
    C. T 触发器   D. D 触发器

(20) 下列式中与非门表达式为（   ），或门表达式为（   ）。

    A. $Y=A+B$ B. $Y=AB$ C. $Y=\overline{A+B}$ D. $Y=\overline{AB}$

(21) 十二进制加法计数器需要（   ）个触发器构成。

    A. 8   B. 16   C. 4   D. 3

(22) 逻辑电路如题图 8-2 所示，函数式为（   ）。

    A. $F=\overline{AB}+\overline{C}$ B. $F=\overline{AB}+C$
    C. $F=\overline{AB+C}$ D. $F=A+\overline{BC}$

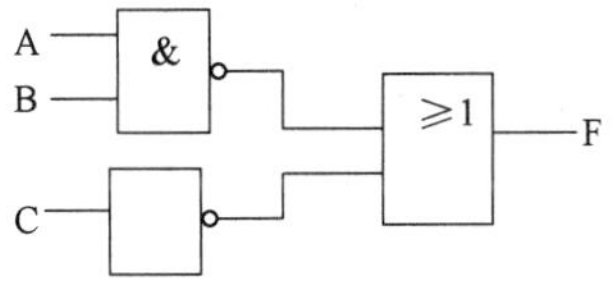

题图 8-2

(23) 74LS138 译码器有（   ），74LS148 编码器有（   ）。

    A. 三个输入端，三个输出端   B. 八个输入端，八个输出端
    C. 三个输入端，八个输出端   D. 八个输入端，三个输出端

(24) 单稳态触发器的输出状态有（   ）。

    A. 一个稳态、一个暂态   B. 两个稳态
    C. 只有一个稳态   D. 没有稳态

(25) 4 位移位寄存器，现态 $Q_0Q_1Q_2Q_3$ 为 1100，经左移 1 位后其次态为（   ）。

    A. 0011 或 1011   B. 1000 或 1001
    C. 1011 或 1110   D. 0011 或 1111

(26) 现欲将一个数据串延时 4 个 CP 的时间，则最简单的办法是采用（   ）。

    A. 4 位并行寄存器   B. 4 位移位寄存器

C. 4 进制计数器 D. 4 位加法器

(27) 一个四位串行数据，输入四位移位寄存器，时钟脉冲频率为 1kHz，经过（　　）可转换为 4 位并行数据输出。

A. 8ms B. 4ms C. 8μs D. 4μs

(28) 由 3 级触发器构成的环形和扭环形计数器的计数模值依次为（　　）。

A. 8 和 8 B. 6 和 3 C. 6 和 8 D. 3 和 6

(29) 下列功能的触发器中，（　　）不能构成移位寄存器。

A. RS 触发器 B. JK 触发器
C. D 触发器 D. T 和 T′触发器

(30) 触发器异步输入端的作用是（　　）。

A. 清 0 B. 置 1
C. 接收时钟脉冲 D. 清 0 或置 1

(31) 可以直接线与的器件是（　　）。

A. OC 门 B. I2L 门 C. ECL 门 D. TTL 门

(32) 16 个触发器构成计数器，该计数器可能的最大计数模值是（　　）。

A. 16 B. 32 C. 162 D. 216

(33) 用 1K×1 位的 RAM 扩展成 4K×2 位应增加地址线（　　）根。

A. 1 B. 2 C. 3 D. 4

(34) 下面电路中不属于时序逻辑电路的是（　　）。

A. 同步计数器 B. 数码寄存器 C. 组合逻辑电路 D. 异步计数器

(35) 如果一个寄存器的数码是"同时输入，同时输出"，则该寄存器应采用（　　）。

A. 串行输入和输出 B. 并行输入和输出
C. 串行输入、并行输出 D. 并行输入、串行输出

(36) 在相同的时钟脉冲作用下，同步计数器和异步计数器比较，工作速度较快的是（　　）。

A. 同步计数器 B. 异步计数器
C. 两者相同 D. 不能确定

(37) 清零后的四位移位寄存器，如果要将四位数码全部串行输入，需配合 CP 脉冲数（　　）。

A. 2 B. 4 C. 6 D. 8

4. 分析与计算

(1) 时序逻辑电路主要由哪几部分组成？

(2) 时序逻辑电路与组合逻辑电路的区别是什么？

(3) 如果要寄存 4 个二进制数码，通常需要用几个触发器来构成寄存器？

(4) 试画出如题图 8-3 所示时序电路在一系列 CP 信号作用下，Q_0、Q_1、Q_2

的输出电压波形。设触发器的初始状态为 $Q=0$。

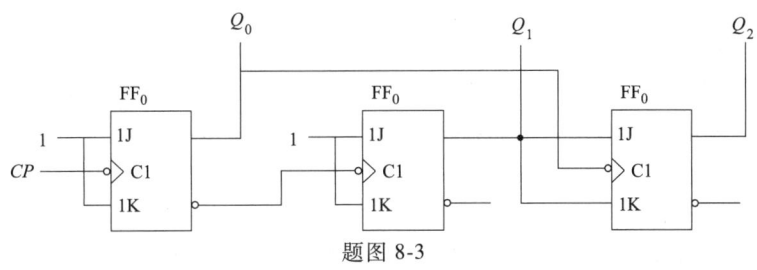

题图 8-3

第 8 章 测 试 题

1. 填空题

（1）用来累计和寄存输入脉冲数目的部件称为_____。

（2）能以二进制数码形式存放数或指令的部件称为_____。

（3）译码器的输入是_____，输出是_____。

（4）数字显示电路通常由_____、_____和_____等部件组成。

（5）8421BCD 码为 1001，它代表的十进制数是_____。

（6）8421BCD 码的二-十进制计数器中，当计数状态是_____时，再输入一个计数脉冲，计数状态为 0000，然后向高位发_____信号。

2. 判断题

（1）构成计数器电路的器件必须具有记忆能力。　　　　　　　　（　　）

（2）移位寄存器只能串行输出。　　　　　　　　　　　　　　　（　　）

（3）移位寄存器每输入一个时钟脉冲，电路中只有一个触发器翻转。（　　）

（4）计数器、寄存器都是组合门电路。　　　　　　　　　　　　（　　）

（5）时序逻辑电路与组合门电路相结合可以实现多种逻辑功能，例如计数译码电路等，目前多采用集成组件。　　　　　　　　　　　　　　　　（　　）

（6）移位寄存器就是数码寄存器，它们没有区别。　　　　　　　（　　）

（7）触发器实质上就是一种功能最简单的时序逻辑电路，是时序电路、存储记忆电路的基础。　　　　　　　　　　　　　　　　　　　　　　　（　　）

（8）时序逻辑电路在结构方面的特点是：由具有控制作用的逻辑门电路和具有记忆作用的触发器两部分组成。　　　　　　　　　　　　　　　　（　　）

3. 选择题

（1）一个八进制计数器，最多能记忆（　　）个脉冲。

  A. 7　　　　　　B. 8　　　　　　C. 9　　　　　　D. 10

（2）一个五进制计数器，需要（　　）个触发器构成。

A. 2　　　　　　B. 3　　　　　　C. 4　　　　　　D. 5

（3）构成计数器的基本电路是（　　）。

A. 或非门　　　B. 与非门　　　C. 触发器　　　D. 非门

（4）欲表示十进制数的十个数码，需要二进制数码的位数是（　　）。

A. 2位　　　　B. 3位　　　　C. 4位　　　　D. 5位

4. 分析与计算

（1）说明同步时序逻辑电路和异步时序逻辑电路有何不同？

（2）已知计数器的输出端 Q_2、Q_1、Q_0 的输出波形如题图 8-4 所示，试画出对应的状态转换图，并分析该计数器为几进制计数器。

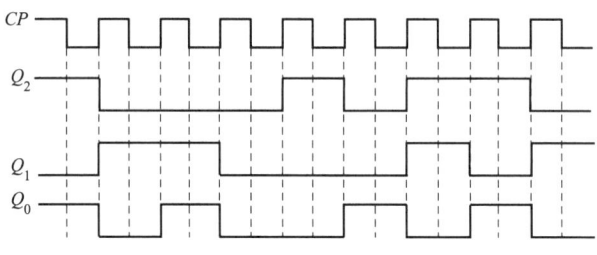

题图 8-4

第9章 习　题

1. 填空题

（1）由 555 组成的多谐振荡器输出脉冲的振荡周期 $T \approx$ _____，广泛用作_____。

（2）单稳态触发器是有 1 个_____和 1 个_____的波形变换电路，在外加触发信号作用下，能够产生具有一定宽度和幅度的_____信号。

（3）单稳态触发器可用于实现脉冲信号的_____、_____和_____等功能。

（4）施密特触发器是一种_____触发器，具有_____个稳态。

（5）施密特触发器具有_____特性，$\Delta u =$ _____。

2. 判断题

（1）石英晶体振荡器的振荡频率取决于石英晶体的固有频率。（　　）

（2）关门电压 U_{OFF} 是允许的最大输入高电平。（　　）

（3）TTL 门电路在高电平输入时，其输入电流很小，74LS 系列每个输入端的输入电流在 $40\mu\text{A}$ 以下。（　　）

（4）三态门输出为高阻时，其输出线上电压为高电平。（　　）

（5）译码器哪个输出信号有效取决于译码器的地址输入信号。（　　）

（6）五进制计数器的有效状态为五个。（　　）

（7）施密特触发器的特点是电路具有两个稳态且每个稳态需要相应的输入条件维持。（　　）

（8）D-A 的含义是模数转换。（　　）

（9）555 定时器可以构成多谐振荡器、单稳态触发器、施密特触发器。（　　）

（10）RS 触发器、JK 触发器均具有状态翻转功能。（　　）

（11）半导体存储器是用来存放数据、资料等二进制信息的部件。（　　）

（12）存储器所包含的总存储单元数是指存放的字数。（　　）

（13）存储器以位为单位进行读写操作。（　　）

（14）用 $4K \times 1$ 的存储器芯片扩展为 $4K \times 8$ 的存储器系统，要采用字扩展的方式。（　　）

（15）1KB 的存储器芯片，其字长为 2。（　　）

（16）基本寄存器的数据只能并行输入、并行输出。（　　）

（17）移位寄存器中的数据可以在移位脉冲作用下依次逐位右移或左移，数据可以并行输入、并行输出、串行输入、串行输出、并行输入、串行输出、串行输入、并行输出。（　　）

（18）异步时序逻辑电路结构简单，速度慢。（　　）

（19）时序逻辑电路的输出信号只与当时的输入信号有关，与电路的原状态

无关。 (   )
（20）多谐振荡器在触发信号作用下输出矩形脉冲。 (   )
（21）多谐振荡器没有稳态，因此又称为无稳态电路。 (   )
（22）单稳态触发器由暂稳态翻回稳态时，需要外加触发信号。 (   )
（23）单稳态触发器经信号触发后，新的状态只能暂时保持。 (   )
（24）施密特触发器的状态转换及维持取决于外加触发信号。 (   )

3. 选择题

（1）集成 555 电路在 CO 端不使用时，比较器 C_1 的基准电压为（   ），C_2 的基准电压为（   ）。

    A. $2U_{DD}/3$ B. $U_{DD}/3$ C. U_{DD} D. $U_{DD}/2$

（2）集成 555 电路在控制电压端 CO 处加控制电压 U_{CO}，则 C_1 和 C_2 的基准电压将分别变为（   ）和（   ）。

    A. $2U_{CO}/3$ B. $U_{CO}/3$ C. U_{CO} D. $U_{CO}/2$

（3）为使集成 555 电路输出 OUT 为低电平，应满足（   ）条件。

    A. $\overline{R}$ 为低电平   B. $U_{\overline{TR}}<U_{DD}/3$
    C. $U_{TH}<2U_{DD}/3$ D. $U_{TH}>2U_{DD}/3$

（4）集成 555 电路在输出 OUT 前端设置了缓冲器 G_2 的主要原因是（   ）。

    A. 拉高高电平
    B. 降低低电平
    C. 提高驱动负载能力
    D. 放电端 D 和输出端 OUT 电平保持一致

（5）施密特触发器属于（   ）型电路。

    A. 电平触发   B. 边沿触发   C. 脉冲触发   D. 锁存器

（6）施密特触发器的 U_{T+} 称为正向阈值电压，U_{T-} 称为负向阈值电压，且 $U_{T+}>U_{T-}$，两者的差值称回差为（   ）。

    A. $U_{T+}+U_{T-}$ B. $U_{T+}-U_{T-}$ C. U_{T+} D. U_{T-}

（7）用运算放大器组成的施密特触发器利用了（   ）特性。

    A. 正反馈   B. 线性
    C. 负反馈   D. 输出正饱和值与负饱和值

（8）施密特触发器主要作用是（   ）、（   ）、（   ）等。

    A. 信号整形   B. 波形变换
    C. 提高驱动负载能力   D. 幅度鉴别

（9）施密特触发器用于整形时，输入信号的幅度应（   ）。

    A. 大于 U_{T+} B. 等于 U_{T+}
    C. 等于 U_{T-} D. 小于 U_{T-}

（10）（   ）可将变化缓慢的输入信号变换为矩形脉冲信号。

    A. 单稳态电路   B. 施密特触发器
    C. 触发器   D. 锁存器

(11) 单稳态电路从稳态翻转到暂稳态取决于（　　），从暂稳态翻转到稳态取决于（　　）。

　　A. 脉冲宽度　　　　　　　　　　B. R 和 C
　　C. 阈值电压　　　　　　　　　　D. 输入脉冲信号

(12) 单稳态电路可应用于以下（　　）情况。

　　A. 加法器　　B. 定时电路　　C. 振荡器　　D. 移位寄存器

(13) 将一冲宽度为 5ms 方波信号变换为相同周期的脉冲宽度为 7ms 矩形脉冲，可采用（　　）。

　　A. 施密特触发器　　　　　　　　B. 单稳态触发器
　　C. 五进制计数器　　　　　　　　D. 移位寄存器

(14) 触发脉冲信号作用于可重复触发单稳态电路时，且暂稳态的时间大于触发脉冲信号的周期，则单稳态电路的输出则是一（　　）信号。

　　A. 倍周期　　B. 正弦　　C. 高电平　　D. 低电平

(15) （　　）可将脉冲高电平宽度不等的脉冲信号变换成脉冲高电平宽度相等的脉冲信号。

　　A. 施密特触发器　　　　　　　　B. 多谐振荡器
　　C. 单稳态电路　　　　　　　　　D. 锁存器

(16) （　　）是单稳态电路输出脉冲宽度。

　　A. 暂稳态时间的 0.7 倍　　　　　B. 稳态时间
　　C. 稳态时间的 0.7 倍　　　　　　D. 暂稳态时间

(17) 单稳态触发器和多谐振荡器中的暂稳态时间与（　　）成正比。

　　A. 脉冲宽度　　　　　　　　　　B. R 和 C
　　C. 阈值电压　　　　　　　　　　D. 输入脉冲信号

(18) 用石英晶体多谐振荡器代替对称多谐振荡器中的一个电容，另一个电容的值应（　　）。

　　A. 加大　　　　　　　　　　　　B. 减小
　　C. 不变　　　　　　　　　　　　D. 也换成石英晶体谐振器

(19) 多谐振荡器的电路结构可归纳为（　　）和（　　）两部分。

　　A. 正反馈的延时环节　　　　　　B. 单稳态触发器
　　C. 施密特触发器　　　　　　　　D. 开关器件

(20) n（大于1的奇数）个反相器首尾相连构成环形多谐振荡器，其振荡周期为（　　）。

　　A. $2nt_{pd}$　　B. $6t_{pd}$　　C. $2t_{pd}$　　D. $3nt_{pd}$

(21) 欲获得频率稳定度高的脉冲信号，应采用（　　）。

　　A. 单稳态电路　　　　　　　　　B. 集成 555
　　C. 对称多谐振荡器　　　　　　　D. 石英晶体振荡器

(22) 欲使集成 555 电路组成的振荡器停止振荡，应按（　　）处理。

　　A. 复位端接高电平　　　　　　　B. 复位端接低电平

C. CO 接高电平　　　　　　　　D. CO 悬空

(23) 题图 9-1 所示电路为由 555 定时器构成的（　　）。
　　A. 施密特触发器　　　　　　B. 多谐振荡器
　　C. 单稳态触发器　　　　　　D. T 触发器

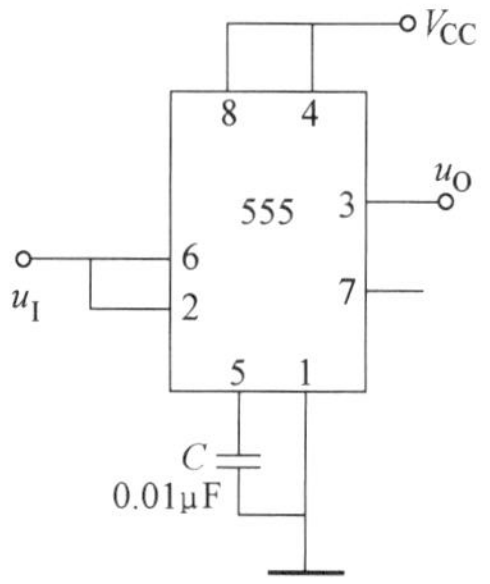

题图 9-1

(24) 多谐振荡器可产生（　　）。
　　A. 正弦波　　　B. 矩形脉冲　　　C. 三角波　　　D. 锯齿波

(25) 石英晶体多谐振荡器的突出优点是（　　）。
　　A. 速度高　　　　　　　　　B. 电路简单
　　C. 振荡频率稳定　　　　　　D. 输出波形边沿陡峭

(26) 以下四种转换器，（　　）是 A/D 转换器且转换速度最高。
　　A. 并联比较型　　　　　　　B. 逐次逼近型
　　C. 双积分型　　　　　　　　D. 施密特触发器

(27) （　　）不能将减法运算转换为加法运算。
　　A. 原码　　　B. 反码　　　C. 补码

(28) 小数 "0" 的反码可以写为（　　）。
　　A. 0.0…0　　B. 1.0…0　　C. 0.1…1　　D. 1.1…1

(29) 逻辑函数 $F=A\oplus B$ 和 $G=A\odot B$ 满足关系（　　）。
　　A. $F=\overline{G}$　　B. $F'=G$　　C. $F'=\overline{G}$　　D. $F=G\oplus 1$

(30) 要使 JK 触发器在时钟脉冲作用下，实现输出 $Q^{n+1}=\overline{Q^n}$，则输入端信号应为（　　）。
　　A. $J=K=0$　　B. $J=K=1$　　C. $J=1,K=0$　　D. $J=0,K=1$

(31) 设计一个同步十进制计数器，需要（　　）触发器。
　　A. 3 个　　　B. 4 个　　　C. 5 个　　　D. 10 个

(32) 一般 A/D 转换的四个过程包含（　　）。
　　A. 取样　　　B. 保持　　　C. 量化　　　D. 编码

(33) 模数转换器（　　）。
　　A. 也叫 D/A 转换器

B. 也叫 A/D 转换器

C. 可以实现模拟信号转换为数字信号

D. 可以实现数字信号转换为模拟信号

(34) D/A 转换器（　　）。

A. 常用数字量的位数表示 D/A 转换器的分辨率

B. 输入数字量位数越少，分辨率越高

C. 可以实现数字信号向模拟信号转换

D. 输入数字量位数越多，分辨率越高

(35) 多谐振荡电路是一种（　　）。

A. 矩形波整形电路　　　　B. 锯齿波振荡电路

C. 尖脉冲形成电路　　　　D. 矩形波振荡电路

(36) 多谐振荡器电路工作状态有（　　）。

A. 具有两个稳态　　　　　B. 仅有一个稳态

C. 仅有两个暂稳态　　　　D. 有一个稳态，有一个暂稳态

(37) 回差特性是（　　）电路所固有的特性。

A. 多谐振荡器　　　　　　B. 单稳态触发器

C. 施密特触发器　　　　　D. 555 定时电路

(38) 施密特触发器一般不适用于（　　）电路。

A. 延时　　　　　　　　　B. 波形变换

C. 脉冲波形整形　　　　　D. 幅度鉴别

4. 画图题

画出由 555 组成的多谐振荡器、单稳态触发器、施密特触发器。

第 9 章 测 试 题

1. 填空题

(1) 多谐振荡器电路没有_____，电路不停地在两个_____之间转换，而这个转换的快慢主要取决于_____的速度。

(2) 在触发脉冲作用下，单稳态触发器从_____转换到_____后，依靠自身电容的放电作用，又能自行回到_____。

(3) 单稳态触发器的工作过程可分为_____、_____和_____三个阶段。

(4) 应用施密特触发器对脉冲作整形时，通过调整_____的大小，可以改变输出矩形波的_____。

(5) 施密特触发器具有_____特性，回差电压为_____。

2. 判断题

(1) 多谐振荡器没有稳态，因此又称为无稳态电路。　　　　　　（　　）

（2）多谐振荡器有两个信号输出端，但是输出信号极性是相反的。（　）

（3）单稳态触发器工作时不需要外加触发信号就能自动地从稳态翻转到暂稳态。（　）

（4）单稳态触发器由暂稳态翻回稳态时，需要外加触发信号。（　）

（5）施密特触发器作为整形应用时，往往增大回差电压 ΔV；而作为幅度鉴别时，则要求 ΔV 越小越好。（　）

（6）施密特触发器有两个不同的触发电平，且存在回差电压。（　）

3. 选择题

（1）多谐振荡器输出信号为（　）。
  A. 矩形波 B. 锯齿波 C. 尖脉冲波 D. 正弦波

（2）多谐振荡器一旦起振，电路所处状态是（　）。
  A. 具有一个稳态 B. 具有两个暂稳态
  C. 具有两个稳态 D. 有一个稳态，有一个暂稳态

（3）单稳态电路由稳态翻转成暂稳态时，需要外加触发信号，若触发信号过窄，电路会出现（　）。
  A. 不翻转 B. 空翻 C. 正常翻转 D. 状态不定

（4）单稳态电路一般不适用于（　）电路。
  A. 定时   B. 延时
  C. 脉冲波形整形 D. 自激振荡产生脉冲信号

（5）题图 9-2 所示为由 555 集成电路构成的（　）。
  A. 单稳态触发器 B. 无稳态电路
  C. 施密特触发器 D. 双稳态触发器

（6）题图 9-2 所示电路中若要调整电路输出信号频率，则应调（　）。
  A. C_1 B. C_2 C. R_1 D. R_2

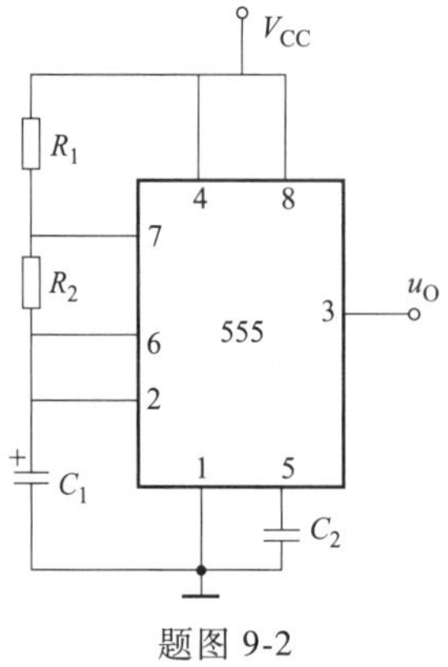

题图 9-2

（7）施密特触发器输出矩形脉冲的频率（　）。

A. 与输入信号频率无关　　　　B. 等于输入信号频率
C. 高于输入信号频率　　　　　D. 低于输入信号频率

（8）欲将边沿较差或带有干扰、噪声的不规则波形整形时，应选择（　　）。

A. 单稳态电路　　　　　　　　B. 无稳态电路
C. 双稳态电路　　　　　　　　D. 施密特触发器

4. 分析与计算

（1）单稳态触发器有哪些特点？有哪些应用？

（2）设反相输出施密特触发器的上升沿触发电平 $u_{T+}=1.6\text{V}$，回差电压 $\Delta u=0.7\text{V}$，若输入波形如题图 9-3 所示，试画出输出电压的波形（设 $u_H=3.6\text{V}$，$u_L=0.3\text{V}$）。

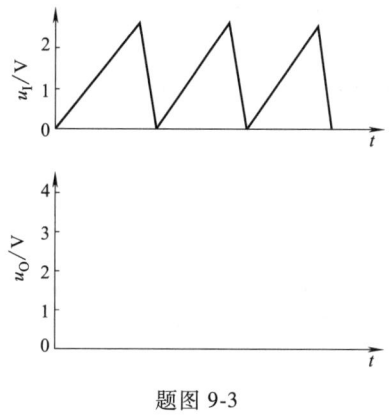

题图 9-3

第10章 习 题

1. 填空题

（1）A-D 转换的一般步骤包括_____、_____、_____、_____。

（2）衡量 A-D 转换器性能的两个重要指标是_____、_____。

（3）_____称为模数转换器，简称 ADC。

（4）将数量转换成模拟量的装置称_____，简称_____。

（5）DAC 的分辨率是指_____。

（6）完成一次 A-D 转换所需要的时间称为_____。

（7）DAC 的转换精度是指_____。

（8）常见的 D-A 转换器有_____和_____两大类。

2. 判断题

（1）DAC 的最大输出电压一定时，其位数越多，分辨率越小，精度越低。（   ）

（2）ADC 的位数越多，分辨率就越高。（   ）

（3）DAC 的最大静态转换误差是由于参考电压偏离标准值、运算放大器的零点漂移、模拟开关的压降、电阻值的偏差等原因引起的。（   ）

（4）ADC0809 采用并联比较型 A-D 转换原理，应用非常广泛。（   ）

（5）DAC0832 是 8 位分辨率的 D-A 转换集成芯片，以其价格低廉、接口简单、转换控制容易等优点，在单片机应用系统中得到广泛的应用。（   ）

3. 选择题

（1）分辨率高，转换速度快，目前广泛应用的一种 A-D 转换器是（   ）。

　　A. 并联比较型 A-D 转换器　　　　B. 逐次逼近型 A-D 转换器
　　C. 双积分型 A-D 转换器　　　　　D. 以上都不是

（2）高速 ADC 的转换时间约为（   ）。

　　A. 1~3ms　　　B. 50μs　　　C. 50ns　　　D. 500ns

（3）（   ）是描述 D-A 转换器转换速度的重要性能指标。

　　A. 输出建立时间　　　　　　　　B. 转换精度
　　C. 分标率　　　　　　　　　　　D. 电源电压抑制比

4. 实训题

现有四位二进制计数器 74LS161、D-A 转换器 DAC0832 和集成运放 μA741 芯片各一片，试设计梯形波发生器，画出电路原理图，并在万能电路板上做出电路，要求：将 $f=1kHz$ 的脉冲信号加到计数器的 CP 端，用示波器观察输出的波形并记录。